Ihre Arbeitshilfen zum Download:

Die folgenden Arbeitshilfen stehen für Sie zum Download bereit:

- Ablaufplan: Entwicklung der Corporate Identity
- Acht I der Neujustierung
- Design Baukasten
- Die Archetypen
- Identity Card
- Journey Card
- Maßnahmenentwicklung nach KantarMillardbrown
- Persona
- Positionierung mit Archetypen
- Qualitative Reichweite
- Teambildung nach Tuckman

Den Link sowie Ihren Zugangscode finden Sie am Buchende.

Corporate Identity im digitalen Zeitalter

Lothar Keite

Corporate Identity im digitalen Zeitalter

Leitfaden zu einer starken Unternehmensidentität

1. Auflage

Haufe Group
Freiburg · München · Stuttgart

Bibliografische Information der Deutschen Nationalbibliothek

Die Deutsche Nationalbibliothek verzeichnet diese Publikation in der Deutschen Nationalbibliografie; detaillierte bibliografische Daten sind im Internet über http://dnb.dnb.de abrufbar.

Print: ISBN 978-3-648-10922-9 Bestell-Nr. 10437-0001
ePub: ISBN 978-3-648-10923-6 Bestell-Nr. 10437-0100
ePDF: ISBN 978-3-648-10924-3 Bestell-Nr. 10437-0150

Lothar Keite
Corporate Identity im digitalen Zeitalter
1. Auflage, Oktober 2019

www.haufe.de
info@haufe.de

Produktmanagement: Judith Banse
Lektorat: Nicole Jähnichen

Inhaltsverzeichnis

1 Einführung

1.1 Ein Spaziergang durch die Markenwelt

Stellen Sie sich vor, Ihre Waschmaschine ist defekt. Jede Reparatur wäre zwecklos. Die Wäscheberge wachsen rasch und unaufhaltsam an. Sie sind also gezwungen, so schnell wie möglich eine neue Maschine zu besorgen. Doch welche? Wer in Deutschland ein Haushaltsgroßgerät, eine Waschmaschine, einen Trockner, die sogenannte Weiße Ware, kaufen will, für den stellt sich die Entscheidungslage oft so dar: Will ich eine Miele oder nicht? Die Marke ist so angesehen, dass sie den Markt teilt.[1] Was für eine Position konnte die Marke Miele in den Köpfen der Kunden erreichen!

Absolute Priorität macht Kunden die Auswahl leicht; sie entlastet diese von der Qual der Wahl. Und genau das ist die Leistung starker Marken. Für diejenigen, die sich für Miele entscheiden, läuft der Kaufprozess zügig weiter ab, da die Auswahl ja bereits getroffen ist: Wo kann ich eine Miele-Waschmaschine am besten ordern? Wer bietet Anschluss- und Mitnahmeservice für die alte Maschine? Kaufe ich im stationären Fachhandel oder bestelle ich online?

Während das Bekenntnis zu einer Miele den Suchvorgang schnell beendet, geht dieser im anderen Fall weiter: Welche Waschmaschine hat bei der Stiftung Warentest zuletzt gewonnen? Ist das vielleicht die passende Ersatzmaschine für meinen Haushalt? Wo kann ich sie günstig erwerben? In ihrer Untersuchung zu Waschmaschinen »SUV im Badezimmer« hat die Stiftung Warentest im November 2018 unter den Frontladern drei Siegermaschinen mit jeweils der Note 1,6 ermittelt: eine Bosch-, eine Siemens- und eine Miele-Maschine; es werden auch gleich die Online-Durchschnittspreise von 695, 690 bzw. 1.010 Euro angegeben.[2] So kann guten Gewissens eine Entscheidung gegen die Miele-Maschine getroffen werden; die Alternative ist im Test genauso gut gewesen und gleichzeitig deutlich günstiger.

Dies zeigt: Selbst die Entscheidung gegen die angesehenste Marke führt an dieser nicht vorbei. Der Kunde nimmt sie als Richtschnur für die Vergleiche, die er anstellt: Die andere Marke war im Test so gut wie die Miele. Das Denken der Kunden ist relativ. Starke Marken stellen einen Bezugspunkt dar; sie ermöglichen Preisspielräume.

Wer allerdings die Kunden danach fragt, was zu dieser klaren Bevorzugung führt,

1 Vgl. dazu etwa Rentz, Ingo, Diesen Marken vertrauen die Deutschen am meisten, in: horizont.net/marketing/nachrichten vom 22. Januar 2018.

2 Vgl. www.test.de/Waschmaschine-im-Test-4296800-tabelle/suche/?filter=CT_textequal_pruktgruppe%5Efrontlader.

bekommt in aller Regel eher herbeigesuchte Begründungen und abstrakte Einschätzungen, die nicht wirklich erklären können, warum das so ist. Trotzdem ist die Markenbewertung an allen Entscheidungsknoten ein wichtiges Kriterium.

Starke Marken sind in allen Branchen Entscheidungshilfen

Wer sich auf eine Wanderung durch die Geschäftswelt begibt, stößt überall auf Marken mit ähnlicher Wirkung. Sie begleiten uns heute in allen Lebensbereichen, geschäftlich wie privat. Sie helfen, die Übersicht zu bewahren, und erleichtern Entscheidungen. Marken fungieren als Wegmarkierungen und schaffen Orientierung. In allen Bereichen. In allen Branchen.

Kommen wir zur Verdeutlichung noch einmal zurück zu unserer Waschmaschine. Wenn sie geliefert wurde, geht es anschließend um die Nutzung. Dafür wird ein Waschmittel benötigt. Viele greifen auch dort zu ihrer bevorzugten Marke, sei es Persil, sei es Ariel. Wer sich gegen die Top-Marken entscheidet, nimmt Umwege in Kauf: Soll es ein günstiges Produkt sein? Und wenn ja, welches? Es gibt für diejenigen, die unabhängig von einer Marke sein wollen, eine innere Auseinandersetzung, was sie denn nun am besten nehmen. Die Marken-bezogenen Käufer tun sich leichter.

Überall ist der Entscheidungsweg kürzer, wenn wir uns auf eine bestimmte Marke verlassen. Doch dieses Vertrauen dahinter will verdient sein und immer wieder verdient werden. Das ist die Anforderung der Kunden an das Markenmanagement eines Unternehmens. Dieses erschöpft sich nicht allein in der äußerlichen Gestaltung eines Produkts. Hier spielen noch viel mehr Faktoren eine Rolle, so vor allem das Verhalten des Unternehmens allgemein in der Öffentlichkeit und seiner Mitarbeiter in allen Kontakten mit Kunden, des insgesamt daraus erwachsenen Vertrauens. Alle Begegnungen haben einen Einfluss. Sie summieren sich zu einer Identität des Unternehmens, der Corporate Identity.

Anerkannte Marken genießen Vertrauen

Die starke Wirkung von Marken gilt natürlich überall, nicht nur im Haushalt. Im geschäftlichen Bereich verhält es sich ganz ähnlich: Wer ein Seminar veranstaltet, greift besonders gerne auf edding-Materialien zurück. Wer Präsentationsunterlagen zu erstellen hat, nutzt gerne Leitz-Produkte. Das Verhalten ist zudem nicht nur bei Verbrauchsmaterialien zu beobachten, sondern auch bei größeren Investitionen. Wenn in einem Getränkeunternehmen die Erweiterung der Produktion ansteht, werden Angebote zu Getränkeabfüllanlagen eingeholt. Die Offerten werden nach Leistung und Preis zusammengestellt. Am Ende ist der Produktionsleiter aber der Meinung, es sollte sicherheitshalber eine Anlage von Krones aus Deutschland sein, auch wenn sie etwas teurer ist. Da hat man anschließend weniger Probleme, lautet sein Argument. Vertrauen gibt einen Vorschuss. Immer und überall. So hat auch im Maschinenbau eine angesehene Marke große Wirkung. Anerkannte Marken genießen im Auswahlpro-

zess ein Plus; sie erbringen eine Vorverkaufsleistung. Damit sind Marken von höchster ökonomischer Bedeutung. Ihre Identität stellt eine Führungsaufgabe dar.

Eine Marke wirkt nach innen und nach außen

Marken haben allerdings nicht nur Wirkung gegenüber Kunden. Die dahinter stehenden Unternehmen sind ein Bezugspunkt auch für die Mitarbeiter, welche die entsprechenden Produkte und Leistungen erstellen bzw. erbringen. Das verdeutlicht eine Episode aus der Geschichte des Unternehmens Osram Licht AG.

Die ehemalige Tochter des Siemens-Konzerns wurde als selbstständige Einheit an die Börse gebracht; Siemens behielt als Anker-Aktionär 17,5 % der Aktien. Dieser Anteil sollte einige Zeit später an den chinesischen Wettbewerber San'an verkauft werden und war gedacht als Einstieg zur Übernahme. Nachdem die Mitarbeiter das aus den Medien erfahren hatten, gab es Widerstand: Die Osramis – wie sie sich selbst nennen – wollten selbstständig bleiben. Sie verstehen ihr Unternehmen als Technologieführer und identifizieren sich so sehr damit, dass es für sie nicht infrage kommt, von anderen geführt zu werden. Der Widerstand führte letztlich zum Rückzug des Wettbewerbers.[3] Wer kann schon auf solche eine Identifikation bauen! So frei wäre damit der Weg für eine gute Zukunft gewesen. Leider hat das Management diese Chance nicht genutzt.[4]

Dieses Beispiel zeigt, welche Identifikationswirkung eine starke Unternehmensmarke für die Beschäftigten entfalten kann. Nicht nur bei Osram ist es so, auch sonst ist dieses festzustellen. Hat das auch etwas mit dem wirtschaftlichen Erfolg zu tun? Die Antwort lautet: »Ja«, denn ein überzeugtes Team genießt ein ganz anderes Vertrauen von Seiten der Kunden. Psychologisch gilt: So wie die Mitarbeiter überzeugt sind, so gehen sie mit dem Auftrag um, so erleben es die Kunden, so wird von Seiten der Kunden mit dem Unternehmen umgegangen. Das wirkt sich auch wirtschaftlich aus; Vertrauen ist die Grundlage einer guten Beziehung. Ein anerkanntes Unternehmen ist zudem für Bewerber attraktiver, kann sich die besseren Kandidaten auswählen, die anschließend gerne und damit lange im Unternehmen bleiben. Und das spüren und schätzen auch die Kunden.

Eine gute Leistung ist erste Voraussetzung

Marken bilden erkennbar die Grundlage für Vertrauen und Identifikation. Doch wie entsteht das Vertrauen? Diese Wechselwirkung einer Marke lässt sich exemplarisch mit dem Aufstieg der BMW AG verdeutlichen. BMW baut seit Jahren wendige, dynamische Automobile. Der Slogan »Freude am Fahren« ist nicht nur ein Spruch. Der zentrale Slogan ist Leitschnur der täglichen Ingenieursarbeit. Wer das Forschungs- und

3 Vgl. Lamparter, Dietmar H., Wir können gut alleine, in: Die Zeit vom 21. Dezember 2016, S. 24.
4 Vgl. dazu etwa o. V., Warum Anleger bei Osram weiter skeptisch sind, in: Manager Magazin vom 5. Juli 2019.

Ingenieurzentrum in München betritt und mit den Entwicklern spricht, realisiert sehr schnell, dass dort alle eines eint: die Freude am Fahren umzusetzen und sie noch größer zu machen.

Ein Versprechen ist nur dann wirksam, wenn alle zur Verwirklichung beitragen. Kunden merken schnell, ob es wirklich glaubwürdig ist, und reden darüber – in Zeiten des Internets und der Social Media noch schneller und mit größerer Verbreitung als bisher.

Wer in Erinnerung bleiben will, benötigt diese Stimmigkeit von Anspruch und Wirklichkeit. Für die Unternehmen kommt es darauf an, diese Erwartungen zu kennen. Erwartungen lenken das Handeln von Menschen. Erwartungen sind wie ein Filter, mit dem das Unternehmen betrachtet wird.

Manches Mal wird ins Feld geführt, dass Marken ein Bezugsobjekt darstellen, ganz unabhängig von der dahinter stehenden Organisation. Die lange Produktmarken-Tradition bestätigt dieses. Wir sprechen hier allerdings über die Marke des Unternehmens als Absender verschiedener Produkte. Dann erwächst die Beurteilung des Partners für die gesuchten Leistungen aus der Gesamtheit der verdichteten Eindrücke. Das sind ohne Frage subjektive Wahrnehmungen und Zuordnungen. Sie können nicht separiert werden. So wird deutlich, dass die Markenvorstellung ein Eigenleben führt und im Falle des Unternehmens sicher nicht als reines Markenkonstrukt abseits der sonstigen Aktionen und Informationen gehandhabt werden kann. Sie ist verbunden mit der Corporate Identity.

Inhaltsvolle Marken sind echte Persönlichkeiten

Die Beziehung zu einer Unternehmensmarke wird oft sehr persönlich; es werden dann höchst menschliche Werte damit verbunden. Ein Unternehmen ist eben mehr als die Einheit, die etwas produziert oder leistet. Starke Unternehmensmarken werden meist wie Personen wahrgenommen. Ihre Belebung erfolgt vielfach durch die Gründungsgeschichte. Dadurch entsteht eine Beziehungsgrundlage, nach innen wie nach außen.

Bei den Melitta-Werken kennt jeder Mitarbeiter die Geschichte der Hausfrau Melitta Bentz, die ihren Gästen gerne Kaffee ohne Kaffeesatz anbieten wollte und zunächst Löschpapier als ersten Kaffeefilter nutzte. Der Slogan von Mercedes-Benz »Das Beste oder nichts« wird auf Gottlieb Daimler zurückgeführt.

Starke Marken können interessante Geschichten erzählen. Sie wirken dadurch gleichsam lebendig. Die individuellen Geschichten lassen Marken jeweils zu eigenen Persönlichkeiten werden, die höchste Bedeutung für die Kundenentscheidungen haben. Es entsteht ein Charakter. Das macht Marken so eigenständig und einzigartig.

Was unterscheidet starke und schwache Marken?

Wie lässt sich eine Marke zu einer solchen Bedeutung führen? Das ist die Frage, die wir in diesem Buch beantworten wollen. Eine Antwort darauf zu finden, scheint dabei immer schwieriger zu werden. Während starke Marken eine Abgrenzung schaffen, einen Markt in der Vorstellung der Kunden teilen zugunsten der eigenen Angebote, wird für die übrigen Marken oft eine Tendenz zur Commoditisierung beobachtet: Sie schaffen es nicht, sich zu differenzieren, sich abzugrenzen, eine eigene »Persönlichkeit« zu entwickeln. Das gilt nicht nur als Risiko für die Anbieter von Produkten, die von Natur aus sehr ähnlich sind (Born Commodities), sondern vermehrt auch für etablierte Produkte, bei denen es den Herstellern immer weniger gelingt, Unterschiede zu verdeutlichen (New Commodities).[5] Immer mehr Unternehmen finden sich in dieser Lage wieder.

In einer Welt mit zunehmender Produkt- und Medienanzahl kann es schnell passieren, dass eine zu schwache Marke angesichts der Fülle an Informationen gar nicht in das Bewusstsein möglicher Kunden gelangt. Über die ausgewählte Leistung wird dann oft per Suchmaschine entschieden. Schwache Marken bekommen verstärkt Probleme durch die Digitalisierung, weil sie unbekannt und daher nicht auffindbar sind. Die wesentliche Wirkung von starken Marken liegt damit auf der Hand: Sie führen zu Kaufentscheidungen. Schwachen Marken fehlt dieser Effekt.

Marken machen den Mittelstand stark

Wer der Meinung ist, eine starke Unternehmensidentität sei allein etwas für große Unternehmen, der beschäftige sich am besten mit den Hidden Champions.[6] Darunter werden Unternehmen verstanden, die in einem Segment so ausgesprochen stark sind, dass sie darin als Marktführer zu bezeichnen sind. Bei den Hidden Champions handelt es sich typischerweise um Mittelständler. Oft sind diese Unternehmen einem breiten Publikum gar nicht bekannt. Das ist auch nicht notwendig. Wichtig ist die Reputation bei den potenziellen Käufern.

Ein gutes Beispiel dafür ist das Unternehmen PWM. Der gewählte Markenname ist sicher ungeschickt, da man ihn nur schwer erinnern kann. Trotzdem ist PWM zum Weltmarktführer in seinem Segment geworden: »Der Hidden Champion aus dem Bergischen Land 50 Kilometer östlich von Köln produziert seit mehr als 40 Jahren elektronische Preisanzeigen für Tankstellen.«[7]

---

5 Vgl. Enke, Margit, Die Commodity-Falle: Wenn Marken beliebig werden, in: absatzwirtschaft 1/2 2017, S. 50 ff.

6 Vgl. Simon (2012).

7 Doenecke, Gebina, Herausforderungen für die heimlichen Weltmeister, in: absatzwirtschaft 4/2018, S. 28.

»Wir kennen die Bedürfnisse unserer Kunden genau«[8], beschreibt selbstbewusst der Geschäftsführer einen wesentlichen Grund für den Erfolg, der genauso wichtig ist wie die Spezialisierung: die intensive Beschäftigung mit den Kunden. Weitere Erfolgsfaktoren sind Mitarbeiterführung und Service. Beide Aspekte hängen zusammen. Dahinter steckt das Engagement der Mitarbeiter, weil sie sich dem Unternehmen verbunden fühlen, dahinter steckt das Selbstverständnis, Qualität »Made in Germany« weltweit erfolgreich zu verkaufen. Auf der Website des Unternehmens wird gerade dieser Punkt immer wieder hervorgehoben.[9] »Die illuminierten Anzeigetafeln stehen mittlerweile in mehr als 65 Ländern, darunter auch in etlichen afrikanischen Staaten. Tendenz steigend.«[10] Weil sich die guten Erfahrungen mit dem Unternehmen positiv einprägen und der Marke gerne zugeordnet werden, gelingt es den Kunden sogar, den nur schwer einprägsamen Unternehmensnamen im Gedächtnis zu behalten.

Starke Marken sind ein unschätzbarer Wert

All dies zeigt: Marken sind überall wichtige Wegmarken. Sie lenken die Entscheidungen potenzieller Kunden; sie sind ein wesentlicher Beschleuniger des Unternehmenserfolgs. Sie sind mithin ein sehr wertvolles Gut, das gepflegt werden will. Starke Marken werden bevorzugt; zudem sind die Kunden bereit, mehr dafür zu bezahlen. Insofern stellen sie für ein Unternehmen und seine Führung einen unschätzbaren Wert dar, der wie ein Diamant geschliffen werden sollte. Sie sind der zentrale Treiber des Unternehmenserfolgs.

Starke Marken lösen ein ganzes Bündel an Vorstellungen in Menschen aus, dessen Bestandteile vom Einzelnen oft gar nicht benannt werden können. Diese Bündelung von Vorstellungen im Gedächtnis wird auch »Information Chunk« genannt.[11] Alle Wahrnehmungen werden in dieser Organisationeinheit im Gehirn zu einer Vorstellung verdichtet und unter der Marke des Unternehmens gespeichert.

Die Art und Weise, wie eine Marke auf uns wirkt, ergibt sich somit aus allen Eindrücken im Zusammenhang mit einer Marke. Der Kunde kann eine Marke also gar nicht isoliert ohne den Zusammenhang mit all seinen Assoziationen dazu betrachten. Insofern bildet die Marke das Konstrukt, das durch alle Signale, die Kunden vom Unternehmen empfangen haben, erst zur vollen Entfaltung im Gehirn der Kunden kommt. Entscheidend ist am Ende die Vorstellung, die sich der Kunde macht.

Genauso beurteilen wir Personen. Wir ordnen Menschen eine Persönlichkeit, eine Identität zu. Wenn wir gefragt werden, warum wir den einen sympathisch finden und

8 Zitat ebenda.
9 Vgl. www.pwm.com.
10 Ebenda.
11 Vgl. Kroeber-Riel/Gröppel-Klein (2013), dort bezogen auf die Produktbeurteilung.

den anderen dagegen weniger, kommen wir meist in Erklärungsnot und flüchten uns in Teilaspekte, die aber quasi nur die Spitze des Eisberges unserer im Gehirn verdichteten Gesamteinschätzung des anderen sind.

Ebenso ruft eine Marke eine komplexe Gesamteinschätzung in uns auf. Wer Markengeltung schaffen will, sollte also wissen, dass alle Eindrücke in dieses Gesamtbild eingehen. Der Kunde bildet sich eine Vorstellung über die Persönlichkeit, die Identität des Unternehmens. Es ist eine verdichtete Vorstellung, deren Einzelheiten ihm kaum bewusst sind. Diese abstrakte Größe im Kopf der Kunden wird als Unternehmensimage bezeichnet und steuert den Umgang von Kunden mit dem Unternehmen.

Unternehmen sind wie ein lebendiger Organismus. Sie können Stolz hervorrufen, sie können Antrieb geben, sie können Vertrauen schaffen.

Eine überzeugende Marke mit Charakter hat viele Facetten, die alle zu berücksichtigen sind, um ein Bild im Kopf der Kunden zu erzeugen. Diese Facetten gilt es zu erkunden. Sie gilt es zu gestalten. Sie gilt es zu entwickeln. Das soll das Thema in diesem Buch sein.

1.2 Eine Reise in die digitale Welt

Kommen wir noch einmal zurück zur Auswahl einer Waschmaschine: Die Suchenden nutzen ganz selbstverständlich Informations- und Vertriebswege, wie sie ihnen geläufig sind. Das können Informationen online sein, das kann das Gespräch im Fachmarkt sein. Am Ende bestellt mancher vor Ort im Geschäft, andere lieben es, im Internet zu kaufen. Neben der realen Welt existiert seit einigen Jahren eine virtuelle Welt. Je nach Vorliebe werden die unterschiedlichen Kanäle für die Stationen von der Suche bis hin zur Bestellung genutzt, und zwar nebeneinander oder integriert. Was bedeutet das nun für die Unternehmensidentität? Ist die Marke in Zeiten der Digitalisierung damit wichtiger oder weniger wichtig geworden?

Das Internet und die Digitalisierung haben die Welt des Business und der Marken erheblich verändert und erweitert. Die Leistungen eines Unternehmens werden heutzutage viel stärker überprüft, verglichen, hinterfragt. Wer vor einer Entscheidung steht und mit Aspekten des Angebots nichts anzufangen weiß, hat ein einfaches Rezept: Es wird gegoogelt, um das aufzuklären. Deshalb ist ein Gang durch die Markenwelt nicht mehr denkbar ohne einen Ausflug in die Online-Welt.

Von der ersten Website bis heute – eine rasante Entwicklung

Die Online-Revolution nahm ihren Anfang mit der Entwicklung des http-Standards am Forschungszentrum CERN in der Schweiz. Das war im Jahre 1989. Es dauerte noch zwei weitere Jahre, bis die erste Website überhaupt, info.cern.ch, veröffentlicht wurde. Erst langsam, dann immer schneller verbreitete sich dieses Netz rund um den Globus. Heute ist ein Unternehmen ohne Netzanbindung und ohne Website nicht mehr denkbar. Das Ansehen einer Marke hängt auch von ihrem digitalen Auftritt ab.

Im Grunde ist das World Wide Web zunächst ein dunkler Raum. Wie soll ein Kunde eine bestimmte Website finden? Die erste Antwort: Eine starke Marke kann direkt aufgerufen werden. Der Kunde kennt sie, schätzt sie, sucht gezielt nach ihr. Auch in diesem Bereich gibt es wieder einen Vorteil für starke Marken.

Vielfach nutzt der Kunde eine Suchmaschine. Sie ist das Vehikel, gesuchte Inhalte zu finden. Die heute bedeutendste wurde im Jahre 1998 geschaffen, Google. Für eine Marke ist es extrem wichtig, dass sie im virtuellen Raum gefunden wird. Es gibt mittlerweile viele Dienstleister, die den Inhabern von Websites dabei behilflich sind, bessere Plätze in den Ergebnislisten der Suchmaschinen zu ergattern. Es zeigt sich immer wieder, dass nur Ergebnisse auf der ersten Seite eine wirkliche Chance auf Beachtung haben. Interessant ist dann die Auswahl durch den Webnutzer: Er unterscheidet gedanklich zwischen Ergebnissen, die er kennt, im Falle von Marken aufgrund der Bekanntheit dieser Marke, und Ergebnissen, die er nicht kennt. Selbst im digitalen Raum sind Marken eine wesentliche Grundlage für die Auswahl.

Die Sozialen Medien intensivieren den Austausch

Die übliche Basis im Netz bilden Plattformen: Eine Plattform kann für Handel genutzt werden, wie beispielsweise Amazon; eine Plattform kann als Diskussionsforum zu einem bestimmten Thema genutzt werden, so beispielsweise motor-talk.de, oder einfach zum sozialen Austausch mit anderen. Das größte soziale Netzwerk der Welt ist Facebook. Viele Marken sind im Facebook-Universum präsent, da sie hier einen hohen Anteil ihrer Kunden finden, andererseits auch viele mögliche weitere Kunden ansprechen können.

Mittlerweile gibt es unzählige soziale Netzwerke, große wie kleine. Zu den Big Playern zählen Instagram als eine Plattform, um Bilder und Videos zu teilen, und Twitter, ursprünglich ein Microbloggingservice zum Austausch kurzer Nachrichten, inzwischen besonders bekannt geworden durch Tweets von Donald Trump. Permanent werden neue Ideen umgesetzt.

Die digitale Welt ist ständig in Bewegung

Die Identität eines Unternehmens wird mittlerweile stark geprägt durch dessen Aktivitäten im Netz und die Reaktionen der User darauf. Beherrschbar ist die digitale Welt mit ihren unzähligen Plattformen, Foren und Bewertungsportalen für Unternehmen in dieser Hinsicht kaum noch. Die Inhaber von Marken kommen an ihre Grenzen, wenn es darum geht, den Umgang damit zu verfolgen und insbesondere zu gestalten. Immer wieder kommt die Frage auf, wo im Netz ein Unternehmen aktiv sein soll. Der Balanceakt zwischen Notwendigkeit und Machbarkeit erfordert so einiges an Geschick.

Einige Internet-Angebote bieten für die Markenbildung klare Vorteile, so beispielsweise YouTube, das größte Videoportal, das mittlerweile Google gehört. Botschaften zu Marken können dort sehr viel leichter, schneller, plakativer und kostengünstiger verbreitet werden als in den klassischen analogen Medien oder in Rundfunk und Fernsehen. Bewegte Bilder sagen oft viel mehr als tausend Worte. Nicht wenige interessante oder amüsante Werbevideos sind von Nutzern aufgegriffen worden, um sie an die Freunde weiter zu verteilen. So entstehen virale Effekte, die sehr nützlich für eine Marke sein können. Inzwischen werden viele Videos nur noch online eingesetzt.

Jeder kann mit jedem ganz schnell kommunizieren

Doch die digitale Welt bietet nicht nur klare Vorteile. Sie hat auch ihre Schattenseiten. Unternehmen erleben, dass die Plattformen genutzt werden, um Kritik zu üben. Und nicht nur das: Die Diskussion im Netz kann in Shitstorms münden, die den guten Ruf einer Marke nachhaltig beschädigen können. Eine schlechte Beurteilung lässt sich ganz schnell verfassen, genauso schnell, wie sie sich verbreiten lässt. Meist genügt dazu der Klick auf einen Button. Soziale Netzwerke basieren auf Austausch und Beteiligung. Die User haben sich daran gewöhnt, selbst aktiv zu werden und etwas beizutragen. Diesen Dialog fordern sie auch von den Unternehmen ein. Wenn ihnen etwas nicht gefällt, möchten sie es dem Unternehmen mitteilen. Kunden sind sehr ungehalten, sollte das Unternehmen nicht darauf eingehen. Die Erwartungen der Kunden haben sich erkennbar entwickelt.

Marken werden nicht mehr allein geschaffen durch Unternehmen, sondern entwickeln sich weiter in der Dynamik der Diskussionen vor allem im Netz. Die Identität und das daraus erwachsende Image sind dynamischer geworden. Die Beurteilung von Marken hängt heute ganz entscheidend auch vom Verlauf der Diskussionen ab.

Das Smartphone: das Zentrum aller Kundenaktivitäten

Das Smartphone ist zum Alleskönner geworden. Es ist zentraler Organisator unseres Lebens. Es ist unser Terminkalender, unser Notizbuch, unsere Wiedervorlage. Es ist unser Nachschlagewerk – eine Informationsquelle, die man überall und jederzeit anzapfen kann. Kühlschränke, Häuser, Autos sind an das Netz angeschlossen. Verkaufsgespräche erfolgen systemgestützt. Der Weg zu unseren Kunden ist leicht zu finden, Google Maps hilft. Das Smartphone ist zum Zentrum der Lebensgestaltung geworden.

Hat eine Marke bisher auf sich aufmerksam gemacht durch Commercials im Fernsehen oder Anzeigen in Printmedien, muss man heute genauer hinsehen, wo sich die Kunden bewegen. Sie verbringen sehr viel Zeit im digitalen Raum. Also gilt es, auch in dieser Welt Impulse zu setzen, und zwar möglichst gezielt dort, wo der Hinweis auf die Produkte und Leistungen kaufentscheidend sein kann.

Die Möglichkeiten im Netz sind durch die technische Entwicklung gestiegen: Die Website eines Unternehmens kann durch Bilder, durch Videos, durch Foren angereichert und mit den Präsenzen in den Sozialen Medien verlinkt werden. Das ermöglicht virtuose Ansätze. Der Markenführende wird zum Regisseur, der genau zu überlegen hat, welche Einheiten in welcher Kombination er einsetzt, um daraus ein Erlebnis für seine Kunden zu kreieren. Und wir sind sicher nicht am Ende angelangt: Nach Text kommt nun verstärkt Sprache auf. Siri, Alexa & Co. verbreiten sich schnell und schneller.

Auffällig ist, dass die heute besonders großen Marken wie Apple, Nike oder Zara – um nur drei zu nennen – gar nicht in eine Schublade gesteckt werden können: Sie sind weder eindeutig Hersteller- noch Handels- oder Dienstleistungsmarke, sie sind weder allein Online- noch Offline-Marke. Sie sind alles gleichzeitig. Die Kunst moderner Markenführung scheint in geschickter Mischung zu liegen, wobei der Kunde obendrein jeweils einen interessanten Charakter dahinter zu erwarten scheint. Jede der drei genannten Marken hat zweifelsohne ihren eigenen Charakter.

Die Vielfalt an Optionen durch den digitalen Raum löste zunächst eine große Euphorie aus. Diese ist inzwischen weitgehender Ernüchterung gewichen. Im Jahre 2016 mahnte der damalige CMO von Procter & Gamble, Marc Pritchard, die Online-Plattformanbieter, mehr für Korrektheit und Zuverlässigkeit zu sorgen. Es hatte sich gezeigt, dass diese falsche Angaben über erreichte Nutzerzahlen gemacht hatten, dass dabei nicht nur menschliche, sondern auch maschinelle Kontakte, sogenannte Bots, mitgezählt worden waren, um die Leistungszahlen zu verbessern. Die Standpauke des verantwortlichen Managers eines der größten Werbungtreibenden blieb nicht ungehört. Viele nahmen die Bedenken auf. So stellte sich mehr Sachlichkeit im professionellen Bereich ein mit einem mehr und mehr durchdachten und fundierten Vorgehen. Dies soll uns auch in diesem Buch als Leitschnur dienen.

Das große Thema Datenschutz

Einen Schatten auf die hell strahlenden Möglichkeiten der digitalen Welt warfen zudem die aufgedeckten Verstöße gegen den Datenschutz, die sich in den Medien wie ein Lauffeuer verbreiteten. Besonders die politische Verstrickung in den Präsidentschaftswahlkampf der USA sowie das Brexit-Votum in Großbritannien im Jahre 2016 sensibilisierten eine breite Öffentlichkeit für eine Diskussion um Vertrauen und Sicherheit. Endgültig lief das Fass über, als die uneingeschränkte Nutzung umfangreicher Facebook-Daten durch Cambridge Analytica mit zeitlichem Verzug im Jahre 2018 herauskam. Dieses Datenauswertungs-Unternehmen hatte Datensätze frei von Facebook erhalten können und sie auf Nutzerprofile hin ausgewertet, um so im Wahlkampf gezielt potenzielle Wähler ansprechen zu können. Mark Zuckerberg, der Gründer und

Inhaber von Facebook, musste sich im amerikanischen Kongress Fragen dazu stellen. Auch das europäische Parlament führte eine Anhörung durch. Mark Zuckerberg sagte aus, dass sein Unternehmen danach trachten werde, alle missbräuchlichen Nutzungen von Daten aufzudecken.[12] Implizit war das ein Eingeständnis, selbst den Überblick verloren zu haben.

In Europa läuft die Diskussion um Datensicherheit schon sehr lange. In der Europäischen Union trat im Mai 2018 die Datenschutz-Grundverordnung, kurz: DS-GVO, in Kraft. Sie hat insbesondere den Schutz personenbezogener Daten im Unternehmenskontext angehoben. Wer aus Unachtsamkeit oder gar mit Vorsatz gegen die strengen Vorgaben verstößt, kassiert nicht nur hohe Bußgelder – er verliert das Vertrauen seiner Kunden in die Marke, wenn der Verstoß an die Öffentlichkeit gelangt.

Marken fungieren im weiten, oft unübersichtlichen virtuellen Raum als wichtige Orientierungshilfen. Dabei bildet das Vertrauen den entscheidenden Wert. Wird das Vertrauen der Kunden verletzt, kann das einer Marke schneller denn je den Boden unter den Füßen wegziehen.

Die Bedeutung der Markenführung und Corporate Identity für den Erfolg war immer groß. In der digitalen Welt ist sie noch weiter angewachsen. Eindeutig zu kurz springt, wer bei der Markenführung allein an Werbemaßnahmen denkt. Es ist viel komplexer: Markenführung betrifft das ganze Unternehmen und ist ein wichtiges Thema der Unternehmensführung. Nachhaltiger Erfolg von Unternehmen hängt von einem guten Management der Corporate Identity ab. Dieses Buch verfolgt einen ganzheitlichen Ansatz. Wir ergründen darin das Phänomen in seiner Gesamtheit mit all seinen Bestandteilen.

Zentral für eine Marke ist die Verbindung zu ihren Kunden. Sie muss notwendig deren Wünsche und Erwartungen berücksichtigen. Die Unternehmensmarke stellt psychologisch gesehen für den Kunden ein Bezugsobjekt dar. Diese Verbindung kann durch die geschickte Nutzung der digitalen Möglichkeiten bereichert werden. Sie gilt es zu kennen. Sie gilt es zu beherrschen. Auch dazu werden Sie in diesem Buch mehr erfahren.

Die Gestaltung und die Führung einer Marke sind durch die digitalen Möglichkeiten komplizierter geworden. Dieses Buch bietet einen Leitfaden, der Sie durch die einzelnen Schritte einer Neupositionierung führt und dabei auch die Besonderheiten der digitalen Welt berücksichtigt. Bevor wir diese Schritte gehen, sollten wir uns jedoch zunächst ansehen, was die Unternehmensidentität, die Corporate Identity, im digitalen Zeitalter ausmacht.

---

12 Vgl. Berichterstattung in allen Medien vom 22. Mai 2018, etwa spiegel-online oder sueddeutsche-digital. Die Anhörung wurde live übertragen.

2 Corporate Identity

Corporate Identity ruht auf den drei Säulen
1. Corporate Behaviour,
2. Corporate Design,
3. Corporate Communications.

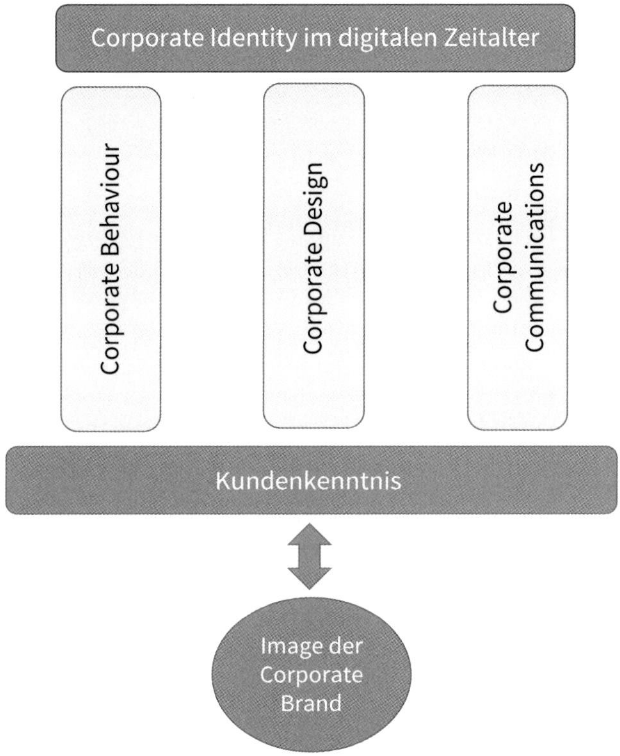

Die drei Säulen der Corporate Identity

Entscheidungsleitend für Kunden ist das Image der »Corporate Brand«. In allen diesen Bereichen hat die Digitalisierung zu Veränderungen geführt.

2.1 Corporate Behaviour

Jeder kennt Miele, Siemens und Bosch. Wie würden Sie diese Unternehmen charakterisieren? Mir fiele dazu Folgendes ein:

- Miele, bei aller ostwestfälischen Solidität ein erstaunlich fortschrittliches Unternehmen, das immer intelligentere Haushaltsgeräte bietet,

- Siemens, ein klassisches Industrieunternehmen, Experte für Automatisierungen, das sich derzeit deutlich umstrukturiert, um im Bereich der Industrie 4.0 eine prominente Rolle zu spielen,
- Bosch, der Lieferant technischer Lösungen insbesondere für die Automobilindustrie, der sich Fortschritte bei vernetzten Autos, bei neuen Antrieben bis hin zum Selbstfahren auf die Fahne geschrieben hat.

Vielleicht charakterisieren Sie die Unternehmen ganz ähnlich. Wir assoziieren mit ihnen bestimmte Fähigkeiten, die wir ihnen zutrauen. Darüber hinaus haben diese drei Unternehmen neben einem eindeutigen Charakter eine klar erkennbare Zukunftskomponente: Sie arbeiten an der Umsetzung digitaler Entwicklung für ihre Geräte oder Lösungen.

2.1.1 Gemeinsames Unternehmensverständnis

Genauer betrachtet charakterisieren das Unternehmen natürlich die Menschen, die für dieses handeln. Kommen Sie in Kontakt mit einem Unternehmen, registrieren Sie meist sehr bald bestimmte Eigenarten, die sich eingeschliffen haben. Danach handeln die Beschäftigten im Unternehmen. Manches Mal hört man positiv: »Das ist unser Anspruch«, manches Mal abgrenzend: »Das ist nicht unser Stil«. So wird deutlich, dass es neben den individuellen Vorstellungen der einzelnen Mitarbeiter durchaus etwas gibt, was die Beschäftigten als Unternehmensart ansehen. Dieses gemeinsame Verständnis ist sicher nicht bei jedem Einzelnen gleich ausgeprägt, aber doch so weit verbindend, dass daraus im besten Fall – wie im Falle der Beispielunternehmen – ein Charakter entsteht.

Das Verständnis, das geteilt wird und Bedeutung für die Art und Weise hat, wie die Tätigkeit ausgeübt wird, ist entscheidender Teil der Identitätsstiftung im Unternehmen. Sicher werden Menschen sich stets verständigen müssen, um gemeinsam arbeiten zu können. Deshalb gibt es Anleitungen und Vorgaben. Doch tatsächlich sind diese Instrumente weniger wirksam als die selbstorganisierten Umsetzungen, die untereinander ausdrücklich und mehr noch unausgesprochen im Arbeitsverständnis zum Tragen kommen. In den meisten Unternehmen gibt es ein gewisses Verständnis des allgemeinen Auftrags, das sich bei neuen Mitarbeitern durch Anpassung einspielt. Dieses ist unabhängig von dem einzelnen Mitarbeiter, der in das Unternehmen kommt, schon da und wird permanent weiterentwickelt. Dabei bleibt es im Grundansatz recht stabil: Es hat Einfluss auf das Verhalten der Beschäftigten und schlägt sich nieder in der Unternehmenskultur. Je ausgeprägter das gemeinsame Verständnis ist, desto stärker ist sein koordinierender Einfluss auf die Handlungen. So entsteht ein charakteristisches Verhalten der Mitarbeiter in ihrer Aufgabe im und für das Unternehmen, ein Corporate Behaviour.

2.1.2 Kultur: Garant für Stabilität und Ordnung

Mit der Expertise und der Art, wie sie eingesetzt wird, etabliert sich eine Kultur, die zu dem Geschäftsmodell passt. Sie zeichnet das Unternehmen aus und entwickelt sich idealerweise kontinuierlich mit den Anforderungen an das Unternehmen weiter. Die Kultur ist Teil des Unternehmens. Das mag manchmal hinderlich sein, gibt intern aber Stabilität und Ordnung, einen Unternehmens-Stil. Es sind die Regeln und Verhaltensweisen, die jeder befolgt, weil er weiß, dass die Nichteinhaltung Sanktionen der anderen nach sich zieht – keine arbeitsrechtlichen, sondern eher soziale. Positiv gesprochen trägt die Einhaltung zur Zugehörigkeit bei.[13]

Im Unternehmen selbst kommt es darauf an, diese Eigenarten zu akzeptieren und als Lösungsmodus zu verstehen. Regeln, die da sind, deren Entstehung niemand benennen kann, die Zugehörigkeit fördern, können nicht einfach abgeschafft oder verändert werden.

Wichtig ist, den abstrakten Auftrag dahinter zu schärfen und als verbindende Idee weiterzuentwickeln. Dabei ist entscheidend, nicht produktfixiert vorzugehen, sondern die besonderen Fähigkeiten zu erkennen und sich damit wertorientiert aufzustellen und zeitgemäß weiterzuentwickeln. Produkte sind begrenzt auf eine gewisse Zeit, Werte dagegen bleiben bestehen. Wenn sich das Leistungsangebot allerdings nicht zeitgemäß entwickelt, werden die Kunden auf die Dauer auch nicht bleiben. Deshalb kommt es darauf an, im Unternehmen Lust auf die marktgerechte Weiterentwicklung in der Umsetzung der eigenen Fähigkeiten zu machen.

Auch das ist bei allen drei Unternehmen zu beobachten: Sie haben sich die Entwicklung auf die Fahnen geschrieben, die in diesen Tagen besonders in der intelligenten Umsetzung der digitalen Transformation im Rahmen des Unternehmensauftrags besteht. Sie nutzen diese im Rahmen ihrer Kompetenz für Haushalts-, Industrie- oder Techniklösungen. Drei Mal ist es *eine* Anforderung, nämlich die digitale Perspektive, drei Mal angepasst an den eigenen Auftrag.

2.1.3 Die zentrale Frage nach dem Warum

Hinter der Umsetzung steht die übergeordnete Frage danach, warum das Unternehmen existiert. Die Werte in der Umsetzung haben sich typischerweise als Anforderung für die Verwirklichung des Unternehmensauftrags ergeben. Welchen Zweck verfolgt und erfüllt das Unternehmen? Auf diese Frage lässt sich unterschiedlich antworten, je

13 Vgl. Simon (2015).

nach Perspektive: Der Arbeitnehmer sieht seine Fähigkeiten gefordert und kann Geld verdienen, der Unternehmer will etwas Sinnvolles anbieten und eine Rendite erzielen, der Kunde will etwas Passendes für seinen Bedarf kaufen – unterschiedliche Interessen führen zu einem jeweils eigenen Blick. Dahinter steckt im Idealfall das Verständnis von der verbindenden Idee.

Es gibt in starken Unternehmen eine Idee, welchen Zweck das Unternehmen verfolgt.

Die Corporate Identity ist so komplex, weil es unterschiedliche Perspektiven gibt, die immer sowohl eine eher emotionale und eine eher zweckorientierte Seite haben. Beides lässt sich nicht voneinander trennen.

Alle Perspektiven – die des Arbeitnehmers, die des Unternehmers, die des Kunden – sind durch die vielfältigen Netzwerke im digitalen Raum noch komplexer geworden. Deshalb ist ein Ansatz erforderlich, der möglichst gut eine Schnittmenge herausbildet. Denn das Unternehmen kann nur fortbestehen, wenn es seine Grundaufgabe erfüllt: seinen Kunden die erwartete Leistung entsprechend seiner Kompetenz vor dem Hintergrund der Marktentwicklung zu liefern. Dieser Zweck ist Kern der Unternehmensaufgabe. Auch wenn dieser Auftrag noch nicht konkretisiert ist, er ist da.

2.1.4 Das Unternehmen als eigene Größe in seiner Umwelt

Damit hat das Unternehmen ein Eigenleben. Stellen wir uns vor, alle Mitarbeiter eines Unternehmens würden ausgetauscht gegen neue Mitarbeiter. Was wäre die Folge? *Das Unternehmen existiert als Einheit für die Außenwelt weiter. Es ist eine eigene Persönlichkeit.* Alle, die in Verbindung zum Unternehmen stehen, bemerken vielleicht, dass die Ansprechpartner gewechselt haben, dass sie aber nach wie vor die Leistungen des Unternehmens erwerben können. Der erwartete Zweck ist also trotzdem weiter vorhanden.

Das Unternehmen stellt sich aus der Perspektive seiner Umwelt wie eine Person mit eigenem Charakter dar. So sollten wir das Unternehmen auch auffassen und zu verstehen suchen.

2.1.5 Kommunikation als verbindendes Element

Wenn das Unternehmen nun eine Persönlichkeit ist, die eine eigene Idee verfolgt, was verbindet die Mitglieder einer Organisation, was bleibt? Ganz klar: der Kern ist die Kommunikation.[14] Die Mitarbeiter in einer Abteilung sprechen miteinander. Die Mitar-

14 Vgl. Luhmann (2000).

beiter verschiedener Abteilungen sprechen miteinander. Die Leitung spricht mit den Mitarbeitern. Die Mitarbeiter sprechen mit Lieferanten und Kunden. Und die Kunden wollen in digitalen Zeiten mitsprechen. Je mehr sie die Marke mögen, desto mehr lieben sie den Austausch mit dem Unternehmen.

Die Kommunikation ist das verbindende Element zwischen allen Beteiligten im Verlauf der Zeit. Jedes Unternehmen hat dabei seinen eigenen Kommunikationsstil. Er ist das Instrument zur Steuerung. Und wenn es gelingt, die Kommunikation im Sinne des Unternehmenszwecks auszurichten, hat sie eine koordinierende Wirkung, die dem Unternehmen eine eigene Identität, idealerweise eine gemeinsame Zielorientierung gibt und damit seinen Charakter begründet.

Ein Mitarbeiter kann sich unterschiedlich identifizieren mit dem Unternehmen: Er kann überzeugt sein von dessen Geschäftsmodell, er kann die Tätigkeit aber auch nur zum Geldverdienen für seinen Lebensunterhalt ausüben. Ein Unternehmen, in dem die Mitarbeiter zu einem hohen Anteil von dem grundlegenden Auftrag überzeugt sind, handelt sehr viel einheitlicher als ein Unternehmen, in dem das nicht der Fall ist; es ist ein Handlungsmuster erkennbar.

Kunden vertrauen vor allem denjenigen Unternehmen, die eine klare Kontur haben. Sie entsteht durch sehr spezielles konzertiertes Agieren, durch Eigenständigkeit. Diese zu schärfen ist Aufgabe des Corporate Identity Managements.

2.1.6 Starke Unternehmensidentität: solide Basis für eine starke Unternehmensmarke

Eine starke Unternehmensidentität ist Grundlage einer starken Unternehmensmarke, die ihre Marktstärke begründet. Mithin beginnt Corporate Behaviour damit, einen möglichst hohen Koordinierungsgrad nach innen zu erreichen.

Drei Fragen leiten hierbei die Koordinierung:

- Was ist unser übergeordnetes Versprechen? Können wir es benennen oder wie können wir es herausarbeiten? Das ist die Geschäftsgrundlage, der Zweck.
- Welche Zukunftsperspektive hat unser Auftrag? Wie wollen wir das perspektivische Ziel erreichen? Das ist die Zukunftsorientierung, die Weiterentwicklung des Zwecks.
- Welchen Beitrag dazu leistet jede Einheit? Wie wirkt jeder Einzelne daran mit? Das ist die Handlungsorientierung des Zwecks für jede Abteilung des Unternehmens.

Die drei Leitlinien sind Basis erfolgreicher Führung: Es geht immer darum, eine Vorstellung über die Zweckerfüllung morgen zu entwickeln, die akzeptiert wird, dieses auf der Grundlage einer gemeinsamen Herangehensweise und – vor allem wichtig – einer Beteiligung aller an ihrem jeweiligen Platz zu schaffen. Das ist die Vision, die motiviert, wenn die Relevanz für jede Einheit Grundelement ist. Sie ist dann ein Leitbild für das Unternehmen.

Die Aufgabe ist nicht einfach. Ein Unternehmen besteht aus vielen unterschiedlichen Einheiten, die zusammenwirken, wobei jede Einheit mit einem hohen Maß an Eigendynamik in einer sich verändernden Umwelt handelt, die ihrerseits wieder auf das Handeln im Unternehmen wirkt. Dabei ist der externe Einfluss durch den direkten Austausch oft sehr groß geworden. Die zu meisternde Aufgabe für die Führung liegt darin, dass alle Beteiligten nach eigener Auffassung agieren und reagieren, was das Ganze nicht sehr vorhersehbar macht. Trotzdem soll das Unternehmen mit einem von seinen Kunden erkennbaren Charakter agieren. Die Organisation benötigt dazu einen gemeinsam verstandenen Grundauftrag, der eine gemeinsame Identität schafft. Diese bildet den dynamischen inhaltlichen Kern in einer erfolgreichen Weiterentwicklung. Nur so entsteht ein innerer Sinn. Und Sinn ist die Voraussetzung für Identifikation.

Die Wirkkräfte innerhalb der Organisation lassen sich so veranschaulichen[15]:

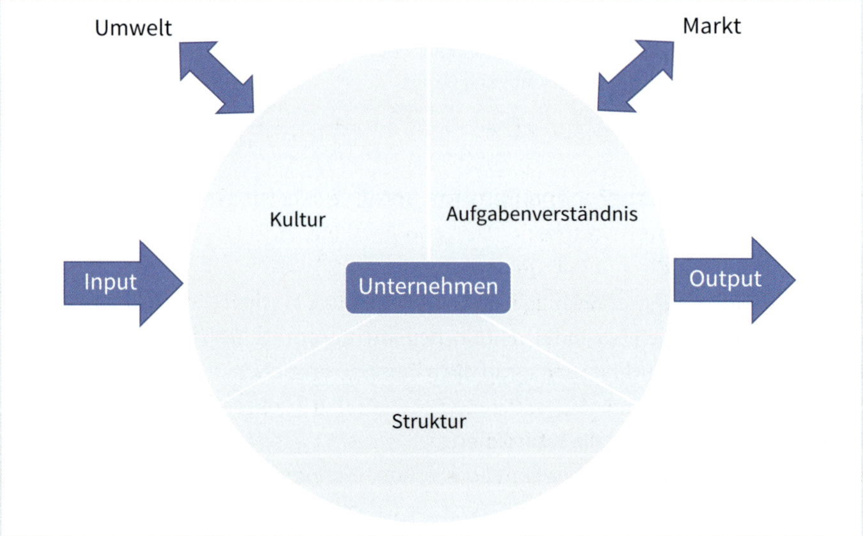

Wirkkräfte innerhalb des Unternehmens

Hier liegt ein Schlüssel für die Führung: Im Unternehmen wirkt das Aufgabenverständnis als inhaltliche Koordination. Die gedankliche und die strukturelle Ebene lassen sich allerdings nicht trennen. Die organisatorische Umsetzung erfolgt durch Bildung

15 Abbildung in Anlehnung an: Steiger (2018), S. 27.

von Strukturen, die Handlungsweise wird geprägt durch die Kultur. Das ist zunächst sehr abstrakt.

Die Elemente sind abhängig voneinander: Inhalt wirkt auf Form, Form wirkt auf Inhalt. Das heißt also: Aufgabenverständnis ist von Anfang an gegeben, muss im Laufe der Zeit immer wieder neu geschärft und zeitgerecht entwickelt werden. Dabei existiert es nicht als reine Idee, sondern durch Übernahme auf dem Wege der Beteiligung. Freude am Fahren bringt den Unternehmenszweck von BMW zum Ausdruck, der Leitschnur etwa auch für das Forschungs- und Entwicklungszentrum ist. Deren Umsetzung insbesondere in Form digitaler und ökologischer Lösungen prägen heute das innere und äußere Verständnis des Auftrags. Die Etablierung der Einheit für Elektromobilität und deren Einordnung macht die Wichtigkeit des speziellen Themas deutlich. Sie nimmt Einfluss auf die Weiterentwicklung der Kultur, wie umgegangen wird mit dem Auftrag zur Freude am Fahren. Die Elemente hängen zusammen, das macht die Aufgabe so komplex.

Inhalt und Struktur stehen immer in Wechselwirkung. Sie bilden die Interventionsbereiche; Kultur verändert sich in der Folge. Das gilt für das Unternehmen insgesamt wie für jede Einheit im Unternehmen im Austausch mit den Kunden. Führung ist konfrontiert mit Wechselwirkungen.

2.1.7 Corporate Behaviour als koordinierende Leitlinie

In jeder Zelle des Systems »Unternehmen« findet ein Eigenleben statt, das oft nur in geringem Maße Impulse aus seiner Umgebung – innen wie außen – aufnimmt. Man fokussiert sich auf die eigenen Belange. In diesem Silodenken liegt ein Hindernis für eine ganzheitliche Koordinierung und die geforderte Offenheit. Corporate Behaviour als koordinierende Leitlinie für das Unternehmen und sein Handeln ist ein Balanceakt. Es ist eine Frage der Perspektive, welche die Leitung vermittelt, und eine Frage der Beteiligung der Geführten. Das sind die zwei zentralen Punkte erfolgreicher Führung:

- Eine Perspektive, verbreitet wird auch von Vision gesprochen, welche die Mitarbeiter und Kunden mit dem Unternehmen, mit seiner Marke verbinden.
- Beteiligung an der Entwicklung der Perspektive, der Vision, die nach innen und außen überhaupt erst zur Übernahme führt.

Die Unternehmung selbst tendiert dabei zur Überbetonung der eigenen Sicht. Eine wesentliche Aufgabe der Führung ist es hier, die Umwelt hinreichend wahrzunehmen, insbesondere wie sich die Kunden und deren Wünsche verändern, um intern ein Zusammenspiel und eine Weiterentwicklung in einem offenen System zu etablieren und Silodenken aufzubrechen.

2.1.8 Was erwarten die Kunden?

Durch die Digitalisierung ist eine Öffnung nach außen entstanden. Die Verhaltensweisen des Unternehmens erfahren jetzt unmittelbar eine Resonanz der Kunden. Identität ist damit immer mehr auch abhängig von der Kundenreaktion.

Besonders interessant sind dabei natürlich die wichtigsten Kunden. Das sind diejenigen Kunden, die besonders loyal zum Unternehmen stehen und mit denen das Unternehmen in aller Regel den größten Teil seines Deckungsbeitrags erwirtschaftet. Diese Kunden sorgen dafür, dass es dem Unternehmen heute gut geht, und sie sind auch diejenigen, die bei dem Unternehmen bleiben werden, sofern es auch in der Zukunft ihre Ansprüche erfüllt. Dann geht es dem Unternehmen auch morgen gut. Es gilt, die Erwartungen der Kern-Kunden proaktiv zum Zentrum der Ausrichtung des Unternehmens zu machen.

Erster Punkt ist also ein Verständnis des Unternehmensauftrags, das in allen Abteilungen weitgehend geteilt wird – trotz unterschiedlicher Perspektiven. Beispiel: Freude am Fahren.

Dazu starten wir mit der Erfassung des Ist-Zustands als Grundlage, um fundiert vorgehen zu können. Was erwarten unsere Kunden für die Freude am Fahren und wie verstehen das unsere Mitarbeiter?

Auf dieser Grundlage formulieren wir ein Entwicklungs-Management, um dem Unternehmen die Zukunftsperspektive zu geben: Was bedeutet Freude am Fahren im digitalen Zeitalter?

Die erste Aufgabe des Corporate Identity Managements lässt sich so zusammenfassen: Auseinandersetzen mit dem Grundauftrag des Unternehmens und diesen unter Mitwirkung aller schärfen, ihn so zur gedanklichen Leitschnur machen. Mit allen gemeinsam gilt es, auf der Grundlage bester Kundenkenntnis eine Zukunftsvision zu entwickeln, um für die Kunden dauerhaft der richtige Partner zu sein, mit dem sie gerne im Austausch sind und bleiben.

2.1.9 Die Digitalisierung verändert alles

Das ist eine herausfordernde Aufgabe, die über den Erfolg heute und morgen entscheidet. Welche Rolle spielt dabei aber die Digitalisierung?

Die Veränderungen durch die digitale Transformation führen bereits mehr oder weniger zu einem anderen unternehmensinternen und -externen Verständnis von Zusammenarbeit. Sie verändern die Kultur und die Umwelt des Unternehmens und das Zusammenspiel mit dieser.

Einhergehend damit ändern sich auch die Bedürfnisse der Mitarbeiter. Die Unternehmen aus dem Silicon Valley haben mit ihren Workspaces, Digital Labs und den kreativen Räumen, die sie ihren Mitarbeitern geben, die Erwartungen insbesondere junger Wissensarbeiter verändert. Auch viele Unternehmensleitungen sind fasziniert von den Innovations-Biotopen. Es gibt mehr und mehr separate Digital-Labore, fernab von den wenig dynamischen Hauptverwaltungen und den dort über die Jahre hinweg etablierten Strukturen. In Deutschland ist das hippe und kreative Berlin die Stadt, die am häufigsten als Standort dafür gewählt wird.

In den Innovation-Labs geht es darum, Bedingungen zu schaffen, so frei zu denken und zu experimentieren, wie es von den Unternehmen im Silicon Valley erzählt wird. Doch was leisten diese Labore wirklich, wenn es um Entwicklung der Unternehmenskultur geht? Kann damit der Kurs in Richtung digitaler Transformation aufgenommen werden? Eine Untersuchung dazu ist ernüchternd. Sie zeigt, dass die Wirkungen, die konkreten Ergebnisse für die Unternehmen sehr dürftig sind.[16]

Geht es darum, ideale Bedingungen zu schaffen, ganz neue Wege zu gehen und so zu unerwarteten Lösungen, zu den heiß ersehnten Innovationen zu kommen, können die separaten Einheiten durchaus ihre Berechtigung haben. Geht es jedoch darum, die Kultur des gesamten Unternehmens damit zu verändern, sieht es anders aus. Die Exoten und Besserwisser aus den fremdartig wirkenden Innvoation-Labs werden von den Kollegen aus der Hauptverwaltung abgeblockt. Die Kultur des Tankers Unternehmen kann nur im Maschinenraum des Tankers entwickelt werden, nicht auf einem Schlauchboot, das um den Tanker kreist. Wir wollen uns also dem Entwicklungsmanagement im Unternehmen stellen.

Corporate Behaviour verbindet im digitalen Zeitalter drei Aspekte:

1. Den inneren Sinn durch motivierendes Auftragsverständnis, die Grundlage von Identität.
2. Den äußeren Sinn durch vertrauensvolle Partnerschaft, die Grundlage für das Image.
3. Die Beziehung zwischen Unternehmen und Kunde als kooperativen Austausch.

16 Vgl. www.infront-consulting.com; »Konzerne auf den Spuren von Start ups«, eine Studie im Auftrag von Capital, veröffentlicht in: Kreimeier, Nils, Macht was!, in: Capital Juli 2017, S. 26 ff.

Austausch kennt in Online-Zeiten viele Wege. Bei aller Euphorie über neue Möglichkeiten, bei aller Veränderung: Ob sich die Mittel, die eingesetzt werden, bewähren, ergibt sich immer aus der Prüfung, ob die Kunden einen Mehrwert dadurch erfahren. Das ist immer der Prüfpunkt. Die Mensch-zu-Mensch-Beziehung bleibt der Kern des Wirtschaftens. Grundlage hierfür ist die Kommunikation, die vielfältige Mittel kennt.

Digitale Kommunikation ist schnell und direkt, sie lässt sich skalieren. Persönliche Kommunikation dagegen ist aufwendig, hat aber die höchste Wirkung. Technische Kommunikation vereinfacht vieles. Sie hat jedoch den Nachteil, dass sie unpersönlich ist. Persönliche Kommunikation ist die beste Grundlage, Vertrauen zu erzeugen, sie bindet jedoch Ressourcen und Zeit. Die Lösung: ein passender Mix aus digitaler und persönlicher Kommunikation (mehr dazu im Kapitel 3.13).

2.1.10 Absatzwege

Kunde und Unternehmen stehen miteinander in einer Wechselwirkung: So wie das Unternehmen intern agiert, wirkt es auf den Kunden; diese Wirkung erzeugt wiederum beim Kunden eine Reaktion, geformt durch die eigene Kultur des Kundenunternehmens.

Ein wesentliches Element der Wirkung des Unternehmens auf die Kunden ist die Zukunftsfähigkeit des Unternehmens. Ist das Unternehmen auch für die Zukunft ein guter Partner, zu dem eine intensive Beziehung lohnt? Kommt diese Zukunftsfähigkeit in seiner Corporate Behaviour zum Ausdruck? Ein wesentlicher Indikator dafür ist der Umgang des Unternehmens mit den Herausforderungen der Digitalisierung. Nicht nur Technologien haben sich gewandelt, sondern auch die Geschäftsmodelle.

Die Erweiterung des Raumes für Geschäftsmodelle durch die virtuelle Komponente sowohl für Produkte wie auch für Absatzwege hat Sascha Friesike übersichtlich in einer Matrix strukturiert, gebildet durch die Achsen Produkte und Absatzwege (siehe Abb.).[17]

17 Vgl. Zeit-Akademie: Digitale Revolution, Kapitel 10 »Geschäftsmodelle«, Begleitheft, S. 101 ff.; Abbildung in Anlehnung an Abbildung S. 102.

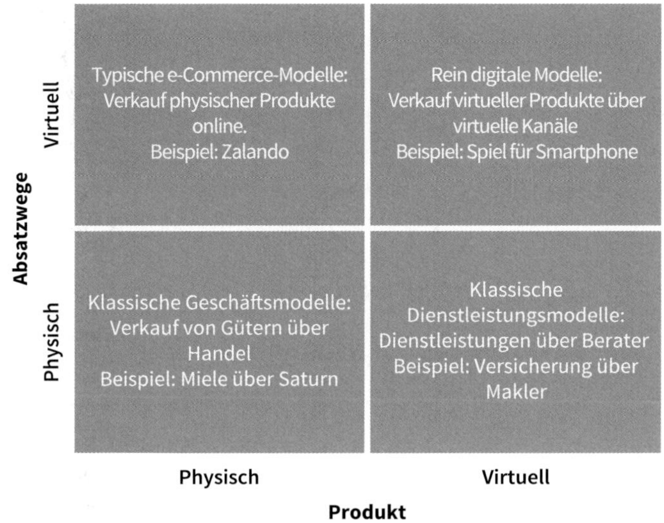

Produkte-Absatzwege-Matrix

Unsere Welt hat sich verändert: Neben die physischen Absatzwege sind virtuelle getreten. In manchen Märkten hat eine Ergänzung stattgefunden, in manchen haben aber auch neue Anbieter mit innovativen digitalen Geschäftsmodellen die Großen der Branche ausgehebelt, so beispielsweise Spotify die etablierten Player der Musikindustrie. Unternehmen neigen nun dazu, alle Felder zu bearbeiten, die sich bieten. Und die Kunden erwarten auch schlicht, dass ein Unternehmen alle diese Kanäle bespielt. Wir haben gesehen, dass sich Unternehmen wie Apple, Nike oder Zara nicht in ein Feld einordnen lassen; sie sind in allen Feldern vertreten.

Ein Beispiel für die Veränderungen bilden insbesondere auch die Verlage: Neben die klassischen Print-Ausgaben unterschiedlicher Titel traten überall Online-Varianten. Fast alle Unternehmen versuchen mittels Apps die Verbindung zu ihren Kunden zu vereinfachen und zu intensivieren. Ziel ist der direkte Draht.

2.1.11 Service

Nicht nur bei den Vertriebswegen setzt die Digitalisierung neue Maßstäbe. Auch im Service erfordert sie ein Umdenken. Die Anforderungen der Kunden an Service wachsen. Dies sollte sich auch im Unternehmen niederschlagen. Jedes Unternehmen ist gut beraten, kreativ die Möglichkeiten höherer Bequemlichkeit für die Kunden auszuloten. Alle Branchen sind auf diesem Pfad unterwegs und es ist zu vermeiden, dass der Wettbewerb sich zuerst mit solchen Lösungen profiliert.

Die Miele-Website weist unterschiedliche Rubriken auf: Unter »Produkte« wird informiert über klassische Produkte, die über den Handel bezogen werden können. Im »Shop« können die Produkte direkt gekauft werden. Unter »News & Events« können Rezepte und Events abgerufen oder Kochveranstaltungen gebucht werden. Über »Service« können Dienstleistungen direkt online bestellt werden.[18] Dies zeigt das Verständnis, das dahintersteht: Wir sind die besten Partner im Haushalt, mit Produkten und mit Services und auf allen Kanälen, auf denen sich unsere Kunden bewegen.

»Auch Siemens, gegründet 1847, befindet sich in dieser Transformation. Von außen ist der Prozess kaum sichtbar, wer ahnt schon, dass der Klassiker unter den deutschen Industriekonzernen mittlerweile nach eigener Aussage zu den zehn größten Softwareunternehmen weltweit gehört?«[19] Voraussetzung ist jeweils ein internes Verständnis mit einer Perspektive, die auf die Zukunft gerichtet ist. Dieses wirkt sich auch auf die Kultur eines Unternehmens aus. Wenn wir alle die Digitalisierung als ein Instrument zur Verbesserung unserer Leistung und der Kundenbeziehung verstehen, haben wir unserem Auftrag die Dynamik in die Zukunft gegeben.

Die Digitalisierung führt zur Entwicklung neuer und der Eruption alter Geschäftsmodelle. Neue Player erschüttern ganze Branchen und stellen alles bisher Bewährte auf den Kopf. Unternehmen werden danach beurteilt, ob sie die Zeichen der Zeit verstanden haben.

Was sind die Basiswünsche von Menschen? In unseren Breitengraden ist es sicherlich der Wunsch nach interessanter Arbeit und abwechslungsreicher Unterhaltung. Dazu gehört vor allem Musik. In analogen Zeiten wurden Musik-CDs produziert und verkauft. Es war ein europäisches, ein schwedisches Unternehmen, das den Musikkonsum entgrenzte: es ermöglicht nicht nur Musikstücke der gekauften CDs, sondern Zugriff auf nahezu alle Musikstücke – ganz nach Stimmung. Diese Freiheit durch Spotify kam bei den Kunden an, veränderte allerdings die Geschäftsmodelle der Musikindustrie dramatisch: Produkte werden digital zur Verfügung gestellt und dann konsumiert, wenn es gefällt. Darauf gilt es auch für die etablierten Unternehmen im Markt, eine Antwort zu finden. Und damit wird die Fahrtroute deutlich: je höher die Bequemlichkeit, je breiter die Optionen, desto vorteilhafter. Die Digitalisierung hat mit dem Segment der rein digitalen Modelle hier eine technische Möglichkeit in vielen Märkten geschaffen, die insgesamt zu einem anderen Verständnis auch in den drei anderen Segmenten geführt hat.

18 Vgl. miele.de/haushalt/ (jeweiliges Stichwort).
19 Jung, Alexander, Die digitale Zumutung, https://www.spiegel.de/spiegel/print/d-150652117.html.

2.1.12 Beziehungsmanagement

Neben der Leistungserstellung hat sich auf diese Weise auch das Beziehungsmanagement dramatisch verändert. Die direkten Kundenbeziehungen sind oft Plattform-Verbundenheiten gewichen. Ganz anschaulich wurde die Entwicklung in diesem Bereich auf der Handelsblatt-Konferenz »Banken im Umbruch« im Jahre 2017 dargestellt, und zwar am Beispiel, wie Kunden und Banken miteinander interagieren. »Früher traten die Kunden einmal alle paar Monate mit ihrer Bank in Kontakt, wenn sie in der Filiale waren, um sich beraten zu lassen und ihre Konten zu verwalten«, erinnerte sich der CEO der ING Group, Ralph Halmers, an den Austausch in der Vergangenheit.[20] Dadurch bestand ein Austausch in größeren Abständen, der regelmäßig und persönlich war.

Das hat sich grundlegend geändert. Der persönliche Kontakt zum Kunden geht zurück; der mediale Kontakt ist dagegen deutlich angewachsen: »Dank der einfachen Bedienung der Smartphones haben wir manchmal mehrmals am Tag Kontakt mit unseren Kunden.«[21] Halmers verdeutlicht mit Zahlen, wie sich der Austausch verändert hat. Im von ihm angeführten zweiten Quartal 2017 erfolgte der Kontakt der Kunden mit der Bank zu 98 % über den digitalen Weg; darunter gab es 14 % Kunden, die allein über das Smartphone mit der Bank in Verbindung stehen.[22] Tendenz stark steigend. Deshalb sieht er auch folgende Perspektive: »Die Bank der Zukunft wird eine digitale Plattform sein.«[23]

Das hat Folgen für die Anforderungen an das Unternehmensverhalten. Erleben die Kunden ein Unternehmen nur noch als digitale Plattform, vollzieht sich der Austausch rein technisch und damit unpersönlich. Das Technische beherrschen FinTech-Startups wie etwa N 26 im Zweifel besser als klassische Banken. Die traditionellen Institute müssen also einen Mehrwert bieten. Damit ist die Frage der Positionierung angesprochen. Welchen Mehrwert bietet das Unternehmen?

Und genau hier kommen Emotionen ins Spiel. Welche Vorlieben hat welche Kundengruppe? Das Entscheidungsverhalten von Menschen fußt auf Einschätzungen. Am Ende jedes noch so ausgefeilten technischen Prozesses steht eine emotionale Bewertung. Je komplexer die Umwelt wird, desto stärker wird auf das »Bauchgefühl« zurückgegriffen. Wir hatten die Leistung der Marke im Kaufverhalten gesehen: je enger die Bindung an die Marke, desto leichter das Entscheidungsverhalten für den Kunden. Der Ansatz von Marken-Unternehmen muss in der Konsequenz zwangsläufig emotional aufgeladener denn je sein.

20 Zitat von Ralph Halmers, entnommen aus: Dörner, Astrid, Von Facebook und Stellenabbau, in: Handelsblatt vom 7. September 2017, S. 12.
21 Ebenda.
22 Vgl. ebenda.
23 Ebenda.

Was sicher zu konstatieren ist, ist eine durch das Netz verschärfte Polarität: Wenn es keinen Mehrwert gibt, setzen sich die kostengünstigen Anbieter mehr und mehr durch. Wenn es einen Mehrwert gibt, wird die Gruppe gebunden, die den Mehrwert schätzt. Unter der Positionierung wird die Grundlage für die Verankerung im Kopf der Kunden verstanden. Sie beinhaltet, wie der Mehrwert erzielt werden soll. Sie hat Auswirkung nach innen: Es gilt, das Versprechen zu erfüllen – emotional und digital. Und sie hat Auswirkung nach außen: Die Geschäftsmodelle werden den zeitgemäßen digitalen Bedingungen Rechnung tragen müssen, da sich die Kunden sonst abwenden; Positionierung ist verbunden mit Leistungsversprechen und Austausch.

Gleichzeitig besteht die Aufgabe darin herauszufinden, wie trotz aller technischen Errungenschaften eine persönliche Beziehung zu den zentralen Kunden aufrechterhalten werden kann – eine Anforderung, die die Kunden voraussetzen. Es bedarf dazu eines kundenorientierten und nicht eines technikorientierten Denkens.

Ein Geschäftsmodell muss immer den Mehrwert für Kunden in den Mittelpunkt stellen, um Beziehung dauerhaft fortsetzen zu können. Das ist die Beziehungsgrundlage. Das ist Corporate Behaviour.

So klar aufgestellt sollte ein Unternehmen auf seine Kunden zugehen und sich öffnen. Hier zeigt das Unternehmen Miele einen Weg:[24]

- Es hat sich erkennbar innen so aufgestellt, dass jede Kontaktmöglichkeit von Kunden leicht genutzt werden kann (kostenfreie Kundenservice-Telefonnummer mit Beratungszeiten, Kontaktformulare, Rückmeldeformulare, Direktlinks).
- Es bewegt sich nach außen auf die Kunden zu; diese werden eingeladen zu Koch- oder Bügelevents, der Cooking Star wird gesucht – alles Angebote, die Kunden einen erkennbaren Mehrwert und Begegnung bieten.

Für all dieses bedarf es einer inneren Aufstellung unter einem koordinierenden Auftrag, der so ausgelegt ist, dass die Mitarbeiter im Unternehmen mit ihren Kunden in die Zukunft gehen wollen. Dieser Weg lässt sich nur gemeinsam beschreiten.

Management beginnt immer ausgehend von einer Ist-Analyse, um darauf aufbauend und messend die Entwicklung in die Wege zu leiten. Im Kontext der Corporate Behaviour ist dafür zunächst der Grad der Mitarbeiteridentifikation als Basis zu ermitteln, um darauf aufbauend Maßnahmen zu gestalten, die einerseits die Koordinierungswirkung verbessern, andererseits die Zukunftsorientierung als Teil des Auftrags beinhalten. Es gilt, ein Leitbild zu schaffen, das Wirkung entfaltet im Unternehmen. Ein Leitbild, das wirklich Bedeutung für jeden einzelnen Mitarbeiter hat.

24 Vgl. www.miele.de.

Um die Wirkung nach außen zu schärfen, bedarf es einer klaren Positionierung, also der Verankerung der Unternehmensmarke im Vorstellungsraum der Kunden. Am Ende sind die Unternehmen stark, die eine Persönlichkeit darstellen, zu der es lohnt, eine Beziehung zu pflegen. Das ist der tiefere Grund.

Wir brauchen also die Vorstellung über den Charakter unseres Unternehmens. Und wir benötigen ein Konzept des offenen Unternehmens, ein Beziehungsmanagement, das zu dem Verhalten und den Erwartungen unserer Kunden passt. Das ist sicher ein integrierter Ansatz, der einen Plan für unser Vorgehen erfordert (siehe hierzu näher Kapitel 3). Wenn wir die Persönlichkeit bestimmen, bedeutet das auch, ihr in der Gestaltung den entsprechenden Ausdruck zu geben Die Wiedererkennbarkeit kann durch passendes Design erreicht werden. Das ist somit unser nächster anstehender Schritt.

2.2 Corporate Design

Die innere Verfassung eines Unternehmens ist die zentrale Grundlage für erfolgreiches Wirtschaften. Alle Mitarbeiter folgen idealerweise einem gemeinsamen Verständnis, wodurch sich ein Unternehmenscharakter ergibt. Wie aber kommt dieser Charakter bei den Kunden an? Die Kunden können in aller Regel die Fähigkeiten eines Unternehmens gar nicht wirklich benennen. Trotzdem wissen sie oft sehr gut, welches Unternehmen die für sie passende Leistung erbringt. Sie lassen sich dabei durch das Image des Unternehmens leiten. Dieses Konstrukt bildet die Grundlage für Zuschreibungen, wie wir sie auch bei Personen vornehmen: »Die machen das besonders gut«, »Die haben Ideen«, »Die sind zuverlässig«, »Die haben Stil«, »Auf die kann ich mich verlassen«. Die Sozialpsychologin Jennifer Aaker hat grundlegende Charaktereigenschaften für Unternehmen aus Sicht der Kunden ermittelt und festgestellt, dass diese Eigenschaften denen von Menschen sehr stark ähneln.[25]

Dabei gibt es immer einen dominierenden Schwerpunkt. Jeder Unternehmenslenker sollte solche Zuordnungen für das eigene Unternehmen analysieren lassen. Solche Personeneigenschaften können sehr gut zur Charakterisierung genutzt werden.[26] Sie schaffen eine lebendige Ausgestaltung für die Beschreibung.

25 Vgl. Aaker, Jennifer in: Esch (2005).

26 Vgl. Yoon, Carolyn; Gutchess, Angela H.; Feinberg, Fred; Polk, Thad A.; A Functional Magnetic Resonance Imaging Study of Neural Dissociations between Brand and Person Judgments, in: Journal of Consumer Research, June 2006, S. 31 ff.

2.2.1 Die Unternehmensmarke

Die Basis, die Plattform für alle Assoziationen und Zuschreibungen bildet die Unternehmensmarke. Wie auch bei Eigennamen für Personen werden mit der Nennung der Marke Verbindungen und Grundeinstellungen aufgerufen, die zu Einordnungen führen. Insofern sollte der Name im Kundenkreis nicht nur bekannt, sondern auch mit positiven Zuordnungen aufgeladen sein. Die Anforderungen beim Übergang vom Charakter zur Gestaltung des Markennamens lauten mithin:

- Der Schriftzug der Marke, das so genannte Logo, ist wie das Siegel einer Person; es muss dieser entsprechen, einmalig und unverwechselbar sein.
- Der Bedeutung des Logos entsprechend steht dieses im Zentrum des Gestaltungsprozesses; alle weiteren Kennzeichen unterstreichen das Logo.

Der Aufbau einer Marke beginnt naturgemäß damit, dass ein passender Name gefunden wird. Wenn dieser Name nicht durch die bereits vorhandene Unternehmensbezeichnung vorgegeben ist, sollte es sich um einen einfach zu sprechenden, international einsetzbaren und am besten mit dem Unternehmensauftrag assoziierten Namen handeln. Je eingängiger der Name ist, desto leichter kann man sich an ihn erinnern. Jeder weiß: Was sich als Forderung leicht anhört, ist sehr schwer zu verwirklichen. Es lohnt, hierauf viel Zeit zu verwenden, denn der Name soll idealerweise ein Unternehmens-Leben lang verwendet werden.

Es empfiehlt sich, dabei zunächst auf das Wissen der Altmeister der Markenbildung und Markentechnik zurückzugreifen. In Deutschland ist mit Markentechnik der Name Hans Domizlaff verbunden, dessen Basiswerk den Titel trägt: »Die Gewinnung des öffentlichen Vertrauens«.[27] Damit wird die Ausrichtung der Markentechnik deutlich: Es geht um die Schaffung von Vertrauen. Voraussetzung für Vertrauen ist Verlässlichkeit. Diese wird markentechnisch unterstützt durch eine klare, verständliche und wiederkehrende Struktur.

Es gilt folgender wechselseitiger Schluss: Nicht nur, dass eine vertrauenswürdige Marke ein wiedererkennbares Auftreten hat, ein wiedererkennbares Auftreten signalisiert wiederum auch die Vertrauenswürdigkeit der Marke.

Damit eine Marke besonders einprägsam ist, sollte sie leicht zu sprechen sein. Leicht Sprechbares lässt sich besser merken.[28] Mercedes ist einfacher auszusprechen und zu merken als BMW. Und nicht nur das: Hinter dem Wort Mercedes steht die Geschichte, dass es sich um den Namen der Tochter des Gründers handelt. Auch wenn BMW heute

27 Domizlaff (1992).

28 Vgl. Keite, Lothar, Sprechen statt Stottern, in: Energie & Management vom 15. Juli 2009, S. 5.

genauso bekannt ist, die Startvoraussetzungen waren – aus Sicht der Markentechnik – für Mercedes günstiger. Heute kann die Erkenntnis, wie sie schon Domizlaff betonte, mit den Erkenntnissen aus den Neurowissenschaften unterfüttert werden: »... eine Firma mit der unpersönlichen Bezeichnung AEG (wird) von allem Anfang an gegenüber einem Personennamen wie Siemens benachteiligt sein. Im Reich der menschlichen Psyche werden unpersönliche Begriffe weit seltener anerkannt und verehrt als Personen.«[29] Das gehört zu den Erkenntnissen, für die der Wirtschaftswissenschaftler Richard Thaler den Nobelpreis bekommen hat.[30]

Damit die Gestaltung, das Corporate Design, auch dem Charakter des Unternehmens entspricht, gilt es zunächst, den Charakter zu bestimmen. Hierfür bieten sich Visualisierungstechniken an. Am besten stellt sich das Corporate Identity Management das Unternehmen als Person vor, wie das auch die Kunden machen, um sich dann die Frage stellen zu können, welcher Stil und welche Gestaltungselemente am besten zur Person passen. Es geht quasi darum, richtig gestylt im Markt zu agieren. Das kann allerdings nicht losgelöst von der Vergangenheit und auf dem Reißbrett geschehen. Jedes schon im Markt tätige Unternehmen hat bis zu diesem Zeitpunkt einen Auftritt gehabt und sich ein Image erarbeitet in den Köpfen der Kunden. Dieses muss notwendig der Ausgangspunkt sein.

Bei der Formulierung des Ziel-Charakters kommt es auf das im Sinne des Corporate Behaviour formulierte Verständnis und dessen Perspektive an. Wo wollen wir hin? Damit verbunden sind in aller Regel Anreicherungen, veränderte Eindrücke, ein zeitgemäßes, definiertes Styling. Der Charakter ist entsprechend zu beschreiben; gerne wird hier auf einen bestimmten Typus zurückgegriffen, oft in Form eines sogenannten Archetypus, der vom Kunden intuitiv dekodiert werden kann (siehe hierzu näher Kapitel 3.9).

2.2.2 Die Gestaltung des Markenauftritts

Wenn der Typus klar ist, kann der Sprung in die Gestaltung vorgenommen werden: Welcher Auftritt ist passend für diese Persönlichkeit?

2.2.2.1 Das Logo

Ein wesentliches Gestaltungsmerkmal für den Markenauftritt ist das Logo.

29 Vgl. Domizlaff, Hans (1992), S. 63.
30 Vgl. Thaler (2015).

Miele hat im Jahre 2018 nach fast zwanzigjähriger Beibehaltung der bisherigen Gestaltung eine feine Entwicklung seines Logos vorgenommen. Die Pressemitteilung gibt die Bedeutung zu erkennen, die im Hause Miele damit verbunden wird: »Der Familienkonzern Miele hat das zentrale optische Element seines Markenauftritts weiterentwickelt – die Gestaltung des Logos.«[31] Darin wird auch die Reihenfolge deutlich: erst das Unternehmensverständnis, dann das Logo als Ausdruck dessen. »Konkret ist die Rotfläche (»Fond«) um den charakteristischen Schriftzug jetzt etwas vergrößert und – von den Proportionen her – höher. Zugleich weicht das traditionelle »Signalrot« einem dunkleren Ton, der bereits seit mehreren Jahren die Präsentation der Marke Miele im Handel prägt. Die Wortmarke selbst, mit dem markanten »M« und dem geneigten Punkt auf dem »i«, bleibt unverändert.«[32]

In diesem Zitat kommt die Spannung zum Ausdruck, der sich jeder Corporate Design Manager gegenüber sieht: So wie sich das Unternehmensversprechen an die Kunden organisch entwickelt, gilt es ebenso, das zentrale Signet organisch zu entwickeln. Es soll auch nach einer Überarbeitung problemlos wiedererkannt werden (siehe hierzu näher das Kapitel 3.10).

Der Auslöser für eine Überarbeitung kann gerade auch die Darstellung in den digitalen Medien sein. In Anbetracht der unterschiedlichen Medien ist die Prüfung vorzunehmen, wie das Logo jeweils in den verschiedenen Einsätzen funktioniert.

Das Logo ist ein zentrales Gestaltungselement, das die Unternehmensmarke in den Köpfen der Kunden verankert. Zur Vertiefung gibt es darüber hinaus weitere Elemente, die dies leisten können – vorausgesetzt, sie sprechen die Sinne des Kunden an. Eine Unternehmensmarke wird umso schneller erinnert, je mehr Sinne sie anspricht. Hier kommen grundsätzlich alle fünf Sinne in Frage:

- Sehen: eigenständige Bilder, insbesondere bewegte Bilder: sie bilden die höchste Merkfähigkeit; zudem sind typische Farben üblich. Immer wieder gilt es zu fragen, wie eine charakteristische Umsetzung visuell geschaffen werden kann. Nichts unterstützt den Charakter stärker als die bildliche Aufladung.
- Hören: Texte, Begriffe, Geschichten. Wer über etwas Interessantes erzählen kann, dem wird zugehört. Verbreitet ist die Ergänzung um passende Überschriften. Gerne werden Slogans verwendet, um das zentrale Versprechen zu unterstreichen. Für einzelne Themen haben sich aus dem Social-Media-Bereich Hashtag-Überschriften verbreitet.
- Fühlen: Wie fühlt sich etwas an? Die Haptik spielt eine bedeutende Rolle. Das gilt für Produkte, aber auch für alle anfassbaren Werbemittel. Die Computersteuerung

31 Pressemitteilung Nr. 001/2018, Medienkontakt: Carsten Prudent, carsten.prudent@miele.com.
32 Ebenda.

der Werbemittelproduktion hat den Raum der Möglichkeiten erweitert: So können spezielle Oberflächen beim Anfassen den gewünschten Eindruck unterstützen.

- Schmecken: Bekannt sind die speziellen Rezepturen vieler Getränke: Coca-Cola, Underberg, Red Bull. Im Lebensmittelbereich ist ein typischer Geschmack ein wesentliches Erkennungsmerkmal. Darüber hinaus sollte die Begrifflichkeit Geschmack durchaus weit und im übertragenen Sinne verstanden werden und eine Charakteristik besitzen.
- Riechen: Der Geruchssinn dringt unmittelbar in das Gehirn. Auch im allgemeinen Sprachgebrauch erschließt sich seine Bedeutung: Nur wer sich riechen kann, kann sich auch mögen. Die Umgebung weist eine immer wieder unterschätzte Bedeutung auf. Ein charakteristischer Geruch erleichtert das Behalten und die Erinnerung besonders.

Deshalb ist ein Multi-Sinnesansatz zu empfehlen. »Während des Wahrnehmungsprozesses nehmen die räumlich voneinander getrennten Sinnesorgane Informationen über weitgehend unabhängige Sinneskanäle auf, um sie anschließend zu einem ganzheitlichen Bild zusammenzufügen.«[33]

Erstes hilfreiches Mittel für die Wiedererkennung sind Symbole – unser Beispielunternehmen Bosch verwendet einen stilisierten Doppel-T-Anker, der zur Geschichte des Unternehmens gehört.

> Charakteristische Elemente erleichtern die Rezeption. Und das ist ja das Anliegen: unser Unternehmen schneller erkennbar zu machen.

2.2.2.2 Der Slogan

Der weitere Anker für die Merkfähigkeit einer Marke ist ihr Slogan: Miele – immer besser. Das ist ein Anspruch! Bosch – Technik fürs Leben. Das ist ebenso ein Anspruch! Siemens – Ingenuity for Life. Sicher ist dieses der schwergängigste Slogan, der nicht so leicht und auch nicht so lange in Erinnerung bleibt. Vielmehr vermeiden Kunden das Aussprechen des Slogans wegen der Gefahr, sprachlich zu stolpern.

Allen drei Slogans ist ein Blick von innen nach außen immanent; sie stellen die eigene Leistung heraus. Die wirksamsten Slogans sagen dem Kunden, was er davon hat, sie haben einen Kundenblick: McDonald's – »I'm lovin' it« oder »Ich liebe es«, ich, der Kunde. Oder der Tapetenhersteller Erfurt – »Wände zum Wohlfühlen«: der Kunde hat etwas davon. Das ist eine bessere Grundlage für eine Beziehung.

---

33 Kilian, Karsten, Fünf Sinne, in: absatzwirtschaft.de/markenlexikon/fuenf-sinne.

2.2.2.3 Die Grenzen des multisensualen Ansatzes

Allerdings erfährt der multisensuale Ansatz in den Online-Medien Grenzen. Über die digitalen Kanäle können zumindest aktuell nur zwei Sinne – das Sehen und das Hören – angesprochen werden, wobei der Kunde von der Möglichkeit, den Ton einzuschalten, nicht immer Gebrauch machen will oder kann, so beispielsweise, wenn er im Großraumbüro sitzt.

Bilder sind wirkungsvoll, Videos sind am wirkungsvollsten. Eine Marke ist nicht allein online unterwegs. Der Kunde sieht nicht nur, was er sieht; in seinem Kopf wird das Bild vervollständigt mit dem, was er dazu im Kopf gespeichert hat. Wenn nun bekannt ist, welche wichtigen Merkmale für die Kern-Kunden zur Marke gehören, kann sich das Design die intuitive Ergänzung zunutze machen, indem es Signale sendet. Wer manche Bilder sieht, dem fällt gleich ein Text dazu ein oder er hat eine Melodie im Kopf. Damit zeigt sich der Vorteil des integrierten identitätsbasierten Ansatzes: Im Kopf der Kunden erfolgt jeweils eine Vervollständigung.

Alle Gestaltungselemente und Festlegungen sind daraufhin zu prüfen, welche Umsetzungsmöglichkeiten in den verschiedenen Medien gegeben sind. Die Überlegungen dazu – etwa bei einem Symbol – beginnen am besten ausgehend vom Smartphone, das alltäglicher Begleiter sowohl im Beruf als auch im Privatleben ist: Wie wirkt das, was wir überlegt haben, auf dem kleinen Display? In aller Regel ist es der einfachere Weg, von der kleinen zur größeren Einheit zu gehen, da die Anreicherung leichter fällt als die Reduktion.

Daraus ergeben sich folgende Prinzipien für das Corporate Design:

- Alle Elemente sollen im Prinzip in allen Medien und in allen Kanälen funktionieren; ihre Aussage darf sich nicht unterscheiden. Sie sollen sich im Sinne eines integrativen Ansatzes ergänzen.
- Überlegungen zur Gestaltung sollten beim Smartphone beginnen, um sich dann zu größeren Formaten vorzutasten. Leitschnur auf diesem Weg sollte immer der einheitliche Charakter sein.

Neben einem multisensualen Ansatz fördert Ordnung die Merkfähigkeit beim Kunden. Menschen denken gerne in Mustern, Clustern und Kategorien. Ein geschicktes Corporate Design Management schafft Ordnung im Gehirn des Kunden. Diese Aufgabe stellt sich vor allem dann, wenn das Angebot des Unternehmens unterschiedliche Bereiche umfasst.

2.2.3 Neustrukturierung des Marken-Portfolios

In länger existierenden Unternehmen kann die Markenführung im Allgemeinen nicht neu auf dem Reißbrett gestartet werden. Es stellen sich daher vor allem folgende Fragen, wenn es um die Neujustierung geht:

- Wie ordnen wir unser Marken-Portfolio neu?
- Soll es Submarken geben?

Fragen wie diese sind zentral für die Markenführung des Unternehmens. Zu beobachten ist aktuell eine Bereinigung vieler großer Portfolios. Dies hat allerdings eine Tragweite, die gerne unterschätzt wird: Die Marken sind in den Köpfen der Kunden bereits verankert – das ist ein Wert, der mit ihrer Aufgabe preisgegeben wird.

Eine große Rolle bei der systematischen Einordnung spielen Submarken. Solche Substrukturen können genutzt werden für eine nach innen und außen verständliche Unterteilung. Der erst einmal simpel aufbauende Linienansatz wie bei BMW in 3er-, 5er-, 7er-Modelle oder bei Mercedes in die C-, E-, S-Klasse hat zur Folge, dass sowohl Unternehmens- wie Produktmarke eine eigene Dimension der Charakterisierung haben: BMW – Freude am Fahren, 5er – Freude in der oberen Mittelklasse. Bei BMW findet sich auf der Website unter »Alle BMW-Modelle« eine geordnete Auflistung nach 1, 2, 3, 4, 5, 6, 7, 8, X, Z, i, M. Diese an sich wenig aussagekräftigen Zahlen und Buchstaben haben es in Kombination mit der Unternehmensmarke BMW geschafft, Struktur in die Köpfe der Kunden zu bringen. Insofern ist die Produktvorstellung in der Lage, spezielle Antworten für verschiedene Zielgruppen zu geben.

Dagegen schafft es eine Miele Waschmaschine, die beispielsweise den Namen WDB 005 WCS trägt, nicht, über das Unternehmensimage hinaus etwas zu vermitteln. Im technischen Bereich werden zu häufig interne Bezeichnungen für die externe Kommunikation verwendet. Das ist in einem umfangreichen Portfolio erkennbar nachteilig. Sobald die Verbindung zum Unternehmen deutlich wird, hat die Einstellung des Kunden zu diesem Auswirkungen, wenn er überlegt, Leistungen des Unternehmens zu erwerben. Christopher Kanitz hat für unterschiedliche Produktbereiche den Einfluss von Unternehmens- und Produktmarke untersucht. In allen betrachteten Produktbereichen konnte sowohl ein Einfluss des Unternehmensimages als auch ein Einfluss des Produktimages nachgewiesen werden.[34] Die Anteile waren unterschiedlich groß, was mit der Markenarchitektur der Anbieter zusammenhängt. Die Untersuchung hatte nicht zum Gegenstand, inwieweit ein geordneter Submarken-Ansatz die Gesamtstärke der aufladenden Wirkung erhöht. Wir können dieses jedoch als höchst wahrscheinlich annehmen.

34 Vgl. Kanitz (2013), S. 169.

2.2.4 Die Marke als Wahrnehmungsfilter

Markengeltung kann nur Wirklichkeit werden, wenn sie sich in Leistungen äußert.[35] Denn es stellt sich die Frage: Was verbinden Kunden mit einer Marke? Die Antwort lautet: Alles, was sie dazu wahrnehmen. Meist sind dieses zuerst die Produkte der Unternehmen. Ein Beispiel: Melitta ist heute ein umfangreicher Konzern. Nach wie vor ist es jedoch die Filtertüte, die Kunden damit assoziieren. Fast jedes Unternehmen hat solch ein prägendes Produkt. Bei Dienstleistungsanbietern nutzen Kunden dann alle Elemente, die in Verbindung zu dem Unternehmen stehen, gegenstandsbildend für das Unternehmen ohne sichtbare Leistung. Besonders gelungen ist die Marke O2 als Telekommunikationsanbieter: eigenständig und mit Tiefe. Sobald die Luftblasen im Wasser erkannt werden, sagen Kunden: O2 und meinen das Telekommunikations-Unternehmen.

Das menschliche Denken basiert auf Bildern und so werden gerne Bilder stellvertretend im Kopf erzeugt. Damit wird die Macht der Markendarstellung deutlich.

Eine Marke wirkt wie ein Filter für die weiteren Wahrnehmungen der Kunden. Erkennen die Kunden die Unternehmensmarke an, fördert dieses alle Maßnahmen des Unternehmens. Werbung von einem Unternehmen, das bekannt ist, wird viel leichter wahrgenommen und erinnert.[36] Im Online-Bereich klicken Kunden die Website oder die Fanpages eines Unternehmens in den Social Media überhaupt erst an, wenn ihnen das Unternehmen etwas sagt. Damit wird die Bedeutung deutlich, die das Corporate Branding vor allem im digitalen Zeitalter hat.

Die Unternehmensmarke ist für Mitarbeiter die Verbindung zur Unternehmensidentität, für Kunden die Verbindung zum Unternehmensimage. Identität entsteht durch die Mitwirkung im Unternehmen, Image fasst alle Zuordnungen zum Unternehmen zusammen. Beides hat Auswirkungen, die man nicht unterschätzen sollte.

Die Corporate Brand ist der Ausdruck, der Name, die Plattform, um eine reichhaltige Vorstellung im Kopf des Kunden auszulösen. Ihre Gestaltung kann diese Wirkung unterstützen und hemmen. Deshalb kommt es auf einen zeitgemäßen und vor allem passenden Auftritt an.

Das Corporate Design sollte den Charakter der Unternehmensmarke zum Ausdruck bringen. In den Unternehmen wird die Wechselwirkung zwischen dem eigenen Auftritt und der Zuordnung eines Unternehmenscharakters seitens des Kunden oft

35 Vgl. Kapferer (2012), S. 57 ff.
36 Vgl. ebenda, S. 26.

unterschätzt. Es kann kaum genug Wert auf die charakteristische Darstellung des Unternehmens gelegt werden. Wie wir uns bei Menschen orientieren an Kleidung und gewisse Standards zur Einordnung nutzen, so ist es auch bei Unternehmen. Deshalb gilt es, sich zunächst genau mit der Unternehmenspersönlichkeit zu befassen, um daraus ableiten zu können, wie diese Persönlichkeit am geeignetsten auftritt. Nur wenn das Design den Charakter unterstreicht, ist der Auftritt stimmig.

Menschen wählen je nach Anlass die passende Kleidung für sich aus. Auch bei den Unternehmen kommt es bei der Markenführung darauf an, sich an die unterschiedlichen Medien und an die verschiedenen Zielgruppen anpassen zu können. Die Stilmittel und Erwartungen der Zielgruppen sind in klassischen Medien anders als in Online-Medien. Diese gilt es zu kennen und entsprechend zu berücksichtigen. Wenn die Identität des Unternehmens klar ist, kann sie die Leitlinie für solche Variationen sein. Wichtig ist nämlich stets, dass der prägende Charakter bleibt.

2.2.5 Ist- und Soll-Analyse

Auch im Bereich Corporate Design sollte allen Aktionen erst einmal eine ausführliche Analyse vorgeschaltet sein: Wie treten wir auf? Ist das einheitlich? Welchen Eindruck vermitteln wir? Ist der aktuelle Auftritt noch zeitgemäß? Wenn nein, warum nicht? Gilt das allgemein oder nur in bestimmten Medien? Dazu müssen wir uns den Spiegel vorhalten. Dieser Spiegel befindet sich in den Köpfen unserer Kunden. Diesen Spiegel müssen wir durch geeignete Kundenforschung nutzen. Wir werden im nächsten Kapitel sehen, dass eine Markenvorstellung aus den jeweils genutzten Kontaktpunkten entsteht.

Wenn die Ist-Analyse erstellt ist, geht es um die Formulierung des Solls: Welche Gestaltung unterstreicht den angestrebten Charakter? Gibt es etwas, worauf besonders Wert zu legen ist? So können wir von der Ist-Situation fortschreiten zu einem Stil, der besonders gut zur Unternehmens-Persönlichkeit passt, wie wir sie in der Perspektive sehen. Dabei bieten alle fünf Sinne Anknüpfungspunkte.

Dann bedarf es der Festlegung und Verbindlichkeit. Hilfreich hierfür ist ein umfangreicher Styleguide, in dem alle Schriften, Formen und Farben hinterlegt sind, auf die wir uns verständigt haben in der Umsetzung der identitätsbasierten Entwicklung des Corporate Design. In digitalen Zeiten gilt es auch die Online-Anwendungen einzubeziehen. Dazu gehören auch die Benutzeroberflächen, die Interfaces zu den Usern. Dafür werden Muster erstellt und hinterlegt, die meist als Pattern Library bezeichnet werden.

Hinzu kommt der Aspekt des Nutzungsrechts: Wir sammeln unsere nutzbaren Vorlagen. So bekommen wir eine leicht zu handhabende und verbindliche Grundlage, auf die alle, die mit Gestaltung befasst sind, zurückgreifen können. Wenn wir aus einer gemeinsamen Quelle schöpfen können, die alle unsere Gestaltungselemente enthält, haben wir einen wichtigen Schritt auf dem Weg zur Wiedererkennbarkeit genommen.

2.3 Corporate Communications

Kommunikation lässt die Marke lebendig werden. Generell haben alle Kontakte des Kunden mit der Marke und dem Unternehmen am Ende auch kommunikative Wirkung. Der Kunde trennt die Botschaften nicht und nimmt keine Unterscheidung zwischen Marke und zugehörigem Unternehmen vor. Alle Kontakte werden zu einem Vorstellungs-Netzwerk im Kopf zusammengefügt. Die Beteiligten sollten sich dieser Reichweite des Handelns bewusst sein.

Wenn wir konkret über die geplanten Kommunikationsmaßnahmen des Unternehmens sprechen, lässt sich abstrakt formulieren, dass es um die Übermittlung von Inhalten geht, um eine gewünschte Reaktion zu erzielen wie etwa die Anreichung der Markenvorstellung mit einer Kompetenz:

1. Die erste Stufe der Rezeption bildet das Aufnehmen und Speichern eines Inhalts: Was nimmt der Empfänger auf? In unserem Fall stellt sich die Frage, ob sich das Image der Marke ändert, der bisher gespeicherte Inhalt im Kopf der Kunden überschrieben wird. Beispiel: Schafft die Botschaft eine Ergänzung von Siemens als Industrieunternehmen hin zu Siemens als Unternehmen mit Automatisierungs-Lösungen?
2. Die zweite Stufe ist die Ergänzung des Bildes um den Inhalt der Botschaft; eine Facette, die bisher nicht zum Gesamteindruck gehörte, kommt hinzu. Beispiel: Schafft es die Botschaft, zu vermitteln, dass Siemens nicht nur Automation beherrscht, sondern jetzt auch führend in Industrie 4.0-Anwendungen ist? Der gespeicherte Inhalt wird damit reicher und bekommt eine Zukunftskomponente.
3. Die dritte Stufe bildet das Auslösen von Kommentaren oder Einschätzungen oder Handlungen; es gibt die Auslöser Bestätigung oder Widerspruch. Wichtig ist die Möglichkeit, dieses mitteilen zu können. Beispiel: Ingenieure erhalten durch Siemens die Möglichkeit, sich über 4.0-Automatisierungs-Lösungen austauschen zu können. Das Unternehmen wird zum Experten, mit dem man sich austauschen kann.

Damit haben wir unsere Wirkungsmessung bestimmt:

- Welche Kompetenz wird uns zugeordnet? Gibt es eine Entwicklung?
- Welche Zuordnungen erfolgen zur Marke? Wird das Bündel im Laufe der Zeit reicher und umfangreicher?
- Wer reagiert in welcher Weise auf unsere Aktivitäten?

Gerade die dritte Stufe hat durch die Digitalisierung einen unglaublichen Aufschwung erfahren. Der Kunde sollte teilhaben am Kommunikationsgeschehen und die Möglichkeit zum Austausch bekommen, was mithilfe Sozialer Netzwerke einfach zu realisieren ist. Kommunikation im digitalen Zeitalter schließt Austausch ein; das ist notwendiger Teil der Kommunikationsmaßnahmen.

Aus Sicht des Corporate Identity Managements geht es darum, durch Erlebnisbeziehung den Charakter des Unternehmens zu schärfen, um für den Kunden interessant zu sein. Je nach bisher erreichtem Stand geht es um die Formulierung eines konkreten Detailziels für die jeweilige Aufgabe. Nur mit klarer Zielsetzung kann eine intendierte Wirkung angestrebt und nachgehalten werden. Um sie dann auch zu erreichen, kommt es darauf an, dass die übermittelte Erlebniseinheit so ausgestaltet ist, dass sie die Wirkung auch tatsächlich erzeugen kann. Immer geht es um Wirksamkeit in Bezug auf ein Kommunikationsziel.

Die so sehr abstrakt formulierte Aufgabe ist in einem Unternehmen für die praktische Durchführung zu konkretisieren. Wenn wir das Ziel formulieren, dann haben wir schon einmal überlegt, dass Voraussetzung für eine Marken-Partnerschaft die Bekanntheit der Marke bei den Kunden ist. Noch besser ist die Lage für das Unternehmen, wenn es – wie wir das etwa für eine Kundengruppe bei Miele beschrieben haben – die angesagte Wahl darstellt. Die nächste Stufe bildet die Überlegung, dass aufgrund eines Bedürfnisses der Erwerb einer bestimmten Leistung erwogen wird. Die Verbindung zum Unternehmen wird konkret, wenn die Leistung tatsächlich gekauft wird. Mental stellt das einen Unterschied dar. Und ist der Kunde erst einmal Käufer einer Leistung des Unternehmens, kann dieses in eine dauerhafte Beziehung münden.

2.3.1 Die fünf A zur Strukturierung der Costumer Journey

Zur besseren Handhabbarkeit im Management wird der so erkennbare Weg eines Kunden gerne in Schritte unterteilt. Wir wollen in Anlehnung an Philip Kotler fünf A als Struktur des Weges, der Customer Journey verwenden:[37]

1. Aware: Die Marke muss zunächst bekannt sein. Damit ist die latente Möglichkeit gegeben, dass sie im Fall einer anstehenden Entscheidung einbezogen wird. Auch die Ergebnisse von Suchmaschinen werden mittels des Filters Bekanntheit unterschieden.
2. Appeal: Die Marke sollte als etwas Besonderes gelten, besonders geschätzt werden, etwas Einmaliges aufweisen. Sie sollte einen Charakter haben, der von Kunden bevorzugt wird. Das äußert sich etwa in Direktaufrufen oder der ersten

37 Vgl. Kotler, Kartajaya et al. (2017).

Vertiefung in Suchergebnissen. Damit erhöht sich die Wahrscheinlichkeit, dass sich der Kunde für sie entscheidet.

3. Ask: Die Marke sollte ermöglichen, leicht mit ihr in Kontakt treten zu können, um Fragen zu stellen und beantwortet zu bekommen. Im digitalen Zeitalter ist es typisch, dass zunächst die Website aufgerufen wird. Wie gut befriedigt sie das Informationsbedürfnis? Wenn es dann Fragen gibt, besteht die Möglichkeit zu einem Chat oder kann angerufen werden? Selbst im Grunde schon getroffene Entscheidungen werden manches Mal noch durch Antworten auf letzte Fragen abgesichert. Kunden haben unterschiedliche Vorlieben: Telefon, Mail, Chat, im B2B-Bereich verbreitet persönliche Beratung.
4. Act: Ist die Entscheidung für die Marke gefallen, sollte es möglichst leicht für die Kunden sein, den Kauf abzuwickeln. Der Weg zum Kaufabschluss ist unterschiedlich: der persönlich unterschriebene Vertrag, der zugeschickte Vertrag oder das Bestellen online. Jeder sollte seine Vorgehensweisen so optimieren, wie es im Rahmen der gesetzlichen Vorgaben geht. Tendenziell wird mehr und mehr elektronisch abgewickelt; das ist einfacher und schneller. Dabei kommt es auf gute Benutzerführung an.
5. Activation: Auch nach dem Kauf darf der Kunde nicht allein gelassen werden. Es gilt, ihm die Sicherheit zu geben, dass er die richtige Entscheidung getroffen hat. Hier sollte ein Beziehungsmanagement beginnen, das aus Kunden durchaus Follower machen kann, manche auch zu Fürsprechern der Marke.

Der Kundenweg, die Customer Journey, setzt sich mithin zusammen aus Vordisposition (zwei Stufen), Disposition (zwei Stufen) und Nachdisposition (unterschiedliche Intensitäten). Im digitalen Zeitalter hat er erkennbar an Breite und Länge zugelegt. Leichte Interaktionsmöglichkeiten führen auch zu mehr Interaktionen. Das sollte positiv gesehen werden, führt es doch zu engerer Beziehung zum Unternehmen und seiner Marke. Die Verbindung zu einer Marke kann so eng werden, dass von der Liebe mancher Kunden zu bestimmten Marken gesprochen wird – als Optimum dessen, was sich erreichen lässt. Kevin Roberts hat dafür die Bezeichnung »Lovemarks«[38] eingeführt. Die emotionale Bindung kann sehr intensiv sein. Wer denkt dabei nicht sofort an Apple?

Beurteilen und Entscheiden ist nie frei von emotionaler Interpretation, gleich in welcher Branche. Bei Industriegütern wird die Beziehung sicher nüchterner bleiben. Der Effekt an sich kann auch dort beobachtet werden – wenn auch in gradueller Abstufung. Doch um dahin zu gelangen, benötigen wir Erkenntnisse, wo wir bei unseren Kunden stehen.

38 Vgl. Roberts (2005).

In den Unternehmen ist die Gesamtaufgabe der Betreuung des Kundenwegs auf unterschiedliche Einheiten verteilt. Die Customer Journey führt jedoch zu einer gedanklichen Klammer. Die Verpflichtung, das Ziel jeweils genau zu beschreiben und zu benennen, welche Stufe der Customer Journey angesprochen wird, ordnet die verschiedenen Kommunikationsaktivitäten.

Der zweite Orientierungspunkt ist ein gemeinsames Verständnis für die Zielgruppe. Hier hilft eine Detailbeschreibung des typischen Zielgruppen-Kunden. Damit haben alle ein gleiches Bild vor Augen. Wir wollen dafür als Technik die Beschreibung einer Persona, eines Stellvertreters für die Zielgruppe, nutzen (siehe hierzu Kapitel 3.6).

2.3.2 Warum Erlebniskommunikation immer wichtiger wird

Unabhängig von der tatsächlichen Mediennutzung der jeweiligen Zielgruppe hat die Online-Welt die Art der Kommunikation verändert. Tendenziell lässt sich sagen, dass vorher die Marken eher von fern bewunderte Helden waren, die über die Medien interessante Botschaften sandten. Seit der direkten Austauschmöglichkeit über das Netz via Social Media & Co. werden sie nur dann als Helden betrachtet, wenn sie nahbar sind.

Informationen sind heutzutage jederzeit rund um die Uhr verfügbar. Der Kunde setzt sie schlicht als Grundlage voraus. Um sein Interesse zu wecken, braucht es daher viel mehr als nur Informationen. Um als Marke in das Bewusstsein des Kunden zu gelangen, braucht es emotionale Erlebnisse. Dazu bedarf es einer spannenden Erzählung und eines Spannungsbogens, um die Aufmerksamkeit und das Interesse des Kunden zu erhalten. Ein Spannungsabfall führt im Netz typischerweise dazu, dass der Kunde abspringt.

Corporate Communications sollte geprägt sein von einnehmender Erlebniskommunikation, sowohl wenn es um einzelne Maßnahmen geht als auch um ganze Kampagnen.

Kennzeichen von Erlebnissen ist eine emotionale Anreicherung[39]: Erlebnisse für Endkunden können durch einfache Unterhaltung kreiert werden, aber auch durch konkrete Hilfestellungen im Alltag. Erlebnisse für Mitarbeiter in Unternehmen leiten sich meist ab aus dem Erfolg, dem Beitrag dazu, dem Gefühl von Wirksamkeit.

Eine Emotion ist der innere Kompass im Menschen. Dieser fühlt sich wohl, wenn ihm etwas Gutes widerfährt, er fühlt sich abgestoßen oder aggressiv, wenn ihm Schlechtes

39 Vgl. Weinberg, Peter, Diehl, Sandra, Erlebniswelten für Marken, in: Esch (2005), S. 263 ff.

widerfährt. Dieses innere System arbeitet immer. Sein Ziel besteht darin, dass sich der Mensch wohlfühlt.

Wir gehen in unser Unternehmen, um etwas zu schaffen. Arbeit löst Wohlfühlen aus, wenn man Wirksamkeit erfährt. Der Mensch ist gerne stolz auf das, was er geschaffen hat. Ein positiver Flow setzt ein, wenn man gerade in einem konstruktiven Schaffensprozess ist. Emotionale Anreicherung von Botschaften heißt im Business-Bereich, dabei einen Schub oder eine Unterstützung zu erfahren. Business-Netzwerke sind deshalb beliebt, weil sie die Aussicht bieten, mehr Erfolg durch Kooperation zu erreichen. Gerade auch Experten-Communitys setzen hier an: Gemeinschaftsgefühl und Erfolg. Ein Kommunikationsansatz sollte eine umfassende Idee verfolgen, die für Kunden vor allem emotional relevant ist. Es geht so oder so um eine Unternehmensmarken-Erlebniswelt.

2.3.3 Das Unternehmen als Partner des Kunden

Dabei kann nur von Beziehung und Erlebnis mit der Marke gesprochen werden, wenn es sich um einen klaren Marken-Charakter handelt. Verbindend für alle Corporate-Communications-Maßnahmen sollte sein, dass dem Kunden eine Unternehmenspersönlichkeit gegenüber tritt, die ihn auf allen Stufen seiner Customer Journey als Partner begleitet. Aus Sicht des Kunden handelt es sich um dessen Erfahrung mit der Marke, die Customer Experience, auf jeder einzelnen Stufe. Sie kann dann zu einem einheitlichen Bild werden, wenn dahinter immer ein Charakter erkennbar ist. Wichtig ist, die Kundenbrille aufzusetzen. Es sind die zwei Seiten der Kundenbeziehung: an den jeweiligen Kontaktpunkten entsteht auf dem Weg des Kunden über die einzelnen Stufen jeweils eine Kunden-Erfahrung:

Stufe:	**Customer Experience:**
Aware	Das Unternehmen tritt ins Bewusstsein des Kunden als sympathische positive Erscheinung: Die Marke hat etwas zu sagen, sie ist nahbar.
Appeal	Das Unternehmen ist nicht nur sympathisch, es zeigt auch Eigenschaften, die bestimmte Kunden anziehen. Die Marke erfährt eine emotionale Aufladung: Sie hat etwas zu bieten. Man ist angeregt, sich mit ihr zu beschäftigen.
Ask	Das Unternehmen ist offen und ehrlich, es bietet Transparenz. Die Marke lässt Nähe und Nachfragen zu. Das Vertrauen ist so groß, dass man in den Austausch gehen kann.

Stufe:	Customer Experience:
Act	Das Unternehmen hat so weit überzeugt, dass der Kunde bereit ist, ihm einen Vertrauensvorschuss einzuräumen; er erwirbt eine Leistung. Die Marke ist jetzt Partner geworden, psychologisch gesehen ist die Marke mit dem erworbenen Produkt als etwas Greifbares in die Kundenwelt getreten: Die Marke ist Teil des persönlichen Bereichs geworden.
Activation	Das Unternehmen rechtfertigt den Vertrauensvorschuss des Kunden; die Leistung hat überzeugt, aber das Unternehmen tritt auch in Beziehung, es hört zu: Die Marke hat eine Partnerschaft begründet, sie ist Teil der Kundensphäre.

An jeder Stelle im Unternehmen sollte entsprechend der Persönlichkeit des Unternehmens nach außen agiert werden. Die Einheitlichkeit darf nicht leiden durch die Aufgabenteilung.

Die Customer Journey oder die User Experience bilden die Struktur zur Ableitung des jeweiligen Ziels. Wenn Ziel und anvisierte Kundengruppe klar beschrieben werden, lässt sich das passende Botschafts-Erlebnis kreieren, und zwar in einem Guss über die organisatorischen Einheiten hinweg, die mit der Aufgabe befasst sind.

Werfen wir einen Blick in die Geschichte der Werbung, um von den Besten zu lernen. Manche Unternehmen werden sofort mit starken Bildern, einprägsamen Slogans verknüpft, die sie im Laufe ihres Bestehens in die Köpfe der Kunden transportieren konnten. Sie wirken auch noch nach Jahrzehnten – ein klares Indiz für höchst wirksame Kommunikation. So wird erst einmal deutlich, wie sehr es auf die kreative Idee ankommt. Sie ist entscheidend für Wirksamkeit. Deshalb ist höchster Wert auf eine besondere Idee zu legen. Das gilt mehr denn je im digitalen Zeitalter. Ungewöhnliche Ideen erfahren weite Verbreitung, uninteressante Ansätze fallen sofort durch. *Neu und doch zum Unternehmen passend – das ist unsere Aufgabe.*

2.3.4 Das Ziel: möglichst dauerhaft in den Köpfen und Herzen der Kunden bleiben

Typisch für das Corporate Identity Management ist die Steuerung der Corporate Communications. In aller Regel wird eine Werbeagentur mit der Entwicklung kreativer Ideen betraut. Diesen Punkt wollen wir noch genauer beleuchten. Das Management wählt die geeignete Idee aus. Dafür bedarf es eben der Rückbesinnung auf Ziel, Zielgruppe und Botschaftsinhalt. Insofern steht am Anfang die Zielsetzung. Die Idee dazu soll ungewöhnlich, aber auch zielführend sein. Gut gemachte Kommunikationsmaßnahmen können dann lang anhaltend das Image prägen.

Beispiele für Image prägende Ideen
Das Unternehmen Audi präsentierte im Jahre 1986 die Überlegenheit seines Allradantriebs, indem es zeigte, wie ein Quattro eine Skisprungschanze hochfuhr[40] – eindrucksvolle, spektakuläre Bilder, die bis heute nachwirken. So beeindruckend, dass 19 Jahre später mit einem neueren Audi-Modell ein Remake des Schanzenspots gedreht wurde und die vier Audi-Ringe auch heute noch als Sponsorensymbol im Wintersport äußerst präsent sind. Seitdem wird die Marke Audi mit guter Straßenlage in schwierigen Situationen verbunden.
Ein Spot von Mercedes aus dem Jahre 2009 zeigt zwei kleine Engel auf Wolken. Sie haben den Job, Schutzengel für Autofahrer zu sein. Der eine Engel fragt den anderen nach dem Fahrer, auf den er aufpasst: »Was für ein Auto fährt er denn?« Der andere antwortet: »Mercedes«. Sein Engel-Kollege reagiert spontan: »Faule Sau.«[41] So wird mit Humor die scheinbare Überlegenheit von Mercedes in Sicherheitsbelangen vermittelt. Humor ist ebenfalls eine gute Zutat, um dauerhaft einen Platz im Kundengehirn zu besetzen.
Ende 2010 gab es einen »Schrei vor Glück«[42]. Der kurz zuvor gestartete Online-Versandhändler Zalando nutzte das Klischee der Verzückung durch Schuhe: Immer wenn das Paket geöffnet wurde, schrien die Darsteller, voller Glück versteht sich. Der Schrei vor Glück brachte Merkfähigkeit, weil er auf ein Klischee zurückgriff und es in einen Zusammenhang brachte, der Auslöser für weitere, oft ungewöhnliche Geschichten sein konnte. So wurde in einem Spot ein Zalando-Paket beispielsweise in eine Kommune geliefert, die auch ein Mitglied hatte, das an Rainer Langhans erinnerte, den Ur-Typus eines Kommune-Mitglieds der 68er-Generation und an sich ein Verächter jeglichen Konsums.

Ziel der Kommunikation ist es, dass Kunden das Unternehmen lang anhaltend mit sympathischen Assoziationen verbinden. Wenn Commercials nach zehn, 20, 30 Jahren noch gut erinnert werden, ist das ein eindeutiges Zeichen, dass die Kommunikation äußerst wirksam war. Die Marke hat einen eigenständigen Charakter dadurch erhalten. Das sollte auch unsere Zielsetzung sein.

Natürlich geht es immer erst einmal darum, durch Kommunikation Bekanntheit zu erzielen. Es sollte jedoch eine Bekanntheit sein, die anzieht. »Aware« in der Customer Journey ist zwar gut, aber erst »Appeal« schafft es, den Weg ins Kundengehirn und vor allem Kundenherz zu ebnen. Als Wegbereiter stehen vor allem drei Stilmittel zur Verfügung, die auch in den Commercial-Beispielen oben zur Anwendung kamen:

- Spektakuläres,
- Humor,
- Menschliches.

40 www.youtube.com/watch?v=5ylX-pO5vRw.
41 www.youtube.com/watch?v=BXNEHIt6dRg.
42 www.youtube.com/watch?v=rvEzE9dCHpo.

Insbesondere Zalando nutzte von Anfang an einen multimedialen Ansatz. Heute sollten Unternehmen ansprechbar sein und sich auf Dialoge einlassen sowie dem Kunden Mitwirkungsmöglichkeiten einräumen. Das erfordert einen umfassenderen Ansatz.

Mitunter nutzen Ansätze für eine jüngere Zielgruppe kaum noch klassische Medien. So geschehen bei dem Relaunch, der Neupositionierung der A-Klasse von Mercedes.

Im Jahre 2017 griff die Mercedes-Agentur Antoni das Thema der Überlegenheit mit einer Spur Arroganz auf, die der Unternehmens-Slogan »Das Beste oder nichts« ausdrückt. Auch hier wurde ein Klischee genutzt; die Kampagne lief unter dem Titel: #grow up. Wenn man älter, sprich vernünftiger, wird, steigt man besser um auf einen Mercedes. Da diese Zielgruppe schlechter über das Fernsehen erreichbar ist, enthielt die Kampagne schwerpunktmäßig Aktionen, die zum weiteren Austausch anregen. Verbindend für alle Maßnahmen ist der Hashtag »Grow up«. Das ist ein zielführendes Vorgehen: der Kampagne ein Motto zu geben, das die unterschiedlichen Einheiten verbindet. Im Zeitalter der Sozialen Medien hat sich vielfach der führende Hashtag etabliert.

2.3.5 Go viral!

Die Loslösung von klassischen Medien geht immer weiter: Unternehmen haben für sich und ihre Corporate Communications längst die Vorteile erkannt, die Videos und Filme bieten. Immer häufiger kreieren sie eigene Video-Produktionen, die ins Netz gestellt werden, um dann auf deren virale Verbreitung zu hoffen. Das in diesem Kontext wahrscheinlich erste bedeutsame Video hat Cadbury im Jahre 2007 geschaffen: Der Zuschauer hört die Musik von Phil Collins »In the air tonight«. Er erkennt mehr und mehr einen Affen am Schlagzeug, der ganz professionell und hoch konzentriert wie ein echter Drummer auf seinen Einsatz wartet und dann beherzt die Stöcke einsetzt. Die »Extended Mix«-Variante erzielte bis Anfang 2019 über 3,6 Millionen Aufrufe.[43] Seitdem versuchen viele Unternehmen, Videos zu produzieren, die sich ähnlich wie das Cadbury-Video wie ein Lauffeuer im Netz verbreiten. Allerdings: Nur wenigen gelingt es.

Wie produziert man einen viralen Hit? Das Netz ist unberechenbar; viele Faktoren und Umstände spielen dabei eine Rolle. So lässt sich diese Frage natürlich nicht klar und eindeutig beantworten. Es gibt Faktoren, die eine freiwillige Weiterverbreitung begünstigen:

- Eine Idee ist so ungewöhnlich und spektakulär, dass sie herausragt aus der Menge an Informationen.

43 www.youtube.com/watch?v=wHjieD6CTYs.

- Eine neue Idee überrascht so sehr, dass sie einen Aha-Effekt bei den Betrachtern auslöst und einen echten Mehrwert für den Betrachter bietet.
- Eine Idee ist so amüsant, dass sie hohen Unterhaltungswert hat.

Beim letzten Aspekt ist Vorsicht geboten: Menschen können lachen, weil jemand eine lustige Begebenheit erzählt, hinter der Wissen und Einsicht steckt; das führt zu Anerkennung. Menschen können aber auch lachen, wenn sich jemand daneben oder unmöglich benimmt; dann wird über den Absender gelacht, er wird verlacht. Das zahlt natürlich nicht auf die Anerkennung einer Marke und auf eine wertschätzende Beziehungsgestaltung ein. Ein Unternehmen darf nicht zur Lachnummer werden. Dabei kommt es wieder genau auf das Ziel und vor allem die Zielgruppe an: Humor wird in der Alterspyramide unterschiedlich rezipiert.

Virale Verbreitung ist nicht notwendig die Folge von Anerkennung, sie kann auch Folge einer fundamentalen Blamage sein. Eine hohe Anzahl von Klicks heißt also noch lange nicht, dass ein Video sich günstig auf die Markenführung auswirkt. Auch ein Like ist keine Garantie dafür, dass der User später auch kauft. Untersuchungen haben gezeigt, dass es zwischen Likes und anschließendem Handeln keinen messbaren Zusammenhang gibt. Die immer wieder vorgenommene Rückbesinnung auf die Wirksamkeit ist Pflicht des CI-Managements.

2.3.6 Kundenansprache mit Plan

Das Rückgrat aller Kommunikationsmaßnahmen sollte ein Ablaufplan sein, der wie ein Drehbuch fungiert, um eine aus Kundensicht interessante und fesselnde Abfolge festzulegen und leichtfertige Schnellschuss-Veröffentlichungen zu verhindern. Erlebniskommunikation braucht Struktur und einen roten Faden. Die Kommunikation eines Unternehmens sollte professionell aufgestellt sein, denn die Art dessen, was ein Absender verbreitet, führt zum Rückschluss auf ihn selbst. Stil und Kontext sind höchst wirksam. Im Social-Media-Bereich werden Redaktionspläne eingesetzt, um gezielt in den bespielten Medien vorzugehen.

Eine Botschaft kann noch so professionell und kreativ gestaltet sein – wenn sie nicht zum Kunden gelangt, bleibt sie ohne Wirkung. Die Verantwortlichen sollten also wissen, wo sie die relevanten Zielgruppen auf ihrer Customer Journey mit welchem Kommunikationsbedarf erreichen. Die Medienauswahl sollte sehr sorgfältig erfolgen. Am Ende kommt es darauf an, welche Medien von der Zielgruppe genutzt werden. Zudem sollte der Kommunikationsmanager mit Nebenwirkungen rechnen, wenn die Kommunikationsmaßnahme des Unternehmens in problematischen Kontexten verbreitet wird, und sie, so gut es geht, ausschließen. Daraus folgen zwei Basisziele für wirksame Kommunikation:

1. Beherrschung der Medienvielfalt in dem Maße, dass die geeigneten Medien zur Übermittlung der Botschaft an die Zielgruppe ausgewählt werden, und
2. eine Werbetechnik, die eine große Chance eröffnet, dass die gesuchten Empfänger die Botschaft positiv aufnehmen und auch behalten.

Leitmedium ist in der breiten Mehrheit der Bevölkerung sicherlich nach wie vor das Fernsehen. Die Mehrzahl der aktiven Kunden ist damit aufgewachsen und dadurch geprägt. Die Zahl der Sender hat deutlich zugenommen. Es geht den Rundfunk- und Fernsehanstalten darum, durch höhere Passgenauigkeit der Medienangebote mehr Nutzer speziell anzusprechen und zu binden. Das ist für die Werbung vorteilhaft: Die angepeilten Zielgruppen können damit genauer erreicht werden; es kann mit weniger Streuverlusten gesendet werden.

Printmedien sind unter Druck geraten. Vor allem im B2B-Bereich haben jedoch Fachzeitschriften nach wie vor hohe Relevanz. In den klassischen Medien ist darauf zu achten, dass es von der Zielgruppe genutzte und geschätzte Medien sind. Das wirkt zurück auf den Werbenden.

Die neuen Medien folgen hinsichtlich der Markenführung ihren ganz eigenen Gesetzmäßigkeiten, die ein Kommunikationsmanager kennen sollte. Schon in einer Untersuchung aus dem Jahre 2013 zur Wirkung des Werbeträgers Facebook wurde Folgendes ermittelt: »85 % der Befragten konnten sich vorstellen, Fan oder Follower einer Marke zu sein, auch wenn die Markensympathie fehlt. Die Hauptgründe, warum jemand Fan oder Follower einer Marke ist: An erster Stelle steht die konkrete Informationsbeschaffung zu Produkten und Dienstleistungen (81,6 % der Befragten). Danach folgen Markensympathie (65,4 %) und der Zugang zu Angeboten und Unterhaltung, erst danach kommt die Identifikation oder persönliche Verbundenheit mit der Marke. Ist ein User aber von einer Marke überzeugt, teilt er das seinem Netzwerk entsprechend mit. Er wird Fan und postet regelmäßig über die Marke.«[44]

Heute sind 90 % der deutschsprachigen Bevölkerung online; das Internet ist längst zum Massenmedium geworden. Während laut einer Erhebung aus dem Jahr 2018 der Durchschnitt der User 196 Minuten im Netz verbringt, sind es bei den 14- bis 29-Jährigen 353 Minuten, also nahezu die doppelte Zeit. Das Internet ist in dieser Gruppe das Medium, das zeitlich am längsten pro Tag genutzt wird.[45] Bei den Vertretern dieser Generation, auch Millennials genannt, lässt sich zudem nicht nur bei der Nutzungsdauer ein anderes Medienverhalten beobachten als bei den Generationen zuvor. Auch deren Aufmerksamkeitsspanne pro Informationseinheit hat sich verkürzt. Botschaften

44 Grabs, Bannour et al. (Sie beziehen sich auf eine Studie auf interworld.de, die nicht mehr abrufbar ist).
45 Vgl. www.ard-zdf-onlinestudie.de.

an Millennials haben nur eine Chance, wenn sie auffällig, kurz und knackig und visuell ansprechend übermittelt werden.

Zielgruppen können dank der Digitalisierung und damit einhergehender Technologien heutzutage viel differenzierter und zur rechten Zeit am rechten Ort angesprochen werden. So lässt sich die Ausspielung von Botschaften situationsgerecht aussteuern. Wenn etwa die Sonne scheint, werden Angebote zu Sonnenschirmen ausgespielt, wenn es regnet, zu Regenschirmen.

Von diesem Vorteil kann natürlich nur derjenige profitieren, der seine Zielgruppen genau definiert hat. Im digitalen Zeitalter mit den Möglichkeiten des Targeting, der gezielten Ansprache definierter Gruppen, kommt es gerade im Bereich der Corporate Communications auf eine tiefe Zielgruppenkenntnis an. Im Bereich Corporate Behaviour hatten wir bereits die ökonomische Bedeutung der Kern-Kunden betont. Hier geht es um eine Variation dessen: Wer genau soll in welcher Situation mit der intendierten Maßnahme erreicht werden? Dieses zu ermitteln mag zwar aufwendig sein, es zahlt sich jedoch aus: Die Erfolgswahrscheinlichkeit steigt durch die gezieltere Aussteuerung.

Wer im Sinne der Marke bei bestimmten Gruppen eine gewünschte Wirkung erzielen will, benötigt eine genaue Kenntnis über deren Motive und Bedürfnisse. Der Corporate Communications Manager sollte deren Wünsche und Vorlieben sowie deren Mediennutzung und Netzwerke kennen, um mit geeigneten Botschaften über geeignete Medien an die Zielpersonen heranzutreten. Dabei heißt es jedoch authentisch zu bleiben: Alle Maßnahmen sollten im Einklang mit dem Unternehmenscharakter stehen.

2.3.7 Erfolgsfaktor Zielgruppenkenntnis

Das Beziehungsmuster zu Marken unterscheidet sich je nach Alter und Sozialisation. Den Unterschied mögen zunächst Beispielpersonen verdeutlichen. Die Marketing-Professorin Susan M. Fournier hat Interviews mit drei Frauen durchgeführt im Alter von 59, 39 und 23 Jahren zu Lebensmittel- und Reinigungsmarken.[46] Sie entdeckte bei der 59-jährigen Frau eine breite lang anhaltende Markentreue für wichtige Produkte. Auch die 39-Jährige ging Markenbeziehungen ein; diese waren aber eher zufällig und oberflächlich. Die 23-jährige Frau hatte wieder eine intensivere Beziehung zu wichtigen Marken: »Sie glaubt so sehr an die Macht von Marken, dass sie überzeugt ist, dass Freunde ohne Mühe herausfinden können, welche Marken sie benutzt und welche sie

46 Vgl. Fournier, Susan M., Markenbeziehungen – Konsumenten und ihre Marken, in: Esch (2005), S. 209 ff.

meidet. In diesem Sinn sind ihre Markenbeziehungen außerordentlich funktional. Sie erlauben ihr, ihre Identität zu erforschen, zu entwickeln und umzusetzen.«[47]

Drei einzelne Personen können schwerlich Repräsentanten einer jeweiligen Altersgruppe sein. Sie helfen uns jedoch, die Unterschiede verschiedener Alterskohorten zu sehen. Für das Corporate Identity Management geht es darum, Prototypen für Zielgruppen zu schaffen. Die Fundierung erfolgt durch die Erkenntnisse der Neurowissenschaften, die Erklärungen für Unterschiede, resultierend aus Alter, Sozialisation und Kultur liefern. So wird mit Bezug auf die Nutzung digitaler Medien gerne zurückgegriffen auf die Verbreitung dieser Medien in Zeiten des Aufwachsens der Kundengruppen: Sind sie erst im Erwachsenenalter dazugekommen, werden sie oft als Digital Immigrants bezeichnet. Sind die Kundengruppen mit den Online-Medien aufgewachsen, werden sie als Digital Natives bezeichnet.[48] Wie bei einer Sprache ist es so, dass Menschen Fertigkeiten, die sie früh lernen, besser beherrschen. Sicher lassen sich Sprachen, lässt sich der Umgang mit digitalen Medien lernen. Prägungen bleiben in einer Altersgruppe weit verbreitet. Die Zielgruppenkenntnis wird als Voraussetzung für Wirkung überdeutlich.

Es ist erkennbar, dass sich in den mit dem Internet aufgewachsenen Generationen ein anderes Verständnis von Markenbeziehung eingestellt hat: Etablierte Marken können nicht weiter darauf vertrauen, auf immer und ewig erfolgreich zu sein. Vielmehr müssen sie im Austausch stets aufs Neue ihre Berechtigung erarbeiten, als bevorzugte Marke akzeptiert zu werden.

Der Medienkonsum ist heutzutage geprägt durch die Sozialen Medien. Facebook und andere Plattformen und Netzwerke haben dazu geführt, dass wesentlicher Bestandteil der Erlebniswelt des Menschen nun auch der virtuelle Raum ist. Er gehört selbstverständlich zum Alltag. Man ist permanent online und nimmt teil an dem, was die verbundenen Gruppen und »Freunde« mitteilen. Die meisten Personen des Zeitgeschehens nutzen die Sozialen Medien, um Botschaften weiterzugeben und Erlebnisse zu teilen. Die Fan-Community wird so laufend auf aktuellem Stand gehalten.

Ein Unternehmen hat es in einer solchen Umgebung verständlicherweise schwer, Follower für sich zu gewinnen. Das kann nur dann gelingen, wenn die User einen Nutzen dadurch erleben. Unternehmen brauchen Kommunikationslösungen, um vor allem auch die jungen Generationen für sich gewinnen zu können. Sie sind die Kunden von morgen, denn jede Generation wächst mehr und mehr in die Alters- und damit in die Kauf- und Entscheidungspyramide hinein.

47 Ebenda, S. 222.
48 Vgl. auch Häusel/Henzler, Harald (2018), hier vor allem Kapitel 2 »Die Bausteine von Personas«, S. 27 ff.

Wie eine Marke in kürzester Zeit Bekanntheit gewinnen kann, zeigt das schon erwähnte Unternehmen Zalando. Heute ist es ein etablierter Anbieter von Schuhen und Mode. Beim Start gab es immerhin schon die großen Player in diesem Bereich wie Amazon oder Otto. Wie kann es gelingen, trotz der Platzhirsche so bedeutend zu werden? Erste Voraussetzung ist immer die Leistung: ein moderner Modeanbieter, was die Großen so nicht sind. Dann kommt es auf eine markante merkfähige Werbelinie an, wie sie hier mit »Schrei vor Glück« gelauncht wurde. Der Online-Anbieter von Schuhen und Kleidung schaffte es damit sehr schnell in die Köpfe der Zielgruppe.

Das Vorgehen von Zalando ist ganz typisch für die Markenkommunikation von Online-Anbietern: Sie starten verbreitet in klassischen Medien. Dort wird Bekanntheit aufgebaut, die den Kunden dazu veranlasst, die Website aufzusuchen. Dieses Zusammenspiel will beherrscht sein.

Sobald eine Marke etabliert ist, muss sie zwingend das Leistungsversprechen nicht nur erfüllen, sondern auch weiterentwickeln. In fast allen Branchen nehmen der begleitende Service und das Dienstleistungsangebot zu. Das verändert dann wiederum auch die Kommunikation. Wir gehen auf der Customer Journey weiter: von »Aware« zu »Appeal«. Von der Aufmerksamkeitsansprache führt der Weg zum Erlebnis mit der Leistung. Vielfach bleiben Online-Marken nicht rein online. Persönlicher Kontakt ist als Emotionsbasis stärker als ein reines Online-Erlebnis. Auch Zalando hat inzwischen Flagship-Stores, die ein reales Kauferlebnis im stationären Handel ermöglichen. Selbst diejenigen, die noch kein Vor-Ort-Erlebnis hatten, erhalten eine vielschichtigere Vorstellung. Auch das ist eine Form emotionaler Aufladung.

2.3.8 Erfolgsfaktor Glaubwürdigkeit

Ein weiterer wesentlicher Aspekt für Corporate Communications ist die Glaubwürdigkeit von Medien. Erkenntnisse aus den Neurowissenschaften belegen: Ein glaubwürdiges Unternehmen tritt glaubwürdig auf und so glaubwürdig, wie der Auftritt ist, so glaubwürdig ist das Unternehmen. In puncto Glaubwürdigkeit weisen die Online-Medien jedoch ein klares Defizit auf. Insofern ist es ratsam, dass ein Unternehmen darauf achtet, seine Reputation hoch zu halten und ein Medium für die Kommunikation mit den Kunden zu wählen, das für Glaubwürdigkeit steht. Oft ergibt sich eine Aufgabenteilung: Reputation klassisch schaffen, Kaufimpulse online setzen.

82 % der deutschen Bevölkerung über 18 Jahren halten den öffentlich-rechtlichen Rundfunk für glaubwürdig. 5 % dagegen halten soziale Medien und Netzwerke wie Facebook und Twitter für glaubwürdig, 75 % für weniger glaubwürdig. Wer annimmt,

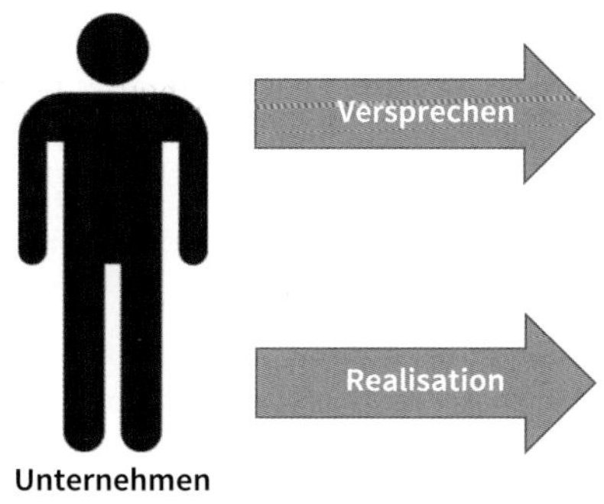

Schärfung von Versprechen und Verbesserung der Realisation

Bei Kunden entsteht aus dem Versprechen des Unternehmens eine Erwartung. Die Erwartung hat oft eine jeweils eigene Perspektive, erfährt in aller Regel eine Beurteilung über das Image. Dieses bildet die Beurteilungsgrundlage für den Kunden oder das Kundenunternehmen.

Das ist der zweite Aufgabenbereich: Kenntnis von Kunden-Erwartung und erfahrenem Kunden-Erlebnis.

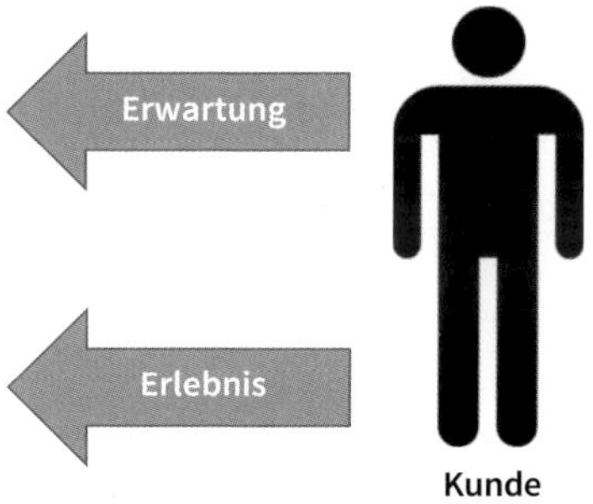

Kenntnis von Kunden-Erwartung und des erfahrenen Kunden-Erlebnis

Alle Zusammentreffen von Kunde und Unternehmen sind Berührungspunkte mit kommunikativer Wirkung, die mehr oder weniger Eindruck hinterlassen. Wir hatten eine Strukturierung des Aufbaus der Beurteilung vorgenommen und von der Customer Journey gesprochen. Für unsere Aufgabenstruktur haben wir fünf Bereiche gebildet, unsere fünf A:

Die fünf A

Der Kundenweg beschreibt die Stufen eines Kunden von der Bekanntheit über die Bevorzugung bis zur Überlegung und zum Kauf. Im digitalen Zeitalter gibt es nach dem Kauf nicht nur die Leistungsnutzung, sondern auch die weitere kommunikative Auseinandersetzung damit und mit dem Unternehmen. Es beginnt idealerweise eine dauernde Verbindung.

Damit ist die Aufgabe des Corporate Identity Managements klar strukturiert:

1. Am Anfang steht die klare Verpflichtung auf ein Versprechen und dessen Umsetzung. Daraus entsteht Identität. Ein typisches Unternehmensverhalten.
2. Dann gilt es, die Voraussetzung für merkfähige Kontakte zu schaffen: merkfähiger Name, Markenstruktur, Markencharakter durch einen Design-Stil. Das unterstreicht den Charakter.
3. Im Mittelpunkt steht die Kommunikation. Im digitalen Zeitalter ist das Erlebniskommunikation mit Einsatz unterschiedlicher Medien. Ein moderner Austausch-Partner.

Die Aufgaben werden im Einzelnen unterschieden entlang der Customer Journey.

Sie haben eine klare Zielorientierung:

- Die Erwartung der Zielgruppe. Wesentliches Konstrukt für die Einschätzung der Unternehmensmarke ist das Image in der Kundengruppe.
- Wenn die Erwartung durch Erlebnisse erfüllt wird, haben wir die Grundlage für eine lange kooperative Beziehung zwischen dem Unternehmen und seinen Kunden.

Die CI-Aufgabe lässt sich mit folgendem Wirkungsquadrat illustrieren:

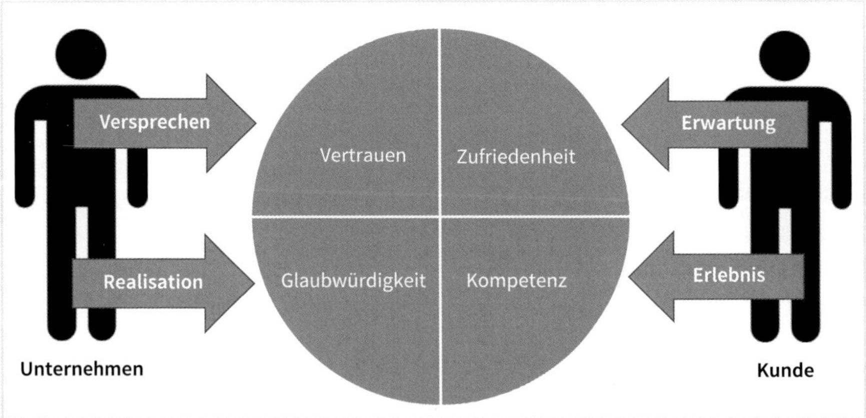

Wirkungsquadrat

Glaubwürdigkeit, Vertrauen, Zufriedenheit und Kompetenz – alle vier Werte stärken die Marke und sind Treiber des Erfolgs. Das Corporate Identity Management hat die Aufgabe, diese Balance zu steuern.

Zentrale Zielgröße ist am Ende das Image der Corporate Brand. Sie lässt sich nicht direkt steuern, sie wird in ihren Einzelheiten bestimmt und gemessen. Das Image ist Entscheidungs-leitend. Es ist allerdings eine zusammengefasste Einheit im Kopf unserer Kunden. Dahinter verbirgt sich die subjektive Einschätzung der Corporate Identity. Das Management setzt deshalb an den drei Pfeilern – Behaviour, Design und Communications – an. Hier bestehen Gestaltungsmöglichkeiten. Der positive Zusammenhang ist deutlich geworden, sollte allerdings auch immer wieder überprüft werden.

Daraus ergibt sich eine Aufgabenbeschreibung für das CI-Management, die einerseits die Aufgabenbereiche, andererseits die Steuerungsgrößen dafür umfasst.

Die zentralen Aufgaben des CI-Managements sind:

1. Klärung und Stärkung des allgemeinen Auftragsverständnisses des Unternehmens in der Weise, dass die Leitlinie Wirksamkeit in jeder Abteilung entfaltet.
2. Tiefgehende Kenntnis über den Kunden und seine Erwartungen und Bedürfnisse sowie seiner bisherigen Erlebnisse als zentrale Steuerungsgrößen für die Weiterentwicklung des Auftrags implementieren.
3. Schaffung und Koordination eines einheitlichen Auftritts des Unternehmens und eines Unternehmens-Designs, das seinen Charakter unterstreicht und so Verlässlichkeit als Beziehungsgrundlage stärkt.
4. Initiierung und Konzertierung einer lebendigen, erlebnisstiftenden Kommunikation in der Weise, dass es ein Ineinandergreifen von Unternehmens- wie Produktkommunikation gibt und ein Austausch mit dem Kunden geführt wird.

Alle vier Aufgaben erfordern eine unternehmensweite Mitwirkung. Es handelt sich um typische Führungsaufgaben, die einen Handlungsrahmen und Instrumente benötigen, um bis in die einzelnen Abteilungen der Gesamtorganisation wirksam zu sein.

2.5 CI-Organisation

Strukturen lenken, auch im Unternehmen selbst. Hierarchische Einordnungen signalisieren die Relevanz und Priorität eines Projekts. Der Bedeutung entsprechend darf es sich für die Führung der Corporate Identity nicht um eine Randabteilung in der Organisation, beispielsweise eine Stabsabteilung im Bereich Marketing oder Öffentlichkeitsarbeit handeln. So wird nicht die richtige Priorität gesetzt. CI-Management erfordert eine Koordinierung von ganz oben, denn es geht immerhin darum, dass das gesamte Unternehmen einheitlich auftritt und charakteristisch kommuniziert.

Das CI-Management sollte direkten Zugang zur Unternehmensleitung haben, dieser berichten und sich mit ihr austauschen. Die Zuordnung zur Unternehmensleitung ist als Autorisierung zu verstehen, CI quer über alle Abteilungen hinweg steuern und leiten zu können. Das ist bislang in den Unternehmen selten so umgesetzt. Des Weiteren sollte das CI-Management mit weitreichenden Befugnissen ausgestattet sein. Mit Blick auf die gerade in diesem Bereich zu erwartenden schnellen Veränderungen sollte das Corporate Identity Management mehr denn je die Aufmerksamkeit der Unternehmensführung erhalten. Hier entscheidet sich dauerhaft der Erfolg des Unternehmens.

Es geht um die Zusammenfassung von Wissen und Fähigkeiten im Umgang mit der Unternehmensidentität, der Unternehmensmarke und dem Austausch mit Kunden und anderen Bezugsgruppen. Was den Unternehmen und hier vor allem der Management-Ebene bislang häufig fehlt, ist die nötige Kompetenz zur Bewältigung der kommunikativen Herausforderungen und der Erwartung, die an das Unternehmen gestellt wird, sich anders im Umgang mit der Umwelt zu verhalten. Eine Verteilung dieser Kompetenz über verschiedene Abteilungen wird den Anforderungen, die die digitale Transformation stellt, nicht gerecht. Und die Unternehmensleitung wird mehr und mehr Transparenz schaffen sowie Verantwortung übernehmen müssen. Eine Know-how-Einheit, die der Leitung direkt unterstellt ist, ist hier die beste Lösung.

2.5.1 Beteiligung der Mitarbeiter

Die Abteilungen folgen ihren eigenen Regeln, sind mit ihren eigenen Aufgaben beschäftigt. Im Rahmen des CI-Prozesses sollen sie sich nun leiten lassen durch einen zunächst abstrakt wirkenden Auftrag, gemeinsam eine CI zu entwickeln. Das funktioniert nur, wenn die gültige Leitlinie akzeptiert wird. Das setzt Identifikation voraus. Erst dann wird die übergeordnete Idee auch Teil der Arbeitsumsetzung.

Der wirksamste Weg, die Akzeptanz und Identifikation der Mitarbeiter zu erreichen, ist deren Beteiligung und Miteinbeziehung. Wer an der Gesamtausrichtung mitgewirkt hat, akzeptiert sie nicht nur, sondern setzt sich auch dafür ein. Nur dort, wo sie unumgänglich sind, sollten Ge- und Verbote festgelegt werden. Denn sie erzeugen leicht das Gegenteil von Akzeptanz: eine unterschwellige Reaktanz. Doch wie führt man das Prinzip der Beteiligung ein? Beteiligung ist leichter gesagt als umgesetzt.

Praktisch ist zu beginnen mit einer Bestandsaufnahme: Welche Abteilungen sind mit hoher Außenwirkung tätig? Nach welcher Leitschnur agieren sie?

In diese Betrachtung miteinzubeziehen sind typischerweise alle Abteilungen, die an Vermarktung, Service und Betreuung von Kunden mitwirken: etwa das Marketing, vielleicht spezielle Abteilungen wie Marktforschung, Online-Marketing, Vertrieb, Innen- wie Außendienst, Kundenservice, Öffentlichkeitsarbeit. Das ist von Unternehmen zu Unternehmen sehr unterschiedlich. Sie bilden auf jeden Fall die erste Reihe derjenigen, die beitragen zum Charakter des Unternehmens in den Augen der Kunden.

All diese Abteilungen sollten nach einer Ausrichtung handeln. Dafür bedarf es geeigneter Leitlinien. Es ist empfehlenswert, diese nicht zentral vorzugeben, sondern die Betroffenen zu Mitwirkenden in cross-funktionalen, sich selbst steuernden Teams zu machen.

Das Corporate Identity Management übernimmt hier am besten die Teambildung und unter Umständen die Rolle der Moderation.

Ein neuer CI-Prozess, der auch die Änderungen durch die Digitalisierung berücksichtigt, setzt oft einen Kulturwandel voraus. Waren bisher Äußerungen zum Unternehmen das Privileg von Unternehmensleitung und Presseabteilung, kommen sie nun auch von den Mitarbeitern. Das ist notwendig in digitalen Zeiten, die eine schnelle Reaktion erfordern. Um hier Ordnung hineinzubringen, ist es ratsam, die Mitarbeiter entsprechend vorzubereiten. Damit sind jedoch nicht Schulungen gemeint mit entsprechenden Vorgaben. Die Betroffenen sollten vielmehr selbst Standards erarbeiten und definieren. Darin liegt die beste Chance für ein verantwortliches Handeln des Einzelnen. Das ist die Grundlage, um Handlungsbefugnis in die operativen Einheiten zu geben. Der Austausch mit den Kunden wird dort erwartet, wo es Kontakt gibt: im Vertrieb, im Online-Marketing, im Kundendienst. Darüber hinaus sollten Erfahrungsrunden implementiert werden, um sich immer wieder gleichsam unterzuhaken, gleichzeitig aber auch aktuelle Resonanz für alle verfügbar zu machen. Dieses führt zu einem besseren Informationsaustausch mit den Kunden. Die Zeiten hierarchischer Absicherung bis hinauf zur Unternehmensleitung sind vorbei.

2.5.2 Know-how-Zentrale

Corporate Identity Management erfordert den Einsatz von Sozialtechniken. Diese werden neben den klassischen betriebswirtschaftlichen Funktionen immer wichtiger. Deshalb sollte das CI-Management auch als Know-how-Pool dienen, in dem diese Fähigkeiten gebündelt werden. Nur so kann das zentrale CI-Management, vornehmlich die Unternehmensmarken-Führung, sehr professionell vorgenommen werden. Gleichzeitig führt die Bündelung von Aufgabe und Know-how dazu, dass auf die bereits im Unternehmen vorhandenen Informationen besser zurückgegriffen werden kann. Wenn es um Kundenforschung geht, hat es möglicherweise schon Studien gegeben.

Ist das CI im Unternehmen hoch angesiedelt, macht es das Unternehmen zum attraktiven Arbeitgeber für Talente im Bereich der digitalen Markenführung. Angesichts des immer stärker werdenden War for Talents wird dies zu einem wesentlichen Faktor. »Weil sie das aktuelle Unternehmen häufig nur als Durchgangsstation auf dem Weg zu Google oder Facebook betrachten, entwickeln sie weniger Loyalität und kein

Durchhaltevermögen.«[50] Haben die Mitarbeiter die Chance, an einem professionell organisierten Corporate Identity Management mitzuwirken und eine Aufgabe mit viel Verantwortung und Gestaltungsfreiheit zu übernehmen, kann diesem Trend entgegengewirkt werden.

Mit einer gut aufgestellten CI-Organisation hat das Unternehmen einen Motor, der es in die Zukunft führt. Im Gegensatz zu den externen Innovationslaboren ist er Teil der Organisation. So kann über diesen Weg die Diffusion wichtiger Impulse in die Organisation erfolgen. Mit dieser Ausrichtung ist das Unternehmen auf langfristigen Erfolg orientiert. Das Bewusstsein für die Wirkung des Identitätsmanagements im Unternehmen ist bei Unternehmenslenkern durchaus vorhanden. Dieses zeigte die Studie European Marketing 2020. Das zweite zentrale Ergebnis der Studie war: Die Erkenntnis eines großen Defizits in der Umsetzung ist bei den Unternehmenslenkern ebenso vorhanden.[51] Hieran zeigt sich: Was nutzt schon Bewusstsein? Die Wirklichkeit spielt sich auf dem Platz ab, um ein Bild aus dem Sport zu verwenden.

Insofern gilt es für Unternehmen, eine Einheit zu implementieren, die die Führung der Corporate Identity als Geschäftsgrundlage für die Unternehmensleitung leisten kann. Das umfassende Verständnis der Corporate Identity, die von innen nach außen wirkt und die Geschäfte ermöglicht, erfordert eine organisatorische Reichweite, die diesen Anspruch verwirklichen kann.

50 Zitat Philipp J. Fleischmann, Kienbaum, im Interview in: »Nicht nur hip, sondern auch erfahren«, absatzwirtschaft Sonderausgabe dmexco 2017, S. 30.

51 Vgl. Janke, Klaus, Dienstleister: Make or Buy?, a. a. O., S. 50 ff., und www.marketingverband.de/der-dmv/studien/european-marketing-2020.

3 Entwicklung der Corporate Identity

3.1 Die Ausgangslage

Jeden Tag gehen wir in unser Unternehmen, engagieren uns und tun unser Bestes, um es voranzubringen. Doch genau das wird zunehmend schwerer. Die Mitarbeiter aus dem Vertrieb beklagen sich, dass es immer problematischer wird, die Kunden zu überzeugen. Sie sagen, der Wettbewerb habe aufgeholt. Die Margen sinken. Der Marktanteil geht zurück. Dabei sind wir doch mit einem Vorsprung vor der Konkurrenz gestartet. Für die spezielle Leistung war das Unternehmen einmal besonders anerkannt. Doch dieser Vorsprung ist immer mehr verlorengegangen, ohne dass es jemand wirklich gemerkt hat.

Damit einher geht oft die Erkenntnis, dass auch der Auftritt nicht mehr up to date ist. Wenn wir unsere Internet-Präsenz mit der von Wettbewerbern vergleichen, so sind deren Websites und Social Media Accounts moderner und aktueller. Wenn wir nicht noch weiter zurückfallen wollen, müssen wir etwas tun.

Es erinnert an die Theorie des zerbrochenen Fensters von George Kelling und James Q. Wilson: Für sie ist es die unvermeidliche Folge, wenn es an einer Linie mangelt. Sie verdeutlichen das mit einem verlassenen Gebäude: »Falls ein Fenster zerbrochen ist und nicht repariert wird, schließen die Vorbeigehenden ganz unbewusst, dass sich niemand um das Gebäude kümmert und sich niemand verantwortlich fühlt. Bald sind mehr Fenster zerbrochen und ein Gefühl der Herrenlosigkeit, der Unordnung springt vom Gebäude auf die Straße, an der es liegt. Es sendet das Signal, hier geht alles.«[52] Genau das ist häufig die Situation in einem Unternehmen. Leider ist es schwer, bereits deren Entwicklung zu erkennen. Sie passiert.

Häufig ist daher erst ein Führungswechsel der Auslöser für Änderungen, wenn die neue Leitung aus diesem Anlass eine Bestandsaufnahme vornimmt. Es ist durchaus eine gute Führungstechnik, seinen Job mit der Neuformulierung des Versprechens, mit der Zukunftsausrichtung des Auftrags, mit der Übertragung in die Sichtbarkeit durch Designanpassung zu starten. Es ist jedem neuen Unternehmensleiter zu empfehlen, diesen Ansatz zu wählen. Doch wir können nicht immer bis zum nächsten Führungswechsel warten.

Manchmal gibt es auch ganz große Veränderungen, die das Startsignal für eine neue oder veränderte Corporate Identity setzen: Ein anderes Unternehmen wird

52 Gladwell (2001), S. 141 (Eigene Übersetzung).

übernommen oder es kommt zur Fusion. Dann ändert sich das Geschäftsmodell; es muss neu justiert werden. Gerade der Erfolg von Übernahmen oder Fusionen hängt davon ab. Leider erreichen fast alle Fusionen nicht annähernd ihre Ziele. Das liegt im Allgemeinen daran, dass die Identitätskomponente unterschätzt wird.[53] Um die geht es jedoch immer; sie ist zu schärfen.

Auch die Digitalisierung macht Änderungen erforderlich. Virtuelle Produkte und Absatzwege haben den Aktionsraum der Unternehmen vergrößert. Heute wird von Seiten der Kunden gefordert, alle Felder der Matrix für Absatzwege und Produkte – physisch und virtuell –, die wir gebildet haben, zu bearbeiten. Jede Unternehmensleitung sollte auch in dieser Hinsicht das Verständnis des eigenen Geschäftsmodells auf den Prüfstand stellen. Wer führen will, sollte dem Unternehmen eine Linie geben – entsprechend der sich ändernden Anforderungen der Kunden.

In einer Zeit, die geprägt ist von permanentem Wandel, ist das CI-Management eine dauernde Aufgabe. Nur so lässt sich eine Anpassung an die geänderten Bedingungen vornehmen. Es fängt schon beim Start-up-Unternehmen an. Die Idee mag großartig sein, sie wird jedoch nur dann zu einem erfolgreichen Geschäftsmodell, wenn beantwortet werden kann, was die Kunden davon haben. Je größer und umfangreicher ein Unternehmen wird, desto notwendiger wird die permanente Schärfung des Verständnisses mit der Folge von Koordination und Identifikation. Nur dann kann das Unternehmen in seinem Markt ganz vorn bleiben. Und das sollte das Ziel sein.

Der eigentliche Wert eines Unternehmens besteht in seiner Unternehmens-Marke. Sie ist verschränkt mit dem Geschäftsmodell. Wenn dieses durch die Digitalisierung verändert wird, gilt es zur Werterhaltung eine Weiterentwicklung vorzunehmen. Das gilt für große wie für kleine Unternehmen.

Die Auswirkung eines Corporate-Identity-Projekts im Unternehmen gilt es von vornherein zu sehen.

> Ein Corporate-Identity-Prozess benötigt die Regelung von Verantwortung und Budget. Darüber hinaus sollte der Zeitrahmen realistisch bemessen sein. Und er sollte auf geeignete Techniken zurückgreifen.

Ich lade Sie ein, die notwendigen Grundlagen für die Entwicklung der Corporate Identity anhand eines fiktiven Beispiels gemeinsam zu entwickeln und durchzudeklinieren, um möglichst umsetzungsorientiert an das Thema heranzugehen. Das Beispiel

53 Vgl. Keite, Lothar, Einen Schritt vor, zwei zurück, in: absatzwirtschaft 9/2001, S. 58 ff.

selbst ist bewusst übersichtlich gehalten. Die Prinzipien sind ganz einfach auf andere Unternehmen gleich welcher Größe übertragbar.

Im Zentrum unseres Beispiels steht ein mittelgroßes Energieversorgungs-Unternehmen. Nennen wir es PalloneGas GmbH. Es ist angesiedelt in der Hauptstadt eines deutschen Bundeslandes. Alles begann im Jahre 2000. Kurz zuvor war im Jahr 1998 die Liberalisierung des Energiemarktes in Kraft getreten.

Der Energiemarkt selbst – wir betrachten Strom und Gas – stagniert im Grunde seit 20 Jahren in Deutschland. Die Anbieter können nur gewinnen, wenn ein anderer verliert. Insofern wird deutlich, dass es auf die Position bei den Kunden und idealerweise auf deren Loyalität ankommt. Kundenbindung ist in einem solchen Markt nur mittels Optimierungen in der Leistungserstellung und eines herausragenden Beziehungsmanagements zu bewerkstelligen.

Wir haben es hier mit einem schwierigen Markt zu tun: Verschiedene Energieerzeuger oder -lieferanten ringen um Kunden, die sich ihrerseits eine gesicherte Belieferung wünschen. Im modernen Leben ist eine Unterbrechung der Energiezufuhr nicht vorstellbar. Die Herausforderung für die Versorgungsunternehmen liegt darin, dass der Verbrauch oft sehr stark schwankt und so eine Anpassung der Erzeugung erforderlich ist. Auf der Absatzseite wird sowohl der persönliche als auch der Kontakt via Medien gesucht: Es gibt Versorger vor Ort mit Kundenzentren, aber auch Online-Versorger, deren Einzugsbereich zumindest ganz Deutschland umfasst. Ein Kunde kann per Internet ganz einfach und ohne bürokratischen Aufwand einen anderen Energielieferanten wählen.

Da in der Zeit um das Jahr 2000 viele Unternehmen und Haushalte eine Umstellung von Heizöl auf Erdgas vornahmen, haben die Initiatoren von PalloneGas sich zu Beginn auf die Energieform Gas spezialisiert. Sie formulierten ihren Auftrag: Unser Kunde soll es einfach immer warm haben. Dieses sollte den Vorteil der permanenten Versorgung durch Gas gegenüber der Bevorratung und Nachbestellung von Heizöl hervorheben.

Zwei Geschäftsfelder wurden gebildet und miteinander verbunden:

- die Beratung zur optimalen Wärmeversorgung mit Gas,
- die Lieferung von Gas.

Zwei Kundengruppen wurden definiert:

- Haushalte in einem definierten Radius um die Unternehmenszentrale, hier vornehmlich Neubau-Projekte, und
- mittelständische Unternehmen im deutschsprachigen Raum mit großem Heizbedarf.

Das Unternehmen startete mit 15 Beschäftigten. Sie optimierten die Heizsysteme in Unternehmen und Häusern. Allmählich kristallisierte sich heraus, dass vor allem die Geschäftskunden sich einen Gesamt-Energielieferanten wünschten. Das hat PalloneGas als entscheidend im Markt angesehen. Seit 2012 liefert das Unternehmen auch Strom; man legt Wert auf ein integriertes Gesamt-Energiemanagement für die Kunden. Zusätzliche Spezialisten wurden eingestellt, der Vertrieb wurde ausgebaut. Heute beschäftigt das Unternehmen 99 Mitarbeiter. Der Umsatz betrug im letzten Jahr knapp 3 Milliarden Euro. Heute versteht sich PalloneGas als Partner zur Optimierung der Energieversorgung.

Die Kunden machen immer wieder darauf aufmerksam, dass die Firmenbezeichnung PalloneGas nicht mehr zum Angebot passt, nämlich der Gesamt-Energieoptimierung. Der Vertrieb bestätigt, dass Kunden darüber häufig irritiert sind. Geschäftsmodell und Name passen nicht mehr zusammen. Die Geschäftsführer legen daraufhin ein Projekt auf, die Corporate Identity neu zu justieren.

Die Geschäftsführung, die aus dem Vorsitzenden, dem Geschäftsführer für Administration und dem Geschäftsführer Marketing und Vertrieb besteht, vereinbart, auf ihrer nächsten turnusmäßigen Zusammenkunft das Thema Corporate Identity zum alleinigen Thema zu machen. Auf dieser Sitzung fallen folgende Entscheidungen: Wir wollen mit dem Ziel der Umbenennung unseren Unternehmensauftrag neu definieren. Dafür wird ein Budget eingeräumt, um sämtliche Maßnahmen durchführen zu können. Der Geschäftsführung ist wichtig, auf geeignetes Know-how zurückzugreifen, weshalb auch externe Experten einbezogen werden sollen. Für die Umsetzung wird ein Zeitraum von drei Jahren festgelegt. Verantwortlich für das Projekt soll die heutige Leiterin Kommunikation sein, Vera Sturm, die gezeigt hat, dass sie Kommunikationsprozesse systematisch steuern kann. Die Geschäftsführung traut ihr zu, die noch umfassendere Aufgabe zu meistern. Sie wird zukünftig Direktorin Strategische Markenführung sein.

An diese Sitzung schließen sich Gespräche mit Vera Sturm und dem Betriebsrat an. Auch der Beirat wird einbezogen. Dieser stimmt dem Vorhaben unisono zu. Damit kann es losgehen.

3.2 Aufstellen für den CI-Prozess

Es ist eine Herkulesaufgabe, einer Unternehmung eine veränderte Ausrichtung und eine neue Perspektive zu geben, um für die Zukunft gerüstet zu sein. Wer mit dieser großen Aufgabe betraut wird, muss strukturiert vorgehen. Wer etwas Nachhaltiges schaffen will, sollte zunächst einmal genau die Bedingungen analysieren, geeignete Schlussfolgerungen ziehen und sie überprüfen, um erst dann gekonnt loszumarschieren. Wenn es um Corporate Identity geht, kommt ein weiterer Aspekt hinzu: Die Reichweite der Wirkung soll das gesamte Unternehmen und das gesamte Geschäft mit den Kunden umfassen – das ist ein umfangreiches Unterfangen, das ein genaues Programm für den Prozess erfordert. Erst wenn dieses vorliegt, ist ein Start möglich.

Wer zu kurz in seinem Ansatz springt, wird im Laufe des Projekts Probleme bekommen. Jedes Unternehmen verfügt über ein mehr oder weniger klares Versprechen an seine Kunden, das sich im Lauf der Zeit herausgebildet hat. Dieses soll aufgrund der veränderten Marktlage und der Anforderungen, welche die Digitalisierung stellt, neu justiert werden. Das hat inhaltliche und formale Konsequenzen, die bei der Formulierung der Identität berücksichtigt werden müssen.

Doch nicht nur die Kunden spielen eine Rolle. Die Kunst liegt auch darin, die überwiegende Mehrheit der Mitarbeiterschaft zu einem erneuerten gemeinsamen Versprechen an die Kunden zu führen, das von jedem Einzelnen ähnlich verstanden wird.

Die Unternehmensidentität und ihr Ausdruck, die Corporate Brand, sind darüber hinaus für viele verschiedene Zielgruppen von Bedeutung. Wenn es um spezielle Zielgruppen zur besseren Ausrichtung der Maßnahmen geht, zeigt sich die Notwendigkeit, zwischen diesen Zielgruppen zu unterscheiden. Gerne wird im umfassenden Sinne von Stakeholdern gesprochen, um den Kreis derjenigen zu beschreiben, die in einer Verbindung zur Tätigkeit des Unternehmens stehen. Es werden Strukturierungen gebildet, alle diejenigen Personen in Gruppen einzuteilen, mit denen das Unternehmen im Austausch steht und die damit einen Einfluss ausüben.[54]

Mit zunehmendem Adressatenkreis ergibt sich die Notwendigkeit, die Ansprache umfassender und damit allgemeiner zu halten. Charakter jedoch entsteht anders; er erfordert eine spezielle Ausrichtung. Ebenso verlangt interne Führung ein gewisses Maß an Greifbarkeit. Insofern stellt sich die Frage nach einer Priorisierung der Zielgruppen und nach den Kern-Adressaten.

So ist festzustellen, »dass bestimmte Anspruchsgruppen für ein bestimmtes Unternehmen relevanter sind als andere, sodass es zweckmäßig erscheint, Entscheidungen, die die weniger relevanten Anspruchsgruppen betreffen, an den Entscheidungen für die dominierenden Anspruchsgruppen zu orientieren …«[55] Doch welche Anspruchsgruppen sollen das sein, die dominieren? Hier ist der Grundauftrag des Unternehmens entscheidend.

54 So Kernstock, Joachim, Esch, Franz-Rudolf, Tomczak, Torsten, Redler, Jörn, Langner, Tobias, Bedeutung des Corporate Brand Management erkennen und Denkschulen verstehen, in: Esch, Tomczak et al. (2014).

55 Ebenda, S. 17.

Es geht im Unternehmen immer darum, dass die Mitarbeiter des Unternehmens für die Kunden des Unternehmens Leistungen erbringen. Das ist der Geschäftszweck.

Konsequent aus dem Auftrag des Unternehmens abgeleitet heißt das, die weiteren Überlegungen im Unternehmen ordnen sich eben dieser Geschäftsgrundlage unter. Im Kern der Stärkung und Entwicklung der Corporate Identity sollte also notwendig die Achse von Mitarbeitern zu Kunden stehen.

Und selbst die Gruppe der Kunden ist weit und vielfältig. Fast in jedem Unternehmen ist die bekannte Pareto-Relation vorzufinden: 20 % der Kunden sind verantwortlich für 80 % des Deckungsbeitrags. Damit ist die Erfolgsgrundlage benannt: Wenn diese Gruppe als Kunden gehalten werden kann, ist gleichzeitig der weit überwiegende Deckungsbeitrag bewahrt. Es geht also erst einmal um diese Kern-Kunden. Mit ihnen wird die ökonomische Zukunft des Unternehmens gefestigt.

Doch ist das tatsächlich eine Ausrichtung, die für jedes Unternehmen als Leitschnur dienen kann? In den meisten klein- und mittelständischen Unternehmen wird die Frage leicht zu beantworten sein; es existiert oft eine spezielle Lösung für spezielle Kunden, die häufig persönlich bekannt sind. Doch mit zunehmender Größe wird das Unternehmen komplexer und die Kundschaft vielfältiger.

Eines der größten deutschen Unternehmen ist die schon angesprochene Siemens AG. Sie bietet Großanlagen, Projekte und Automatisierungslösungen für Industrieunternehmen. Die Zielgruppe ist auch für dieses Unternehmen eine spezielle Zielgruppe, eben Industrieunternehmen mit ihren ganz eigenen Anforderungen. Das Unternehmen möchte in Zukunft höhere Anteile im digitalen Geschäft realisieren. Das bedeutet eine interne Entwicklung, aber wieder mit der Ausrichtung auf Unternehmen, um sich mit deren Anforderungen weiterzuentwickeln. Der Kundentypus des Industrieunternehmens bleibt, nur seine Anforderungen haben sich geändert – und mit ihnen entwickelt sich das Unternehmen.

Werden aber bei einer solchen Sichtweise nicht ganz wichtige Mitspieler vernachlässigt? Allen voran die Medien und alle, die sich dort tummeln? Sie gestalten Meinungen. Viele schreiben im Netz über das Unternehmen. Sie sind Multiplikatoren für die Beurteilung des Unternehmens. Darüber hinaus haben die Anteilseigner Interesse daran, dass wirtschaftlich gearbeitet wird. Die Lieferanten wünschen sich faire Geschäftsbeziehungen. Handelspartner betrachten die Verkäuflichkeit der Leistungen. Die Kommune hat die Beschäftigung und das Steueraufkommen im Fokus. Es gibt viele am Unternehmen Interessierte! Sie haben alle unterschiedliche Perspektiven, die aber alle eine einzige Grundlage aufweisen: Das Interesse bezieht sich auf die Geschäfte des Unternehmens. Und die erfolgen insbesondere zwischen Mitarbeitern und den Kern-Kunden des Unternehmens. Deshalb sind sie die Zielgruppen erster Ordnung, alle anderen sind Zielgruppen zweiter Ordnung. Und das hilft der fokussierten Ausrichtung des Corporate Identity Managements. Ausgehend von diesem Verständnis kann eine Strukturierung erarbeitet werden. Es beginnt bei den Mitarbeitern des Unternehmens. Es geht darum, intern eine Ausrichtung zu haben. »Top-Performer haben eine klare Haltung.«[56] Mit dieser klaren Haltung lässt sich eine Weiterentwicklung vornehmen, technisch modern und konsequent kundenorientiert. Innere Überzeugung und permanentes Voranschreiten gehen Hand in Hand.

Wie lässt sich die Justierung einer unternehmensweiten Gruppendynamik vornehmen in Anbetracht der klaren Erkenntnis, dass es sich um einen mühevollen Prozess handelt, der nicht von heute auf morgen erledigt werden kann? Im Grunde ist die Aufgabe ein dauerndes Veränderungsmanagement. Insofern liegt es nahe, sich daran zu orientieren, welche Empfehlungen für das Vorgehen dort existieren. Sicher hat Kotter mit seinen acht Stufen, eine Organisation zu transformieren, eine besonders große Resonanz gefunden.[57] Wir wollen seine Arbeit als Vorlage nutzen, allerdings für unsere Zwecke etwas variieren. Daraus können wir einen Leitfaden ableiten.

3.2.1 Ohne Vorbereitung geht es nicht

Vor einen überstürzten Beginn gehört die geeignete Aufstellung für das Projekt. Je besser die Vorarbeit in dieser Phase ist, desto erfolgreicher wird das CI-Projekt laufen. Untersuchungen zeigen, dass die Vorbereitungsphase höchst entscheidend für den Erfolg ist. Wer jetzt am liebsten starten will, sollte doch die Geduld aufbringen und sich einlassen auf eine umfangreiche Vorbereitung. Es zahlt sich aus. Bevor wir also analog zu Kotter in die Umsetzung einsteigen, sollten wir uns also mit der Aufstellungsphase beschäftigen.

Zunächst bedarf es der inhaltlichen Koordination der Vorstellungen der Leitungsebene in puncto Versprechen an und Perspektive für die Kunden, bevor es überhaupt losgeht mit dem Projekt. Auch dort gibt es meistens unterschiedliche Auffassungen. Um Erfolg haben zu können, sollten diese ausgeglichen werden. Das Leitungsgremium sollte sich einen Tag lang Zeit nehmen für seinen internen Start der Neuausrichtung der Corporate Identity. In einem gemeinsamen Workshop sollten die unterschiedlichen Vorstellungen der Mitglieder des obersten Führungsgremiums erfasst, abgeglichen und angepasst werden. Der Workshop-Tag endet mit einem vorläufigen Ergebnis, bestehend aus Übereinstimmungen und Unterschieden, verbunden mit dem Auftrag

56 Esch, Tabellion et al. (2019), S. 56.

57 Vgl. Kotter, John P., Leading Change: Why Transformation Efforts Fail, in: Harvard Business Review, March-April 1995, S. 59 ff.

an das CI-Management, weiterführende Klärungen durchzuführen, falls solche erforderlich sind.

Die Fortsetzung bis zu einem Unternehmensleitungs-Ergebnis kann weitgehend in die Abläufe des Führungsgremiums integriert werden. Eine der wichtigsten Klärungen ist die Übereinstimmung mit den Vorstellungen der Kunden, die im Prozess als wichtiger Impuls einbezogen werden. Der CI-Manager führt parallel eine Erfassung der Kunden-Einstellung durch und gibt dem Gremium damit eine Spiegelung der Wirklichkeit im Markt.

Der letzte Schritt dieses Prozesses ist die finale Formulierung der Leitungsvorstellungen. Dafür wird ein zweiter Workshop-Tag vereinbart. So werden auch formal Zeichen gesetzt: Anfang und Ende des Prozesses sind von so herausragender Bedeutung, dass sich das Führungsgremium dafür eigens Zeit nimmt. Das Ergebnis sollte eine Einigung auf ein Ergebnis sein, das von allen Geschäftsführungsmitgliedern getragen wird. Damit sprechen alle Mitglieder des höchsten Gremiums und der CI-Verantwortliche *eine* Sprache. So wird die Prozessbeherrschung erst möglich. Erst jetzt kann ein allgemeiner Start erfolgen.

Zur Vorbereitung gehört ferner, sich darüber klar zu werden, ob es nötig ist, externe Fachleute hinzuziehen, oder ob die für die Entwicklung von CI erforderliche Expertise im Unternehmen vorhanden ist. Wir haben es hier mit der strategischen Ausrichtung zu tun, benötigen Know-how in der Markenentwicklung und in der Gestaltung. Typischerweise sind das seltene Aufgaben im Unternehmen, sodass intern nicht unbedingt jemand dafür geeignet ist. Das bedeutet, den Markt auf die passenden Experten hin zu sichten, sich eine Vorstellung zu bilden, wer als geeignete Unterstützung hinzugezogen werden sollte. In aller Regel ist es angeraten, wirkliche Fachleute zu konsultieren, also für strategische Markenführung ausgewiesene Experten, für Markenentwicklung ebenso.

Alle Maßnahmen fußen auf der Kenntnis der Kunden und der Bewertung der Resonanz von deren Seite. Verbreitet wird diese Fundierung vernachlässigt. Wenn es aber gilt, spezielle Kunden gezielt zu erreichen, dann ist es unersetzlich, hier gute Kundenforschung durchzuführen. Auch dieses Wissen zur Erforschung wird meistens von externen Experten in den Prozess eingebracht.

Um die Mitarbeiter an Bord zu holen, kommt es auf die Mitwirkung aller Abteilungen an. Das bedeutet, zu gegebener Zeit quer durch verschiedene Bereiche in der Organisation Teams zu bilden. Ein Beteiligungsprozess gehört mit der Unternehmensleitung abgestimmt, um sich die organisatorische Rückendeckung zu holen.

Auch die interne Expertise und Unterstützung sind wichtig. Auf jeden Fall ist von Anfang an die Zusammenarbeit mit der Human-Resources-Abteilung erforderlich. Die Mitarbeiter sollen sich mit dem Unternehmen identifizieren können; Personaler können hier behilflich sein. Wenn es im Verlauf des weiteren Prozesses um die Linie für die Kommunikationsmaßnahmen geht, ist der Marketing- oder Kommunikationsbereich tangiert. Aber auch weitere Bereiche können hilfreich sein. Wer aus den eigenen Reihen kann den Prozess besonders unterstützen? Welche Promotoren können intern mitwirken?

Die Neuausrichtung der Corporate Identity ist ein umfangreicher Prozess. Bei aller Komplexität ist er jedoch gut beherrschbar, wenn er strukturiert abläuft. Jeder einzelne Schritt im Vorgehen ist wichtig. Von der Vorarbeit hängt der Erfolg allerdings in besonders hohem Maße ab. Das gelingt mit einer professionellen Vorab-Aufstellung:

Vorab-Aufstellung	
Ziel:	Ansatz formulieren, Mittel bereitstellen und Rückendeckung sichern.
Instrumente:	Handlungsrahmen abstecken: • Organisatorische Einordnung und Wirkungsrahmen klären • Know-how prüfen: Was können wir selbst, was benötigen wir von extern? • Technische Ausstattung (Systemunterstützung): Welche Medien für die Zusammenarbeit stehen zur Verfügung? Gibt es die Notwendigkeit, unterschiedliche Standorte zu koordinieren? Wie? • Wie steht es um unsere Sicherheitsarchitektur? • Welche Budgetgröße wird benötigt? • Kennen wir den Status Mitarbeiteridentifikation oder sollten wir ihn ermitteln? • Kennen wir den Status Kunden-Image oder sollten wir ihn besser erheben? • Auf welche Promotoren können wir zugreifen? → Koordination Vorstellung Unternehmensleitung → Struktur Vorgehen → Instrumente Vorgehen
Messgrößen	Selbst und mit Vertrauten auswerten, ob der Handlungsrahmen so gestaltet ist, dass der Veränderungsprozess erfolgreich durchgeführt und gesteuert werden kann: • Handlungsvollmacht • Bereitschaft Mitwirkung der Unternehmensleitung • Erforderliches Know-how: Strategie, Branding, Design, Kommunikation, Kundenforschung • Arbeitsinstrumente: Social Intranet • Netzwerk

3.2.2 Die Acht-I-Struktur

Wie bei jeder Aufgabe startet eine gute Übernahme damit, sich selbst aufzustellen, bevor man beginnen kann. Jeder einzelne Schritt im Vorgehen ist wichtig. Die Tragweite ist enorm. Erst danach fängt der Prozess an, den wir anhand von acht I strukturieren:

Step	Ziel
Nr. 1: Initialisieren – und Bedeutung mit einem Event unterstreichen	Bedeutung geben und Transparenz schaffen, Prozess starten
Nr. 2: Implementieren – Bildung von Arbeitsteams	Prozess auf allen Ebenen in Gang setzen, spezielle Aspekte fundiert bearbeiten
Nr. 3: Innovieren: Verdichtung zu einem Leitbild – Überprüfung des Logos	Gemeinsame Erstellung des Leitbilds, bestehend aus Versprechen an die Kunden und Führungsgrundsätzen, das aufgrund des Logos, der Submarken-Struktur und des Symbols bildlich Ausdruck erhalten hat.
Nr. 4: Installieren – Stolz auf das gemeinsame Ergebnis und weitere Umsetzung	Leitbild und Logo werden angenommen, umgesetzt in einer Kommunikationslinie.
Nr. 5: Infiltrieren – Umsetzungsergebnisse, die schon übernommen werden können, werden in den Auftritt eingespielt	Sichtbare Umsetzung und damit Erlebnis des Vorankommens.
Nr. 6: Internalisieren – durch Resultate den Prozess und die Übernahme stärken	Reaktion der Kunden aufzeigen, um den Fortgang zu verdeutlichen, sich aber auch mit der Kundenmeinung auseinanderzusetzen.
Nr. 7: Inkorporieren – Einführung der ersten großen Kommunikationskampagne im neuen Stil	Vorläufigen Abschluss erreichen und damit das gute Gefühl vermitteln, wir haben es gemeinsam geschafft.
Nr. 8: Institutionalisieren – einen permanenten Prozess schaffen	Versprechen wach, Organisation dynamisch halten.

Wir wollen die Entwicklung der Corporate Identity in diesen Schritten tiefer betrachten. Das ist der Fahrplan für die weiteren Kapitel. Die Übersicht:

Step 1: Initialisieren	**Step 2: Implementieren**	**Step 3: Innovieren**	**Step 4: Installieren**
Bedeutung mit einem Event unterstreichen.	Bildung von Arbeitsteams	Verdichtung zu einem Leitbild. Überprüfung des Logos.	Stolz auf das gemeinsame Ergebnis und weitere Umsetzung.
Auftaktveranstaltung mit • motivierender Zielsetzung • Startschuss zur Mitwirkung Feedback-Instrument Mitarbeiter-Identifikation zusammen mit Personalbereich (einschließlich Arbeitnehmervertretung)	Teambildung • Erarbeitung von unten nach oben • Unterschiede – bekannte oder unbekannte Teammitglieder – geschickt managen Zwei zentrale Punkte: • Persona Kern-Kunden • Versprechen an Kern-Kunden • Dazu: Beitrag Abteilung Moodboard bzw. Digital Wall für Ergebnisse	Positionierung: • Mittel-Zweck-Orientierung • Emotionalisierung Instrument: • Positionierung mittels Archetypus • Spiegelung mit der Kundenforschung und der Persona Erstellung Identity-Card Wettbewerbs-Planspiel: Kampf der Giganten	Wichtige Elemente werden aus der Taufe gehoben, wenn sie neu sind: • Name • Logo / Symbol Markenordnung, Submarken Entwicklung der Designelemente / Identity Card als Umsetzungsgrundlage Beteiligte als interne Markenbotschafter Slogan-Entwicklung
Identifikation Umsetzung Mitwirkung	Übereinstimmung Persona und Versprechen Beteiligungs-Engagement	Leitbild oder zentrales Versprechen Logo und zentrales Symbol	Interne Akzeptanz von Name und Elementen

Step 5: Infiltrieren	**Step 6: Internalisieren**	**Step 7: Inkorporieren**	**Step 8: Institutionalisieren**
Umsetzungsergebnisse, die schon übernommen werden können, in den Auftritt eingespielt.	Durch Resultate den Prozess und die Übernahme stärken.	Einführung der ersten großen Kommunikationskampagne im neuen Stil.	Einen permanenten Prozess schaffen.

Step 5: Infiltrieren	Step 6: Internalisieren	Step 7: Inkorporieren	Step 8: Institutionalisieren
Entwicklung aller Design-Elemente: • Inhaltliche Ausrichtung • Technische Umsetzung • Strukturierung (über Motto) • Content Leitschnur: Charakter der archetypischen Positionierung Nach Pretesting Einstellen Brand Style Guide auf interner Plattform Inklusiv Social-Media-Guideline Strukturierung Inhalt und Medien über Journey Card	Einrichtung Marken-Steuerboard: Identifikation im Haus KPI für die fünf Stufen der Customer Journey Zufriedenheitsmessung Kunden Grundlage: Vervollständigung Journey Card Kunden-Wissen als permanenter Prozess	Mit Kampagne forcieren: • Ziel und Zielgruppe bestimmen • Spannungsbogen entwickeln • Regeln für Wirkung beachten • Richtige Agenturen richtig führen • Zielgruppen-passende Medien wählen • Wirkung als Ziel in der Zielgruppe verfolgen Zielsetzung entspricht Effie, wirkungsvolle Brand-Campaign	Austausch fortsetzen auf der Basis Contentmanagement: • Zielgruppenbestimmung und Orientierung • Leitend: interessantes Thema • Wechselspiel mit den von der Zielgruppe jeweils genutzten Medien • Erstellung Redaktionsplan Customer Touchpoint Management als Koordination
Nutzung Design-Elemente Resonanz intern und extern	Ergebnisse Marken-Steuerboard Entwicklung Kunden-Einstellung	Resonanz: positiv – negativ Assoziationen und Bevorzugung	Beteiligung Assoziationen und Bevorzugung

Die Übersicht zeigt die Zusammenfassung von Ziel, Instrumenten und Messgrößen für die einzelnen Schritte, die wir gehen wollen. Diese wollen wir in den einzelnen Kapiteln ausführlich erarbeiten. Da es auf die gekonnte Umsetzung ankommt, werden wir immer wieder erst die Grundlagen der jeweiligen Sozialtechniken erarbeiten, um sie dann im anstehenden Schritt professionell zu nutzen. Das wird unser Vorgehen sein. Dieses startet allerdings erst nach Abschluss der notwendigen Vorbereitung. Insofern wollen wir uns zunächst ausführlich damit und mit den erforderlichen Know-how-Bereichen befassen. Dann können wir fundiert in die große Aufgabe hineinmarschieren. Sollte es an Ausrüstung fehlen, wird sich das bitter rächen. Deshalb wollen wir uns erst ausführlich mit den Grundlagen und der richtigen Aufstellung beschäftigen.

3.2.3 Lernen am Praxisbeispiel

Doch kommen wir vorab noch einmal zurück zum PalloneGas-Beispiel. Schauen wir uns an, wie die neue Direktorin Strategische Markenführung, Vera Sturm, die Aufstellung für den CI-Prozess meistert. Um sich auf die herausfordernde Aufgabe selbst möglichst gut vorzubereiten, überlegt sie sich einen Vorgehensplan, den sie der Geschäftsführung präsentiert, um deren Freigabe dafür zu erreichen.

Ihr Vorgehensplan enthält folgende Punkte:

- Erarbeitung der Vorstellungen der Geschäftsführung in einem Start-Workshop,
- laufende Abstimmung in den regulären Geschäftsführungstreffen,
- finaler Workshop nach Abschluss der Vorarbeiten mit der Geschäftsführung.
- Parallel zur Erarbeitung der GF-Vorstellung Bildung von vier Fokusgruppen mit Vertretern der wichtigsten Kunden, um deren Verständnis zu ermitteln, und die Ergebnisse in den Prozess einzuspielen. Hierbei Zusammenarbeit mit einem Experten für qualitative Marktforschung.
- Hinzuziehung eines Spezialisten für strategische Markenführung als Berater.
- Bildung eines internen Teams aus einer Person aus dem Marketing und einer Person aus dem Kundenservice.
- Nach der Aufstellungsphase Vorgehen mittels eines Prozesses in acht Stufen. Geschätzte Dauer des Projekts: circa 2 Jahre.
- Budgetvorschlag für die Aufstellungsphase, eine Schätzung des benötigten Budgets für die folgenden Phasen.

Nach eingehender Diskussion erhält Vera Sturm die Zustimmung zu diesem Vorgehen. Die Direktorin überlegt nun genau, wie diese Punkte am besten umzusetzen sind. Was wird eigentlich benötigt? Die klare Antwort: mehr Kenntnis über die Kunden. Was wollen sie? Was brauchen sie? Was fühlen sie?

3.3 Fundierung durch Marktforschung

Wer in einem Unternehmen die Verantwortung übernimmt, die Corporate Identity zum Wohle des Unternehmens als die entscheidende Erfolgsgrundlage zu managen, muss sich erst einmal mit der aktuellen Position des Unternehmens auseinandersetzen. Wir haben zwei zentrale Gruppen bestimmt: die Mitarbeiter und die Kern-Kunden. Der Ball liegt somit im Feld der Marktforschung des Unternehmens. Gerade die unterschiedlichen Formen der Marktforschung bilden als Steuerungsgrundlage eine zentrale Sozialkompetenz des Corporate Identity Managements.

Am Anfang eines jeden CI-Prozesses sollte sich der Blick zunächst auf die Kunden richten. Wir wollen also wissen,

- wer unsere Kern-Kunden sind,
- welche Wünsche sie haben,
- welches Image wir bei ihnen haben,
- wie wir uns vom Wettbewerb unterscheiden.

Und genau hier kommen die unterschiedlichen Formen der Marktforschung ins Spiel.

Um Antworten auf diese Fragen zu erhalten, gilt es, sich die im Unternehmen vorhandenen Daten einmal näher anzusehen. Aufschlussreich sind Absatzdaten, gut gepflegte Kundendaten und Daten zum Medienverhalten der Kunden.

3.3.1 Quantitative Marktforschung

Viele assoziieren Marktforschung mit Befragungen. Ein großer Schatz an Daten liegt jedoch bereits in aller Regel im Unternehmen vor. Erst wenn die vorhandenen Informationen gehoben sind, sollte an die Durchführung von Befragungen gedacht werden.

Eine kundenbezogene Auswertung der Absatzdaten zeigt in den meisten Unternehmen sofort, welche 20 % der Kunden in der Rangfolge der Deckungsbeiträge oben stehen; damit sind meist 80 % des gesamten Deckungsbeitrages schon erklärt. Nur die Unternehmen, die keinen Endkundenabsatz haben, müssen sich über Erhebungen ein Bild über ihre wichtigsten Endkunden verschaffen.

Insofern beginnt jede Kundenbetrachtung mit den intern verfügbaren Informationen. Jedes Unternehmen ist angehalten, die eigene Datensammlung daraufhin zu prüfen, inwieweit Aussagen zu Kunden und deren Wünschen möglich sind. Die CRM (Customer Relationship Management)-Systeme sollten viele Antworten darauf geben können.

Diese Ergebnisse werden dann mit den Marktzahlen verglichen. So lassen sich Stärken und Schwächen herausarbeiten, insbesondere wenn einzelne Segmente betrachtet werden. Auch hier muss das Rad nicht selbst neu erfunden werden. Zahlreiche Studien liefern das entsprechende Datenmaterial. Sie werden von externen Experten, von Verbänden, Marktforschungsinstituten oder von Verlagen erstellt. Zudem stehen Angaben der Statistischen Ämter kostenlos zur Verfügung. Eine Bestimmung der Marktposition ist so fast immer mit vorhandenen oder leicht zu bekommenden Informationen möglich.

Sind die Daten erhoben, gilt es sie zu strukturieren. Für die meisten Unternehmen geht es darum, aus der großen Anzahl an Kunden die wichtigsten Gruppen herauszufiltern. Aus den Absatzunterlagen lassen sich meist schon Gruppen mit gleicher Nachfragestruktur bilden.

Jede Vertriebsorganisation kann eine sinnvolle Gruppenbildung vornehmen beispielsweise im Rahmen eines Vertriebs-Workshops. Das hat auch die förderliche Wirkung, dass diejenigen, die mit den Kunden im Austausch sind, sich noch einmal mit den relevanten Kundengruppen befassen und sie nach Erfolgswirkung unterscheiden. Das ist nützlich für die Vertriebsarbeit.

Der Erfolg des Unternehmens ist abhängig von den Kern-Zielgruppen, den Gruppen, die den überwiegenden Anteil des Deckungsbeitrags liefern. Ein Unternehmen, das langfristig erfolgreich sein will, ist also gut beraten, diese Haupt-Gewinnbringer in den Fokus des weiteren Vorgehens zu stellen.

An dieser Stelle kann mit einem ersten Interpretationsversuch begonnen werden: Die Ergebnisse stellen sich jeweils ein, weil es bestimmte Vorlieben, Wünsche und Zuordnungen der Kunden gibt. Kunden suchen bestimmte Leistungen und die bestimmten Leistungen sprechen spezielle Kunden an. Die Gruppe der zentralen Kunden mit ihren Merkmalen ist selten zufällig entstanden. Es gilt, den Grund hierfür zu erkennen.

Die Erklärung ist der Übergang zur Ebene der Motive, die hinter den Resultaten liegen. Alle Zahlen haben Gründe, Beweg-Gründe. Hier gilt es, die Vermutung in Form einer Hypothese zu formulieren, denn es ist erst einmal eine mögliche Erklärung aufgrund von intern getroffenen Interpretationen. Sie genauer zu bestimmen, ist notwendig als Grundlage für die Arbeit am Image, denn dort werden Emotionen und Motive angesprochen. Das ist Aufgabe der qualitativen Marktforschung.

Darüber hinaus will jedes Unternehmen wachsen. Es lässt sich nachweisen, dass die Wachstumsmöglichkeiten mit den besten Kunden oft ergiebiger sind als die Chancen bei neuen Kunden. Deshalb erfolgt immer eine Betonung der real existierenden wichtigsten Kunden. Sie bilden für die Aktivitäten notwendig das Zentrum und die Orientierung. Das Corporate Identity Management macht sie zur Grundlage, da die Realität diese Kunden als die Erfolgsbasis ergeben hat. Es ist nur verantwortungsvoll, dieses Fundament zu sichern, um von dort weitere konzentrische Kreise zu ziehen. Hier ist zu bestimmen, welche weitere Zielgruppe das Unternehmen ansprechen will. Immer ist die Fokussierung auf bestimmte Gruppen Grundlage der Strategie.

Im Anschluss ist darauf zu achten, dass diese Daten im CRM-System gepflegt werden. Dadurch wird die funktionierende Systemunterstützung aus der Aufgabe erreicht und durch die Datenpflege auch nutzbar. Kern jeder Systemunterstützung ist immer die Verlässlichkeit der Daten. In Zeiten der Individualisierung und speziellen Ansprache muss es Ehrensache der Vertriebsorganisation sein – Innendienst und Außendienst –, die Kundendaten zu pflegen. Alle Auswertungen hängen davon ab.

Ohne Akquisition kommt kein Unternehmen aus. Am besten sollte sie sich auf Kunden ganz ähnlichen Zuschnitts beziehen. Dann ist die Wahrscheinlichkeit hoch, sie überzeugen zu können. Diese können die meisten Unternehmen nicht einzeln kennenlernen, vielmehr wird nach Aussagen für bestimmte Gruppen gesucht. Wer für eine Gruppe eine Aussage treffen will, muss das Gebot der Verlässlichkeit dieser Aussage beachten. Das ist die Anforderung aus der Statistik, die beherrscht werden sollte gerade im Daten-Zeitalter. Dafür kommt es im Prinzip auf Repräsentativität an, das heißt also, dass mit hinreichender Verlässlichkeit diese Aussage für die Gruppe getroffen werden kann.

Immer wieder kommt in diesem Zusammenhang Kritik an der Marktforschung auf. Möglicherweise schafft die Digitalisierung eine Verbesserung der Güte von Umfragen. In einem Interview merkte der Forsa-Chef Manfred Güllner dazu an: »Früher gab es solche Probleme bei Interviews mit Papier und Bleistift. Das hat sich durch computergestützte Telefoninterviews und Onlinebefragungen weitgehend erledigt. Die Kontrollmöglichkeiten sind viel besser als früher.«[58] Eine intensive Prüfung ist jedoch trotzdem immer angeraten. Zu gern werden Quasi-Marktforschungen zur Begründung unterschiedlichster Aussagen eingesetzt. Die Aufgabe heißt also vor allem, die Güte dessen beurteilen zu können, was vorliegt. Ein entscheidender Faktor dafür sind repräsentative Daten. Nur auf deren Basis können mit hinreichender Verlässlichkeit Aussagen getroffen werden.

Ein reflektierter Forscher kann auch einmal zu der Erkenntnis kommen, dass er in seinen bisherigen Untersuchungen etwas nachlässig mit der Stichprobengröße umgegangen ist: Daniel Kahneman, Nobelpreisträger und Autor des Bestsellers »Schnelles Denken – langsames Denken« führt aus, wie er auf Anmerkung seines Freundes Amos Tversky zu der Erkenntnis kam, dass die psychologischen Forschungen von ihm und seinen Kollegen hier im allgemeinen ein Defizit aufweisen.[59] Alle Achtung für diese Ehrlichkeit!

Ein wesentliches Qualitätsmerkmal ist der Stichprobenumfang. Dazu können drei Aussagen getroffen werden:

1. Mit einer Stichprobe in hinreichendem Umfang können Entscheidungen gut fundiert werden.
2. Größere Stichproben sind immer deutlich präziser als kleinere Stichproben.
3. Die Gefahr von Ausreißern ist in kleinen Stichproben immer überproportional höher.[60]

Nur wenn ein fundierter Ansatz für die Untersuchungen gewählt wurde, dürfen die Ergebnisse verwendet werden.

58 Manfred Güllner im Interview: Becker, Sven, Siemens, Ansgar, Scharlatane und Gauner, in: Der Spiegel 6/2018, S. 42.
59 Vgl. Kahneman (2012), S. 113.
60 Vgl. dazu auch Kahneman (2012), S. 109 ff.

3.3.2 Marktbeobachtung über die digitalen Medien

Eine gute Reputation ist wichtig und unerlässlich für ein erfolgreiches Corporate Identity- Management. Deshalb gilt es, schnell zu registrieren, wo es negative Einlassungen gibt, und sie mit geschickter Beteiligung an der Diskussion in eine andere Richtung zu lenken.

- Es bietet sich an, die Resonanz der Kunden und potenziellen Kunden in den digitalen Medien zu erfassen, so beispielsweise über ein Online Dashboard (siehe dazu sogleich).
- Oft ist es auch ganz hilfreich, eine Usergruppe an das Unternehmen zu binden, die vorab Informationen erhält und sich dazu äußert. Dieser Gruppe können z. B. Testvarianten zur Verfügung gestellt werden oder sie kann befragt werden. So gibt es für die Mitarbeiter im Unternehmen eine schnelle erste Rückmeldung, bevor etwas an die breite Öffentlichkeit gelangt.
- Wer das Verhalten der User in Social Media genau beobachtet, kann Gruppen identifizieren, die sehr an der Thematik des Unternehmens interessiert sind und dazu in ihren Communitys Stellung beziehen. Diese sind als Markenbotschafter so interessant, dass sie speziell mit Information versorgt werden sollten.

Die Erfassung der Kundenresonanz in den Sozialen Medien ist keine Marktforschung. Sie ist nur ein erster Indikator für die Stimmung im Netz und nicht repräsentativ. Das liegt ganz einfach daran, dass die Zielgruppen und die in den Social Media aktiven User unterschiedliche Gruppen darstellen, wenngleich sie auch eine Schnittmenge aufweisen können, die mehr oder weniger ausgeprägt ist.
Die Resonanzerfassung ist eher eine Angelegenheit im B2C-Bereich. Im B2B-Bereich herrschen Experten-Communities vor. Deren Einlassungen sind deutlich belastbarer.

Wenn in einer User-Gruppe zunehmend Kritik über die Leistung eines Unternehmens verbreitet wird, dann ist das Unternehmen zur Reaktion aufgefordert. Um solche Entwicklungen rechtzeitig zu bemerken, ist tägliches Web-Monitoring erforderlich. Hier bietet sich ein Social Media Dashboard an, das jeden Morgen komprimiert darüber informiert, wo im Netz in welcher Art und Weise mit welcher Tonalität (Sentiment) über das Unternehmen gesprochen wird. »Im Prinzip ist das nichts anderes als ein individuell eingerichteter Startbildschirm, der relevante Inhalte auf einer Seite zusammenfasst.«[61]

61 Grabs, Bannour et al. (2018), S. 137.

3.3.3 Digitale Markforschung

In Zeiten von Social Media & Co. ist es einfach, eine Rückmeldung von den Kunden zu erhalten, und ebenso einfach ist es, eine Befragung über das Internet durchzuführen. Der Umgang damit erfordert allerdings ebenso wie im analogen Bereich gute Marktforschungskenntnisse. Stichprobengröße, Probandenauswahl und Befragungsvorgehen sind hier genauso zu beachten wie bei klassischen analogen Umfragen. Meist ist die Bedingung der Repräsentativität nicht erfüllt. Alternativ werden geschichtete Stichproben verwendet. Damit sind Stichproben gemeint, bei denen darauf geachtet wird, dass alle Gruppen der Grundgesamtheit mit ihrem jeweiligen Anteil berücksichtigt sind.

Seriöse Erhebungen zeigen immer das Erhebungsverfahren auf, sodass der Kundige weiß, welche Aussagemöglichkeiten bestehen.[62] Gerade im Bereich der Online-Marktforschung hat sich aber ein Bazillus der Leichtfertigkeit eingeschlichen.[63] Zu oft wird derjenige, der ein Online-Befragungstool bedienen kann, mit einem Marktforscher gleichgesetzt. Es gibt sehr viele Programme; inzwischen wird ungefähr die Hälfte der Interviews online durchgeführt.[64] Wenn im Unternehmen das entsprechende Wissen aufgebaut wird, stehen Programme zur Verfügung, die gut genutzt werden können. Dann hat ein Unternehmen mit internem Know-how die Möglichkeit, besonders eng am Geschehen zu bleiben.

Das Problem sind heute selten die Daten – sie stehen in grenzenloser Vielfalt zur Verfügung. Das Problem sind vielmehr die Auswahlmöglichkeiten, vor die sie uns stellen. Welche sind fundiert und können in die Erhebungen mit einfließen? Welche sind das nicht? Der wissende Umgang damit ist entscheidend. In aller Regel gehen die Forscher so vor, dass sie plausible Beziehungen nutzen: »Facebook Nutzer können Inhalte liken wie Facebook Seiten, Posts oder Fotos, um ihr Interesse an einer Fülle von Themen, wie Promis, Politikern, Büchern, Produkten, Marken etc. auszudrücken. Likes sind deshalb eine Verbindung zu anderen digitalen Fußabdrücken …«[65] Wenn der Tester nun seine Zielgruppen gut kennt, kann er bestimmte Schlagworte als Filter nutzen. Beispiel: Wer auf eine Anzeige auf »Zeit online« reagiert, wird als eher intellektuell eingestuft. Weitere Filterfragen können eine zusätzliche Eingrenzung schaffen. So ist eine psychologische Segmentierung indirekt möglich.

62 Vgl. dazu etwa Raab, Poost et al. (2009), S. 72 ff.

63 Vgl. Keite, Lothar, Ein Bazillus der Leichtfertigkeit im Marketing, in: Marketing-site.de vom 27. Juli 2011.

64 Vgl. Gaspar, Neus et al., (2016), S. 6 ff.

65 Matz, S. C., Kosinski, M., Nave, G., Stillwell, D. J., Psychological targeting as an effective approach to digital mass persuasion, in: www.pnas.org/cgi/doi/10.1073/pnas.1710966114.

Eine typische digitale Metrik sind Click-Through-Raten; hier hat ein Nutzer durch Handlung auf ein Stichwort reagiert. Bei geschickt gesetzten Filtern können die Reagierenden zu einer Thematik gefragt werden; es sind dann Antworten einer Gruppe mit einer bestimmten Ausrichtung. Kritisch für das Vorgehen sind die getroffenen Annahmen. Beispiel: Sind wirklich alle Zeit-online-Leser intellektuell?

Auch Zusammenhänge in den vorhandenen Daten sind viel leichter systemunterstützt zu ermitteln. Die Programme ermitteln Korrelationen. Das sind allerdings keine Kausalitäten.

Unternehmensleitungen orientieren sich in hohem Maße an Erhebungen und an statistischen Beweisführungen. Da die jeweiligen Ergebnisse die Argumentation so seriös zu unterstützen scheinen, werden sie immer verbreiteter eingesetzt. Mitunter gibt es eine interessante Dynamik. Ein schönes Beispiel dazu: »Über Fußballfans berichteten gleich mehrere Regionalmedien Erstaunliches: 73,4 Prozent der Anhänger des SC Freiburg hätten einen Hochschulabschluss, damit lag der Verein auf Rang 1 dieser Tabelle.«[66] Diese Aussage klingt sehr plausibel. Unser Gehirn stellt nämlich sofort die Verbindungen her: Freiburg = Universitätsstadt = viele Menschen mit Hochschulabschluss. Erst beim näheren Nachdenken stellt sich die Frage, ob das sein kann, da insgesamt nicht einmal jeder Sechste in Deutschland über einen Hochschulabschluss verfügt. Des Rätsels Lösung verbirgt sich in der Quelle der Daten: Der Betreiber des Netzwerks XING hatte sie erhoben, und zwar unter den eigenen Mitgliedern, überwiegend Akademikern. Die schwindelerregend hohen Bildungsquoten beziehen sich also nicht auf alle Fans, sondern lediglich auf jene, die Mitglieder bei XING sind.«[67] Dieses Beispiel zeigt die Gefahr von Aussagen, die mit Zahlen unterfüttert in die Welt gesetzt werden. Da sie so plausibel wirken, halten sie sich oft lange Zeit und werden immer wieder genutzt.

Beliebt bei Untersuchungen zu Marken ist die Auswertung von Userverhalten. Hier werden Likes gerne als Zielgröße gewählt. Ist das aber sinnvoll? In einer mehrstufigen Untersuchung wurde geprüft, ob den Likes auch ein entsprechendes Verhalten folgt und ob die »Freunde«, denen die Likes mitgeteilt werden, sich dadurch anders verhalten. Die Antwort fiel sehr eindeutig aus: »Die reine Freude an einer Marke hat keinen Einfluss auf das Verhalten der Kunden. Sie führt auch nicht zu mehr Käufen.«[68] Aus psychologischer Sicht gibt es zwei mögliche Effekte: Einer Person gefällt etwas, was sie durch ihr Liken zeigt, und sie handelt entsprechend; die Einstellung geht dem

66 Kara, Stefanie/Boeing, Niels, Kann das stimmen?, https://www.zeit.de/2017/18/statistiken-umfragen-realitaet-taeuschung-zahlen/komplettansicht.

67 Ebenda.

68 John, Leslie K., Mochon, Daniel, Emrich, Oliver, Schwartz, Janet, Was bringt ein Like?, in: Harvard Business Manager Juli 2017, S. 83.

Handeln voraus. Die andere Form: Eine Person handelt, in der Folge zeigt sie an, dass ihr das gefallen hat; die Einstellung folgt hier also dem Handeln. Im Falle der Sozialen Medien liegt eher der zweite Fall vor. Die Anzahl der Likes ist also keine Vor-Größe, sondern eine Folgegröße: User, denen eine Marke gut gefällt, liken gerne. Insofern stehen viele Likes für eine engagierte Zielgruppe. Das ist eine wertvolle Information. Bei dieser Aussage muss es aber auch bleiben.

Die Digitalisierung schafft deutliche Verbesserungen in der schnellen Verarbeitung. Diesen Vorteil gilt es gekonnt zu nutzen. Vermehrt werden sogenannte A/B-Analysen zur schnellen Überprüfung von Maßnahmen durchgeführt. Damit lassen sich oft kurzfristig Antworten finden. »Bei einem A/B-Test stellt der Experimentator zwei Szenarien einander gegenüber: »A«, die Kontrollversion, ist in der Regel das aktuelle System und gewissermaßen der »Titelverteidiger«; »B« ist eine veränderte Version, die eine bestimmte Dimension verbessern will, und tritt als »Herausforderer« an.[69]

Ganz wichtig ist die Zuverlässigkeit. Darunter ist zu verstehen, dass durch Wiederholung überprüft wird, ob die Vergleichsergebnisse in gleicher Weise wieder ermittelt werden können. Ansonsten wäre das Ergebnis allein der Situation geschuldet. Erst ein stabiler wiederholbarer Zusammenhang schafft die Zuverlässigkeit. »Die Onlinewelt gilt oft als turbulent und gefährlich, aber kontrollierte Experimente können dazu beitragen, sich sicher darin zu bewegen.«[70]

All dies zeigt: Die Möglichkeiten der Datennutzung haben sich vermehrt, die Rechenoperationen sind leichter durchzuführen. Wer sich auf Zahlen und Statistiken verlässt, sollte jedoch über das entsprechende Know-how im Umgang mit diesen Daten verfügen. Das betrifft sowohl deren Erhebung als auch die Auswertung. Digitale Marktforschung ist schnell und direkt. Das ist ein unschätzbarer Vorteil. Wir sollten die Aussagekraft dessen kennen, was wir verwenden.

3.3.4 Qualitative Marktforschung

Die eigenen Kundendaten in Verbindung mit der Absatzstatistik, alle frei verfügbaren seriösen Informationen und die konsequente Nachhaltung der Reaktionen der User im Netz ergeben zusammen einen recht guten Überblick über die Kunden mit der Möglichkeit, sie in Gruppen zu segmentieren, die jeweils ein eigenes, von den anderen Gruppen unterscheidbares Verhalten aufweisen. Angereichert mit dem Zusammentragen von Informationen über den Wettbewerb und dessen Kunden zeigen sich auch

69 Kohavi, Ron, Thomle, Stefan, Klüger experimentieren, in: Harvard Business Manager, Dezember 2017, S. 31.
70 Ebenda, S. 39.

die Unterschiede, die ausgewertet werden können zu unterschiedlichen Positionierungen. Die so geschaffene Grundlage ist gut, aber nicht ausreichend. Die »Beweg-Gründe« sind damit nicht erfasst. Wirkliche Kenntnis über die wichtigsten Kunden, deren Persönlichkeit, deren Motive, deren Aufgaben, für die sie die Angebote des Unternehmens nutzen, liefern Methoden der qualitativen Marktforschung. Während die quantitativen Verfahren jeweils Gliederungen und Gruppierungen als Ergebnis haben, betrachten qualitative Verfahren einzelne Gruppen daraus, die für das Unternehmen wichtig sind, und ermitteln exemplarisch die Hintergründe für deren Verhalten. Beide Vorgehensweisen bauen aufeinander auf.

Qualitative Marktforschung ohne vorhergehende quantitative Marktforschung ist sinnlos und bringt nichts.

Die weitergehende Analyse einer bestimmten Kundengruppe liefert für das CI-Management erst die geeigneten Anhaltspunkte für eine passende Ansprache. Es gibt zwei unterschiedliche Fragestellungen, entweder Erklärungen für Verhaltensweisen der Kundengruppe (explorativ) oder die Gründe für deren Verhaltensweisen (kausal) zu ermitteln.

Die Verfahren der qualitativen Marktforschung können in zwei Gruppen unterteilt werden:

- Apparative Verfahren
- Psychologische Verfahren

3.3.4.1 Apparative Verfahren

Körper und Gehirn agieren untrennbar miteinander. Jede emotionale Bewegung äußert sich auch körperlich. Sind wir aufgeregt, weiten sich unsere Adern. Haben wir Angst, erfolgt ein Adrenalinschub, der unseren Körper in Alarmbereitschaft versetzt. »Das makroskopische Antriebsverhalten ... könnte seine Funktion ... nicht erfüllen, wenn es nicht durch physiologische Prozesse ... unterstützt würde. Diese vegetativen Begleitvorgänge sind hochgradig antriebsspezifisch und bilden insofern integrierende Bestandteile des jeweiligen Motivsystems ...[71] Die körperliche Reaktion lässt sich messen und gibt so Rückschlüsse auf die gefühlsmäßige Verbindung. Vieles in seinem Verhalten ist dem Kunden selbst gar nicht bewusst. Sein Verhalten ist bestimmt von Gewohnheit; es ist daher relativ stabil. Die neurowissenschaftliche Forschung entdeckte zudem, dass unser Verhalten primär vom limbischen System gesteuert wird,

71 Bischof (2014).

dem Emotionssystem. In diesem Kontext sind apparative Verfahren hilfreich, um die Emotionen und damit das Kundenverhalten besser einschätzen zu können.

Verschiedene Verfahren haben sich dazu bewährt:

- **Hautwiderstandsmessungen:** Sie fußen darauf, dass sich bei einer emotionalen Reaktion der Blutdruck leicht ändert, was zu einer minimalen Veränderung der Schweißproduktion führt, die sich messen lässt. Sie werden seit Jahren zur Optimierung von Filmen, hauptsächlich Commercials genutzt.
- **Blickaufzeichnung**, das sogenannte Eyetracking: Hier werden die Blickverläufe und die Zonen der stärksten Betrachtung aufgezeichnet, um Botschaften, beispielsweise auf Websites, augengerechter zu präsentieren. Mittlerweile sind weitere technische Lösungen im Gespräch: das Affective Computing oder Emotional Decoding.[72] Damit kann nicht nur der Blickverlauf, sondern auch die Mimik dabei ausgewertet werden. So entsteht ein vielschichtiges Erkenntnisbild.
  Als noch viel weitreichender werden die Chancen der **Mimikerkennung** für die passende Werbeansprache gesehen. Mit diesem Facial Decoding lässt sich erreichen, dass nicht nur der Blickverlauf, sondern auch die Stimmung erfasst wird. Insofern ist eine Aussage mehr möglich: Wo sieht der Proband hin und welche emotionale Resonanz zeigt sich?
- **eTracking:** Dank dieses Verfahrens kann ermittelt werden, wie ein User auf einer Website typischerweise navigiert, also beispielsweise, welche Klicks er wann vornimmt. So können Verläufe optimiert werden. Sehr häufig geht es nämlich nach einem Einstieg auf der Website darum, zu bestimmten weiterführenden Angeboten zu leiten. Hier ist allerdings im Hinblick auf den Datenschutz Vorsicht geboten.
- **Virtual-Reality-Anwendungen:** Solche Anwendungen simulieren die Realität, beispielsweise mit 3D-Brillen. Das spart die Entwicklung von teuren Prototypen und man kann sich in einer Umgebung bewegen, ohne selbst vor Ort sein zu müssen. VR-Anwendungen werden daher mittlerweile in vielen Branchen eingesetzt, so beispielsweise in der Auto- oder in der Möbelindustrie oder in der Architektur. Auch Marktforschungsinstitute experimentieren mit Virtual Reality. Allerdings gibt es zwischen der »echten Realität« und der Virtual Reality einen leichten Unterschied: Entfernungen werden bei VR trotz bester Umsetzungen im Gehirn nicht gleich dekodiert. Das wird immer besser werden, und diese Technik wird mehr und mehr an Bedeutung gewinnen.
- In einer neurowissenschaftlichen Studie wurden Probanden Popsongs vorgespielt und dabei die Reaktionen im Gehirn aufgezeichnet. Diese Studie geriet zunächst in Vergessenheit. Durch einen Zufall wurden Daten aus der Untersuchung drei Jahre später wiederentdeckt. Zur Überraschung der Untersuchenden zeigte sich, dass die Songs, die drei Jahre zuvor das Belohnungszentrum der Probanden besonders

72 Vgl. Gauto, Anna, Sie blicken in dein Herz, in: Die Zeit vom 16. Februar 2017, S. 26.

aktiviert hatten, zu einem großen Teil in der Zwischenzeit zu Hits geworden waren.[73] Auf dieser Erkenntnis basiert das Geschäftsmodell einer Agentur: Sie bietet solche Messungen als Prognoseinstrument an. Das Unternehmen Stage Entertainment etwa nutzt die Technik als einen Parameter in der Beurteilung neuer Musicals.[74]

Bisher werden apparative Möglichkeiten nur selten und meist nur von großen Unternehmen eingesetzt. Das ist sehr bedauerlich, denn sie können Entscheidungen eine verlässliche Datenbasis geben. Und durch den Fortschritt der Digitalisierung werden die Verfahren immer verlässlicher und kostengünstiger. »Neurowissenschaftlich fundierte Marktforschung ist die genaueste Marktforschung, die uns derzeit zur Verfügung steht – bis zu 60% präziser als klassische Befragungen (Venkatraman et al., 2015).«[75]

Diese Erkenntnis wird in den nächsten Jahren dazu führen, dass es weitere Entwickler reizen wird, sich bestimmte Aspekte genauer vorzunehmen. Es gilt, am Puls des Geschehens zu bleiben. Doch auch hier sind Kenntnisse gefragt. Erst die Beurteilungsmöglichkeit, welche Aussagekraft jeweils gegeben ist, eröffnet den Umgang damit.

Wer mit Amazon zu tun hat, erhält oft interessante Empfehlungen, die am Kauf- und Nutzerverhalten ausgerichtet sind. Wer aber über längere Zeit beobachtet, welche relevanten Empfehlungen gegeben werden, stellt fest, dass die Trefferquote selbst bei Amazon nicht hoch ist. Und Amazon gilt als besonders gut. Umso heroischer mutet es an, wenn das Userverhalten etwa für Personenbewertungen in Recruiting-Verfahren genutzt wird. In einem Selbstversuch mit mehreren Verfahren erlebte Christoph Drösser, wie unterschiedlich deren Ergebnisse ausfielen; bei derartigen Differenzen kann die reine Online-Auswertung – zumindest noch nicht – wirklich zur finalen Grundlage werden.[76] Nicht alles, was uns digital begegnet, ist verlässlich. Der Corporate Identity Manager sollte Spaß daran haben, digitale Verfahren und deren Aussagenmöglichkeiten zu erkunden und auch auszuprobieren.

3.3.4.2 Psychologische Verfahren

Psychologische Verfahren sind für die Marktforschung wichtiger denn je, geht es ja schließlich darum, die Persönlichkeit der typischen Kern-Kunden besser kennenzulernen und zu verstehen. Deren Profil bildet den Ankerpunkt für Marketingmaßnahmen.

73 Vgl. Briesemeister, Benny B. (2016), S. 18.
74 Vgl. www.system1research.com.
75 Briesemeister, Benny B. (2016), S. 19.
76 Vgl. Drösser, Christoph, Ich ist ein anderer, in: Die Zeit vom 28. September 2017, S. 39 f.

Die zunehmende Individualisierung des Kundenkontakts erfordert für die Zukunft hier noch fundiertere Kenntnisse als bisher, denn wer Personen einer bestimmten Gruppe speziell ansprechen will, benötigt das Wissen darum, was diese besonders interessiert und wie diese »ticken«. Das können die Betroffenen selbst oft gar nicht artikulieren.

Wer hier Erklärungen sucht, sollte sich mit den Kunden von der psychologischen Seite her beschäftigen. Die Erforschung der Handlungsgründe muss in Rechnung stellen, dass Verhalten vom limbischen System im Gehirn der Kunden gesteuert wird. Dieses ist dem Bewusstsein nicht zugänglich. Insofern kommen Verfahren der Tiefenpsychologie zum Einsatz, die jeweils den Raum hinter den vordergründigen Handlungen ausleuchten wollen. Der Vater der Tiefenpsychologie ist Sigmund Freud. Er schärfte den Blick für die symbolische Bedeutung von Gegenständen, die wir nutzen. »Ernest Dichter, ein Psychoanalytiker, ... war ein Wegbereiter der Tiefeninterviews.«[77] Heute arbeitet etwa das Institut Rheingold mit dem Ansatz der morphologischen Methode.[78] Dabei wird der tiefere Sinn hinter den Erscheinungen ermittelt durch Zerdehnung und Verbindung mit tiefen Empfindungen, die oft in Märchen ihren Ausdruck finden.

Mitte des letzten Jahrhunderts entwickelte Carl Gustav Jung seine analytische Psychologie. Er unterteilte das nicht Bewusste in die Bereiche des Unbewussten und des Unterbewussten. Tatsächlich kann jeder selbst feststellen, dass manche unserer Verhaltensweisen nicht bewusst erklärbar sind. Dem Unbewussten lassen sich Reaktionen zuordnen, die bei allen Menschen gleich sind, etwa ein ungutes Gefühl gegenüber der Dunkelheit. Diese grundlegenden Reaktionen nannte Jung Archetypen, tief verwurzelte Verhaltensmuster, die in unserer Genetik und Sozialisation begründet sind.[79] Marken, die solche Basismuster berühren, können von uns Menschen leichter dekodiert und intensiver erlebt werden. Deshalb werden sie gerne zur Positionierung eingesetzt.

Tiefenpsychologische Ansätze nutzen die Erkenntnis, dass sich die potenziellen Kunden in verschiedene Segmente unterteilen lassen: Die Gesamtheit zerfällt in einzelne Gruppen mit jeweils einem recht ähnlichen Lebensstil. Ein Unternehmen kann die Segmente der eigenen Kunden erfassen und über einzelne Segmentmitglieder via tiefenpsychologischer Interviews sehr viel über das im Segment übliche Verhalten erfahren. Identifizierte Gruppen lassen sich dann passend ansprechen. Anbieter wie Sinus oder Sigma haben sich auf soziale Milieus spezialisiert, die dafür als Vorlage dienen können.[80]

77 Solomon (2016), 218 ff.
78 Vgl. rheingold-marktforschung.de.
79 Vgl. Jung (2003).
80 Vgl. www.sinus-institut.de bzw. www.sigma-online.com.

Zudem haben sich Fokusgruppen bewährt. Darunter werden überschaubare Gruppen verstanden, meist sechs bis maximal zwölf Personen, die aus der Kern-Zielgruppe rekrutiert werden und mit denen Einzel- und Gruppendiskussionen nach einem Leitfaden durchgeführt werden. Das Ziel liegt darin, tiefere Beweggründe zu erkennen. Der Instrumentenkasten für die Durchführung von Fokusgruppen ist umfangreich. Der Leiter wählt je nach Fragestellung einen geeigneten Ablauf.

Verfahren der Projektion bieten den Mitgliedern der Fokusgruppen entweder unterschiedliche Bilder zur Auswahl oder lassen sie selbst Visualisierungen erstellen. Eine sehr bewährte Methode ist das Malen des Unternehmens als Person. Damit lässt sich dem Unternehmen Gestalt mit menschlichen Zuordnungen geben – eine gute Grundlage für das CI-Management. Assoziationsverfahren werden eingesetzt, um spontane Eigenschafts-Verbindungen zur Marke zu erfassen; Analogien können frei oder gestützt Ähnlichkeiten zwischen Gegenständen und der Marke ermitteln. In der Fokusgruppe werden durch die Dynamik der Interaktionen untereinander tiefere Beurteilungen freigesetzt. Damit wird die eine Seite unserer Geschäftsbeziehung, das Image unseres Unternehmens und seiner Marke, mit seinen emotionalen Aspekten erfasst.

Dem steht unser typischer Kunde gegenüber. Aus der Psychotherapie hat Gruner & Jahr die Familienaufstellung als Mittel zur Herausarbeitung der Nähe oder Distanz zu einer Marke herangezogen.[81] Mit dem Instrument BrandSculpture ließ sich zeigen, dass Kunden zuerst die Marke wählen, die sie als besonders nah zu sich selbst empfinden. Die nachgewiesene Korrelation zum Kaufverhalten ist beeindruckend. Mithilfe dieses Instruments kann der Abstand zwischen Kunden- und Markenposition bestimmt und visualisiert werden. In regelmäßigen Abständen kann überprüft werden, ob sich der Abstand verkleinert hat. Die Distanz zwischen Kunde und Marke zu verringern, ist das Ziel des Corporate Identity Managements, das mittels der Markenaufstellung sichtbar gemacht werden kann.

Kundenforschung ist elementar für die Ausrichtung eines Unternehmens zu seinen Kunden, insbesondere für die Corporate Identity. Es gibt bereits ein gut entwickeltes und erprobtes Repertoire an Instrumenten. Leider ist dieser Bereich in vielen Unternehmen gering ausgeprägt. Für das Corporate Identity Management aber ist Kundenkenntnis unabdingbar. Inzwischen wird verbreitet zur Verdeutlichung des typischen Kunden der Begriff »Persona« gebraucht. Hier können die Ergebnisse der Kundenforschung eingehen, um so eine gute Vorstellung zur Zielgruppe zu bekommen. Wir wollen dieses Instrument ebenfalls nutzen.

81 Vgl. www.gujmedia.de.

Die Persona kommt ursprünglich aus dem griechischen Schauspiel. Carl Gustav Jung griff darauf in seiner Psychologie zurück. Für ihn muss die Persona drei Aspekten genügen: »erstens dem ... Wunschbild, das jeder Mensch in sich trägt, und nach welchem er beschaffen sein und vorgehen möchte, zweitens dem allgemeinen Bild, das die jeweilige Umwelt sich von ... einem entsprechenden Menschen macht (Erwartung), und drittens den psychisch und physisch gegebenen Bedingtheiten, die der Verwirklichung ... ihre Grenzen setzen (Rolle).«[82]

Heute werden im Management verbreitet konkrete Personenbilder erstellt, die auch mit Namen und Alter versehen werden. Damit erhalten die Kommunikationsmaßnahmen ein Gegenüber, das angesprochen wird. Wir werden später für unsere Maßnahmen diese Technik einsetzen und beschreiben. Die drei Bereiche können gut als Ausgangsbasis in Fokusgruppen dienen und damit gezielt für die Vertiefung der Persona genutzt werden. Zusätzlich brauchen wir demografische Angaben, die ein Targeting, eine spezielle Zielgruppenansprache auch praktisch ermöglichen. Es ist der Weg, für den emotionalen Kunden zu arbeiten.

Die Psychologin Wilma Bucci hat mit ihrer Arbeit ein Verfahren entwickelt, das sich ebenfalls gut einsetzen lässt, um die Kundenwünsche näher zu ermitteln. Sie unterscheidet drei Informations-Codes, zunächst die Welt der Körpergefühle, dann die Welt der Bilder und zuletzt die Welt der Sprache. In Sitzungen mit Probanden werden die verschiedenen Bereiche erschlossen. Es gibt Bereiche, die der Mensch verbal ausdrücken kann, aber auch Bereiche, die er schwer oder gar nicht artikulieren kann. Probanden, die aufgefordert werden zu beschreiben, wie Fahrrad fahren geht, erfahren die Grenzen der sprachlichen Möglichkeiten, obwohl sie als Kind bereits das Fahren mit dem Fahrrad gelernt haben. Deshalb nutzen sie gerne Bilder oder sprachliche Bilder, um etwa Analogien herzustellen, die mehr als die rein sprachliche Wiedergabe ermöglichen. Der Unterschied zur rein sprachlichen Ebene liegt darin, dass das Gehirn symbolisch arbeitet. Wer der symbolischen Verbindung auf die Spur kommt, erschließt tiefere Gehirnbereiche.[83] Hier scheint wieder das Phänomen der tief verwurzelten Bilder, der Archetypen auf, das wir uns zunutze machen wollen.

Inzwischen werden auch Softwareprogramme zur Persona-Konfigurierung angeboten.[84] Technische Lösungen haben jedoch meist den Effekt der De-Emotionalisierung. Die Beschreibung einer Persona soll jedoch im Gegenteil die emotionale Tiefe der Zielgruppe erfassen. Daher ist es empfehlenswerter, bei der herkömmlichen Erarbeitung von Personas per Gruppenarbeit zu bleiben und die Ergebnisse von Fokusgruppen oder tiefenpsychologischen Interviews dafür zu nutzen.

82 Jacobi (2012), S. 36. (In Klammern Ergänzungen).
83 Vgl. Bucci (1997); zudem: www.thereferentialprocess.org.
84 Vgl. www.skyhookwireless.com/products/personas-for-adtech.

3.3.5 Wann bieten sich welche Methode und welches Verfahren an?

Das Repertoire der qualitativen Marktforschung ist sehr umfangreich. Es bedarf der Rückbesinnung auf die Fragestellung, um die geeigneten Methoden auswählen zu können. Qualitative Marktforschung muss nicht aufwendig, insbesondere für die Probanden, sein. Längere Sitzungen sind dafür häufig gar nicht nötig. So untersuchte die Hamburg Media School den Digitalisierungsprozess und damit die Nutzung der Social-Media-Kanäle im Sportsponsoring mithilfe sogenannter elektronischer Diaries, also Tagebüchern: Die Probanden konnten mit ihrem Smartphone Aufzeichnungen oder Fotos machen, um eine Nutzungsstrecke nachzuzeichnen.[85]

Durch den Einsatz des Mediums Smartphone ist die Mitwirkung an Fokusgruppen gerade für jüngere Probanden interessanter. Zudem sagen Bilder meist mehr aus als Worte.

Da das menschliche Gehirn nicht wie ein Computer arbeitet, bedarf es im Corporate Identity Management der geschickten Kombination verschiedener Marktforschungsinstrumente, insbesondere auch der psychologischen Verfahren. Hier liegt die Grundlage für gezielte Kundenansprache, die passt und dadurch wirksam ist. Gerade in Zeiten der digitalen Transformation gilt es zu erkennen, dass die Datenverarbeitung zwar viel ermöglicht und sehr nützlich ist, wenn ihre Verfahren beherrscht werden, jedoch zur genauen Justierung der Aktivitäten allein nicht ausreicht.

- Quantitative Marktforschung ist immer dann geboten, wenn Verteilungen ermittelt werden sollen. Das übliche Vorgehen ist eine repräsentative Erhebung, mit der Aussagen über die Grundgesamtheit mit hoher Wahrscheinlichkeit möglich sind. Es gibt unterschiedliche Wege der Erhebungen: telefonische oder persönliche Befragungen oder – mittlerweile weit häufiger – Online-Befragungen.
- Die digitale Marktforschung umfasst alle Maßnahmen, die auf elektronischem Wege das Verhalten von Usern ermitteln. Sie ist weitgehend eher Marktbeobachtung. Der Vorteil: schnellste Rückmeldungen und Ergebnisse. Diese können zuerst für einen Überblick genutzt werden, um Diskussionen zur Marke zu erfassen. Sie ermöglicht eine Warnaufgabe – Reputation Management – und eine Analyse wesentlicher diskutierter Punkte. Software-gestützte Lösungen erlauben umfangreiche Auswertungen und Vorausberechnungen. Zudem können damit manche Änderungen kostengünstig testweise eingeführt werden. Mit gekonnten A/B-Tests lassen sich schnell Wirkungen ermitteln.
- Mehr denn je ist qualitative Marktforschung zur genauen Erkundung des Kundenverhaltens erforderlich. Es gibt hier verschiedene Verfahren, angefangen von tiefenpsychologischen Interviews über Fokusgruppen bis hin zur begleitenden

85 Vgl. www.hamburgmediaschool.com/forschung/forschungsbereiche/brand-consumer.

Beobachtung. Diese Verfahren entstammen der Psychologie und Soziologie. Darüber hinaus gibt es technik-gestützte apparative Verfahren. Vor allem die Hautwiderstandsmessung und die Blickaufzeichnung haben sich bewährt.

3.3.6 Drei Fragen – drei Antworten

Kommen wir zurück zum Anfang dieses Kapitels. Dort haben wir drei Fragen definiert, die wir auf Basis der vorhergehenden Erläuterungen nun besser beantworten können. Kehren wir dahin zurück:

1. **Gibt es bestimmte Gruppen, die besonders rentabel für das Unternehmen sind?**
   Wir haben gesehen, dass sich diese Frage am besten mit den vorliegenden Zahlen beantworten lässt, ein klassischer Fall für quantitative Marktforschung: Die Absatzdaten sollten so beschaffen sein, dass wir in Verbindung mit unseren Kundendaten in sich homogene Gruppen bilden können, die wir nach Deckungsbeitrag ordnen. Die Gruppen, die im Ranking ganz oben angesiedelt sind, bilden den Kern für alle weiteren Überlegungen zur Kundenkenntnis.
2. **Welche Gemeinsamkeiten weisen diese Gruppen auf?**
   Daten wie regionale Ballungen oder Geostrukturen (etwa Stadt – Land) und Milieu-Zuordnungen helfen, ein erstes Verständnis zur Persona der Kern-Zielgruppe zu entwickeln. Zweite Informationsquelle ist unsere Vertriebsorganisation. Dritte Informationsquelle sind unsere Online-Experten, die das Verhalten der User im Netz ermitteln.
3. **Wie lässt sich die Markenführung im Hinblick auf diese Zielgruppen verbessern?**
   Wenn die Vorbereitungen so weit durchgeführt wurden, sind zur Beantwortung weitergehender Insights vor allem psychologische Ansätze der Marktforschung heranzuziehen. Hier ist genau zu überlegen, welche Erkenntnisse dabei helfen, die Markenführung zu verbessern. Zentraler Punkt ist dabei sicherlich, wie die Kunden unser Unternehmen als Partner sehen. Das gilt für den B2C- wie für den B2B-Bereich. Das Gegenstück für die Markenführung ist, wie die Kunden ticken und was sie wollen und was sie bewegt. Wer seine Kern-Kunden verstanden hat, kann in ihrem Sinne Maßnahmen zur Weiterentwicklung von Marke und Leistung vornehmen. Es lohnt sich, die Erkenntnisse der Marktforschung allgemein im Unternehmen zugänglich zu machen. Das Wissen darum ist die Basis für eine lernende Organisation.

Die Marktforschung ist sicher einer der wichtigsten Bausteine des Corporate Identity Managements. Deshalb bekommt sie hier einen so breiten Raum. Sie liefert die Grundlage für ein systematisches Vorgehen und die Mittel, um die Reaktionen auf Veränderungen zu erfassen. Sie ist damit die Basis für die Steuerung unseres Vorgehens. Die Digitalisierung hat das Spektrum deutlich erweitert – Tendenz steigend. Damit können die Grundlagen für eine fundierte Steuerung immer weiter verbessert werden. Und das ist ökonomisch geboten. Wir wollen wirkungsvoll agieren.

3.3.7 Lernen am Praxisbeispiel

Schauen wir uns an, welche Maßnahmen Vera Sturm, die Direktorin Strategische Markenführung bei PalloneGas, in dieser Stufe ergreift:

Sie beginnt im Vertriebs-Innendienst. Dort prüft sie, auf welche Kunden-Kriterien im System verlässlich zugegriffen werden kann. Dabei stellt sie fest, dass die Unterteilung der vorliegenden Datensätze nur sehr grob möglich ist:

Kundenbereich:	
Haushalte	**Unternehmen**
Eigentum – Miete	Branchen
PLZ	PLZ
Verbrauch	Verbrauch
Dauer Geschäftsbeziehung	Dauer Geschäftsbeziehung
Deckungsbeitrag	Deckungsbeitrag

Eine Auswertung dieser Daten führt zu folgenden Erkenntnissen:

- Die höchsten Deckungsbeiträge erzielt PalloneGas mit mittelständischen Unternehmen der metallverarbeitenden Industrie.
- Hier sind es vor allem die Unternehmen, die sowohl Strom wie Gas beziehen.
- Regional sind diese fast zu 80 % im Bundesland ansässig, in dem das Unternehmen sitzt.
- Die durchschnittliche Dauer der Geschäftsbeziehung liegt bei 3,5 Jahren.

Sie formuliert zwei Zielgruppen: Metallverarbeitende Industriebetriebe im eigenen Bundesland

- mit Strom- *und* Gasbezug.
- ausschließlich mit Gasbezug.

Sie bittet die Vertriebskollegen um ein Unternehmensbild der zehn besten Deckungsbeitrags-Erbringer in beiden Gruppen. Auf der Grundlage dieser Unternehmensbilder führt sie einen Workshop mit den Vertriebskollegen durch, in dem diese die Kunden vorstellen und sie gemeinsam einen Typus dieser Kern-Kunden erstellen. Die Ergebnisse daraus nutzt sie zur Vorbereitung des ersten Workshops mit den Geschäftsführern.

Für diesen Workshop greift sie auf Verfahren der qualitativen Marktforschung zurück:

1. Ziel des Tages: Vorstellungen zum Versprechen an Top-Kunden zusammentragen und eine erste Synchronisation innerhalb der Geschäftsführung vornehmen.
2. Einzelarbeit: Jeder Geschäftsführer schreibt das Basisversprechen, das er sieht, auf.
3. Die einzelnen Versprechen werden vorgestellt und verglichen; sofortige Änderungen oder Ergänzungen werden vorgenommen.
4. Daran schließt sich die gemeinsame Bearbeitung folgender Fragen an: Wenn das Zusammengetragene den Markenkern darstellt: In welcher Weise wollen wir das Versprechen erfüllen? Können Sie dafür auch ganz menschliche Eigenschaften nennen?
5. Einzelarbeit: Wenn das Unternehmen eine Person wäre, wie sieht die Person aus?
6. Vorstellen der Visualisierungen, Interpretation und Vergleich
7. Gruppenarbeit zu folgenden Fragen: Können wir daraus einen Unternehmens-Typus formen? Was sind dessen wichtigste Merkmale? Wie soll sich der Typus entwickeln, wie sollen sich die Merkmale verändern?
8. Vorstellen der beiden Zielgruppen-Typen aus den Vertriebs-Workshops
9. Gruppenarbeit zu folgenden Fragen: Passen unser Versprechen und die Kern-Kunden-Typen zusammen? Was sollte sich insbesondere aus Kundensicht ändern? Wie sehen wir das?
10. Tagesergebnis: Zukünftiges Versprechen, Eigenschaften, Art und Weise unseres Handelns, Kunden und deren Erwartungen → Hypothese.
11. Offene Fragen.

Im ersten Workshop wurde mehr erreicht, als alle vorher angenommen hatten. Gleichzeitig kristallisierte sich heraus, dass der Anspruch ein hohes Niveau in der Umsetzung erforderlich macht.

Folgende Schlagworte wurden für das Versprechen an die Kunden erarbeitet:

- Energiemanagement-Partner für mittelständische Kunden, hier vor allem metallverarbeitende Industrie, unabhängiger Partner, der sich bestens in zukunftsstabilen Lösungen auskennt, sodass ihm das Energiemanagement voll und ganz übertragen werden kann. Der Fachmann.
- Eigenschaften: souverän, wissend, darauf kann man bauen.
- Art und Weise: innovativ, vorausdenkend, kommt mit Ideen.

Nach dem Workshop mit der Geschäftsführung steht die erste Fokusgruppe mit Kern-Kunden an. Die Direktorin Strategische Markenführung plant sie gemeinsam mit der Vertriebsleitung. Sie legen fest, wie der Ablauf gestaltet wird:

Die Fokusgruppe wird als Abendveranstaltung von 17.00 bis 21.30 Uhr durchgeführt. Sie findet in ansprechenden Räumlichkeiten außerhalb des Unternehmens statt. Allen Teilnehmern wird eine anschließende Übernachtung angeboten.

Das Programm umfasst:

- Begrüßung und Vorstellung des Ablaufs der Veranstaltung
- Einzelinterviews zum Medienverhalten
- Gruppenarbeiten zum Unternehmen als Partner, zu Motiven und Vorstellungen
- Plenum zum Austausch von Erfahrungen und Anmerkungen
- Anschließend offener Austausch beim Abendessen

Eingeladen werden Entscheider über die Energieversorgung aus mittelständischen Unternehmen, die heute schon Strom und Gas beziehen und die dem herausgearbeiteten Kunden-Typus entsprechen.

Die acht Teilnehmer der Fokusgruppe teilten PalloneGas Folgendes mit:

- Mit dem Unternehmen wird nach wie vor in erster Linie Gas-Kompetenz verbunden.
- Das integrierte Energiemanagement wird dem Unternehmen noch nicht zugeordnet.
- Die Manager machen einen Unterschied zwischen Strom und Gas: Wenn der Strom ausfällt, steht der Betrieb still; wenn das Gas ausfällt, ist es kalt.
- Die Manager sehen sich als die zentral Verantwortlichen für das Funktionieren des Betriebs.
- Sie benötigen als die Verantwortlichen für den Lauf des Unternehmens einen Partner der Verantwortung.
- Im Prinzip erfüllt PalloneGas diese Anforderung nicht; sie haben sich aufgrund der Beratung und des Angebots trotzdem für das Unternehmen entschieden, allerdings mit einem unguten Gefühl.
- Zuordnungen für PalloneGas sind vor allem: zuverlässig, bodenständig, kooperativ.
- Das Unternehmen wird als guter Freund visualisiert.
- Die Manager sind gewohnt, per Internet an den Energiebörsen tätig zu sein.
- Der tägliche Austausch mit Lieferanten erfolgt online.
- Sie selbst sind verbreitet in WhatsApp-Gruppen vernetzt.
- Wenige haben sich bei XING registriert, nutzen das Netzwerk jedoch kaum.
- Informationen holen sie sich mehr über Fachtreffen.

Anhand der Ergebnisse der Marktforschung wird der Unterschied zwischen dem Anspruch der Geschäftsführung und der Rückmeldung aus dem wichtigsten Kundenkreis deutlich. Während die Kunden skeptisch gegenüber der Lösungskompetenz sind, sieht die Geschäftsführung gerade darin die Zukunft. Die Differenz gilt es zu schließen. Der Projektstart mit der Geschäftsführung und der Vergleich mit dem Ergebnis der

Fokusgruppe konkretisieren damit die Aufgabe des Corporate Identity Managements: eine deutliche Verschiebung der Kompetenzzuordnung. Die angestrebte Veränderung ist die Entwicklung in den Köpfen, zuerst der Mitarbeiter, dann der Kunden. Das ist sicherlich nur mit geeigneter personeller wie System-Unterstützung zu machen.

3.4 Systemunterstützung nach innen und außen

Kundenkenntnis steht im Mittelpunkt des Managements. Dafür sind Daten zusammenzutragen und auszuwerten. Das erfordert Systemunterstützung. Je besser diese funktioniert, desto leichter lassen sich Grundlagen erstellen.

Wir hatten die Achse von Mitarbeitern zu Kunden als Grundlage festgelegt. Am besten werden dann beide Pole unterstützt: Verbreitet sind intern Intranet-, extern CRM-Systeme im Einsatz. Beide werden heute mit dem ergänzenden Wort »Social« versehen. Dahinter steckt die erforderliche Öffnung für den geforderten Austausch.

3.4.1 Das Social Intranet: Basis für den internen Austausch

Corporate Identity Management beginnt unternehmensintern: So wie die Mitarbeiter den Charakter des Unternehmens intern aufgenommen haben und ihn leben, so kommt er bei den Kunden an. Das typische Instrument zur internen Informationsübermittlung ist das Intranet.

Wir hatten allerdings den Austausch als Form zeitgemäßer Kommunikation klassifiziert (siehe hierzu Kapitel 2.3). Information ist jedoch noch kein Austausch. Das Intranet sollte daher zu einem Social Intranet erweitert werden. Mitarbeiter bekommen damit die Möglichkeit, zu reagieren, etwas mitzuteilen, sich miteinander auszutauschen. Dazu müssen Funktionen wie in den Sozialen Medien das Intranet ergänzen, um die Bildung von Netzwerkgruppen und den Austausch auf Plattformen zu ermöglichen. Die Digitalisierung erweitert die interne Kommunikation. Social Software hilft, sie in einen gezielten Austausch zu verwandeln.

Was sollte das Social Intranet können?

- Es sollte **Informations- und Newsportal** sein. Dafür beinhaltet es idealerweise ein Redaktionssystem, über das dezentrale Redaktionsteams miteinander zusammenarbeiten. Auch interne Wikis bieten sich an. Das sind Plattformen, auf denen die Nutzer wichtige Informationen erstellen, ändern, ablegen und nachsehen können. Ähnlich wie auf Wikipedia können dort verschiedene Mitarbeiter zu wichtigen Stichworten Beiträge erstellen. Um die erforderliche Qualität sicherzustellen, ist zu klären, wie Änderungen freigegeben werden. Und es sollte Ehrensache aller

Spezialabteilungen sein, alle wichtigen Grundlagen im System abzulegen, um allen den Zugriff darauf zu ermöglichen.

- Es sollte **Kollaborations-Plattform** sein, um die Zusammenarbeit projektbezogener Teams zu organisieren. Dabei kommt es darauf an, diejenigen unternehmensweit zu verbinden, die in Matrix-Strukturen miteinander arbeiten. Ideal ist eine Zugangsmöglichkeit auch für externe Projektteilnehmer.
- Es sollte **individuelles Mitarbeiterportal**, das heißt personalisiert sein. Eine persönliche Ansprache drückt Wertschätzung aus und fördert die Identifikation mit dem Unternehmen und dem Portal. Individuell wichtige Informationen und Anwendungen werden am besten auf einem personalisierten Dashboard angeboten.
- Es sollte **Arbeitsgrundlage für CI, speziell das CD** sein. Die jeweiligen Festlegungen zu Logo, sonstigen CI-Elementen oder freigegebene Bilder werden hier hinterlegt. Jeder kann dort unkompliziert auf das, was für den einheitlichen Charakter festgelegt wurde, zugreifen und es für die eigenen Anwendungen nutzen. Unabdingbare Voraussetzung dafür ist eine komfortable Suchfunktion.

Sind all diese Voraussetzungen erfüllt, verfügt das Unternehmen über ein soziales Netzwerk, das die Zusammenarbeit und die Arbeitsabläufe schneller, einfacher und effizienter macht – für kleine wie große Unternehmen. Wissen ist damit überall und jederzeit für alle verfügbar. So kann beispielsweise ein Projektmanager, der sich mit einer bestimmten Zielgruppe beschäftigt, auf die Marktforschung zu dieser Kundengruppe zurückgreifen. Er beginnt dann mit dem Wissensstand, der im Unternehmen vorhanden ist, und muss nicht von null starten.

Soziale Netzwerke können persönlichen Begegnungen nicht ersetzen. Daher ist es wichtig, daneben auch immer wieder den persönlichen Kontakt zu ermöglichen. Wer einmal direkt miteinander zu tun hatte, arbeitet ganz anders zusammen. Wer sich nur über das Netz kennt, stellt zu viele Vermutungen an, die im Laufe der Zeit wachsen. Das ist der Kooperation abträglich. Aber Begegnungen bedürfen einer Fortsetzung. Und genau hierfür liefert das Social Intranet die Möglichkeit der Vernetzung. So können Kontakte dauerhaft und auf einfache Art und Weise gepflegt werden.

Führungskräfte sollten die Beteiligung der Mitarbeiter fördern, beispielsweise, wenn es um Vorschläge oder Stellungnahmen zu Überlegungen geht. Das führt zu mehr Austausch und größerer Meinungsvielfalt. Auch hierfür können geeignete Portale eingerichtet werden. Wichtig ist dabei jedoch der Umgang mit den Vorschlägen. Er entscheidet, ob die Mitarbeiter auch künftig bereit sind, sich einzubringen und zu engagieren. Auch im Zusammenhang mit der Neujustierung der Corporate Identity spielt die Beteiligung eine wichtige Rolle, zunächst in Workshops und dann als fortlaufende Diskussion auf der gemeinsamen Plattform.

So wird das Social Intranet zu einem förderlichen Instrument des gemeinsamen Arbeitens. Aus dem Miteinander erwächst wiederum auch ein gutes Maß Identitätsstärkung.

3.4.2 Customer Relationship Management (CRM)

Customer-Relationship-Management-Systeme zur Pflege der Kundenbeziehungen sind nichts Neues. CRM-Systeme integrieren, optimieren und koordinieren abteilungsübergreifend alle kundenbezogenen Prozesse. Durch den Rückgriff auf einheitliche Daten können die Mitarbeiter im Kundenkontakt jeweils auf den gesamten Geschäftsverlauf mit dem Kunden zurückgreifen. Wenn systemseitig zudem noch Erinnerungen erfolgen und automatisierte Mitteilungen vorgenommen werden können, wird die Aufgabe der Kundenbetreuung erleichtert.

Neuer sind da schon Social CRM-Systeme, mit deren Hilfe der Wandel von einem Beziehungs- zu einem Austauschmanagement vollzogen werden kann. Im digitalen Zeitalter kommt dem Austausch, dem Dialog eine weitergehende Bedeutung zu. Die Kunden sind gewohnt, in den Sozialen Medien aktiv zu sein und etwas beitragen zu können. Deshalb gilt es, den Austausch durch Dialogmöglichkeiten zu verbessern, und zwar indem man die Medien miteinbezieht, welche die Kunden einsetzen. Davon profitiert nicht nur der Kunde. Die ergänzenden Informationen, die man über die neuen Kommunikationskanäle erhält, können wiederum genutzt werden, um mehr über den Kunden zu erfahren und das Bild über ihn zu vervollständigen bzw. abzurunden.

3.4.2.1 Die vier Elemente der Social-CRM-Systeme

Meist werden Social-CRM-Systeme (SCRM) in vier Elemente unterteilt:

- **Das analytische SCRM:** Dieses Element betrifft die Aufarbeitung aller Informationen, die zur Verfügung stehen und nähere Kenntnis über den Kunden bringen. Das sind einerseits natürlich die erfassten demografischen Daten, andererseits die bisherigen Aufträge, die erzielten Deckungsbeiträge, das Zahlungsverhalten und bekannte psychografische Daten, wie beispielsweise Einstellungen oder Wertehaltungen des Kunden. Das Bild über den Kunden kann so schon runder werden.
- **Das operative SCRM:** Die Daten werden ausgewertet, um Gruppen von Kunden zu bilden. Wenn es um die Ermittlung der Kunden mit den höchsten Deckungsbeiträgen geht, dann ist das eine Anwendung im operativen Systemteil. Nackte Daten werden dort zu einer Information. Das bildet die Grundlage für eine differenzierte Kundenansprache.
- **Das kommunikative SCRM:** Hier ist die Zentrale, die alle Wege zusammenführt, sei es Telefon, E-Mail, SMS, Chats oder auch Soziale Netzwerke wie Facebook. Im

Grunde nutzen Kunden alle Kommunikationskanäle nach ihren eigenen Vorlieben. Eine Serviceanfrage wird daher auch schon einmal über Twitter gestellt. Durch die Bildung von Segmenten kann die Ansprache spezifiziert werden.
Hier wird die angesprochene Aufgabe eingebunden zu erfassen, was wo über das Unternehmen gesprochen wird, also das **Monitoring** als Sicherung der Reputation. Gerade über das integrierte Online Dashboard sollte ein aktuelles Bild der Diskussionen zur Verfügung stehen. Sicher geht Kommunikation immer noch meist vom Unternehmen aus. Die Integration der Portale und der Social Media führt zu einer Öffnung für Kundenmeinungen. Dadurch wird CRM zu einem Kommunikations-Austauschsystem.
- **Das kollaborative SCRM:** Projektarbeit gibt es nicht nur in, sondern auch zwischen Unternehmen. Diese wird am besten digital unterstützt durch Ablage der gemeinsamen Projektunterlagen im System und den virtuellen Austausch zum Projekt. Wenn es dann Projektergebnisse und Projektumsetzungen gibt, bedarf es der Datenblätter und weiterer Informationen für die Kunden. Die erforderlichen Unterlagen werden typischerweise in geschützten Bereichen hinterlegt.

Die verbreitete CRM-Technologie wird ausgedehnt auf die sozialen Netzwerke, wenn die Kunden diese nutzen. Deshalb kommt es auch hier wieder darauf an, gerade das Verhalten der wichtigsten Kunden bestens zu kennen.

Wichtig ist, dass sich die sozialen Funktionen nahtlos in das CRM-System integrieren. Dann werden alle Informationen wirklich zusammen genutzt – alle Aspekte sind an allen Punkten vorhanden –, es gibt eine einheitliche Arbeitsoberfläche – das Arbeiten wird vereinfacht – und Kundenanfragen werden, egal über welchen Kanal, erfasst – es geht nichts verloren.

3.4.2.2 Grundsatz für funktionierende SCRM-Systeme

Es gibt eine Grundanforderung, die für jedes SCRM-System Bedeutung hat:

So gut wie die Daten sind, so gut sind die Auswertungen. Zunehmend greift man in den Unternehmen auf Daten zurück, für die sich allerdings niemand verantwortlich fühlt. Oft werden gerade für die CRM-Systeme Adressdateien von externen Anbietern genutzt, um die eigene Schwäche in der Datenpflege und -haltung auszugleichen. In einer Zeit zunehmender Profilbildung, die Grundlage der Marketing- und Vertriebsarbeit, aber auch des CI-Managements ist, sollten die Verantwortlichkeiten in Bezug auf die Datenpflege eindeutig geklärt sein, um Nachteile zu verhindern. Ein Beispiel: Wenn die Daten zu den Ansprechpartnern im Kundenunternehmen nachlässig gepflegt werden, passiert es, dass die falschen Personen angesprochen werden mit entsprechender Wirkung: Der Kunde fühlt sich nicht wertgeschätzt, der richtige Ansprechpartner beim Kunden entwickelt Vorbehalte und entscheidet sich vielleicht für ein anderes Unternehmen. Die Kundendaten müssen also immer aktuell gehalten werden.

3.4.2.3 Social-Media-Tools

Zur Grundausstattung des Corporate Identity Managers gehört heute ein Social Media Tool zur Steuerung und zur Nachhaltung der Aktivitäten in der Online-Sphäre.[86] Es ist integrierter Teil des SCRM. Die Instrumente dafür können in drei Gruppen unterteilt werden: Social Media Analytics, Social Media Monitoring und Web Analytics. Sie unterstützen unterschiedliche Bereiche.

- **Social Media Analytics Software** erhebt öffentlich zugängliche Verhaltensdaten auf Social-Media-Profilen, aggregiert die Daten und nimmt Click-Stream-Analysen vor. Der Verwender erhält je nach Fragestellung eine Auswertung über Likes, Shares, Kommentare, über Reichweite und Impressions, über Views, über Fans oder Follower und die Anzahl der Nutzerbeiträge. Je gezielter die Fragestellung formuliert wird, desto nutzenbringender sind später die Auswertungen. Analytics-Auswertungen werden von den jeweiligen Medien in Grundversionen kostenlos angeboten. Bekannt ist Google Analytics.
- Das **Social Media Monitoring** dient der quantitativen und qualitativen Analyse der Daten zu Marken und Themen, die das Unternehmen betreffen. Grundlage für die Auswertung sind unstrukturierte Daten in Form von Textbeiträgen und immer häufiger auch Fotos und Videos. Sie werden beobachtet, zusammengefasst, inhaltlich und bezüglich des Sentiments, also der Tonlage, ausgewertet. »Der ... Aufwand steht stark in Abhängigkeit zu der Menge und der Komplexität der Fragen, die das Monitoring beantworten soll. Daher ist es vor dem Projektstart essentiell, die Ziele der Messung konkret festzulegen.«[87] Das Instrument kann sehr hilfreich sein, um zu erfahren, was wo über das Unternehmen gesprochen wird. Allerdings ist das nicht ohne die Bereitstellung von Ressourcen im Unternehmen zu bewerkstelligen. »Ein Monitoring Tool kann die Bedeutung eines Textes nur begrenzt analysieren. Um dessen inhaltliche Qualität herauszuarbeiten, müssen auch Menschen die gefundenen Beiträge lesen.«[88] Der Unterschied zwischen Monitoring und Analytics besteht darin, dass im ersten Fall auf Rohdaten, im zweiten Fall auf aggregierte Daten zurückgegriffen wird. Immer mehr Anbieter von CRM-Lösungen integrieren diese beiden Tools in ihre Programme.
- Die **Web oder Digital Analytics** sind von den beiden anderen Instrumenten zu unterscheiden. Damit werden Verhaltensweisen auf Webseiten beobachtet und mit Click-Stream-Analysen ausgewertet. Erfasst werden Visits und Visitors, Time

86 Vgl. im Folgenden BVDW (Hrsg.), Download Social Media Monitoring in der Praxis, in: bvdw.org.
87 BVDW, Social Media Monitoring in der Praxis, a. a. O., S. 9.
88 Ebenda, S. 10.

on Site, Referrer sowie Klicks. Dieses dient zur Erkundung der Customer Journey, in deren Verlauf ein Interessent zu einem Käufer und Wiederkäufer wird. Die Analyse hilft zu sehen, ob es an bestimmten kritischen Punkten Abbrüche der Kundenreise gibt, um diese dann zu beheben und damit die Nutzerfreundlichkeit zu erhöhen. Das ist Basis für die Analyse, wo auf dem Wege der fünf A, die wir zur Strukturierung des Kundenwegs genommen haben, der stärkste Einbruch stattfindet. Dort findet sich die wichtigste Aufgabe für das Management.

Da die Entwicklung der Medien rasend schnell verläuft, ist es schwer, den Überblick über geeignete Werkzeuge zu behalten. Die Tool-Anbieter müssen immer wieder neue Features hinzuprogrammieren. So integrieren sie beispielsweise Bilderkennungstechniken, um die Verwendung des Unternehmenslogos im Web nachvollziehen zu können. Deshalb ist es gut, wenn die eingesetzte Software alljährlich einer Überprüfung unterzogen wird. Die Agentur Goldbach Interactive aus der Schweiz erstellt dazu einen jährlichen Report, der jedem CI-Manager einen Überblick zu der am Markt befindlichen Software mit ihren Features inklusive einer Bewertung gibt. Die darin aufgeführten drei zentralen Kriterien helfen allgemein bei der Beurteilung:[89]

1. Publishing: »Social-Media-Management-Lösungen sollten es ermöglichen, Beiträge direkt auf verschiedenen Plattformen zu veröffentlichen. …«
2. Engagement: »Die Möglichkeit, direkt mit der Community zu interagieren, ist ein weiteres essentielles Feature von Social-Media-Management-Lösungen. …«
3. Monitoring & Analytics: »Das Auffinden von Erwähnungen zur eigenen Marke und relevanten Stichwortkombinationen im Social Web gehört zu den Hauptaufgaben des Monitorings.«

Der Bundesverband Digitale Wirtschaft veröffentlicht kleine Praxishelfer. So enthält etwa der Leitfaden des BVDW zu »Social Media Monitoring in der Praxis« verschiedene Praxis-Cases.[90] Die Deutsche Telekom schildert folgende Lösung: »Ein robustes Echtzeit-Krisenmonitoring basiert auf zwei Säulen: Zum einen müssen bekannte, zum anderen unvorhersehbare Ereignisse beobachtet werden. … Die Messung der eigenen Kanäle erfolgte über Channel-Monitoring … Intern wurden zudem bekannte und potenzielle Krisenthemen erörtert, die mithilfe von Keyword-Anfragen beobachtet werden. Zusätzlich nutzt das Unternehmen sogenannte Issue-Filter, (Themen), die als Suchradar dienen …«[91]

89 Vgl. Wörmann, Stephanie, Lauber, Dominique, Assaad, Anwar, Social Media Toolreport 2016, in: www.goldbachinteractive.ch unter Fachartikel, hier Fachartikel vom 26.09.2016; die folgenden Zitate ebenda, S. 1. (Goldbach soll auch nach Übernahme eine eigene Division bleiben).

90 Vgl. www.bvdw.org.

91 Grünhaupt, Anke, Krisenmanagement im Kontrollzentrum, in: BVDW, Social Media Monitoring, a. a. O., S. 26 f.

Geht es um Compliance- oder Corporate-Social-Responsibility-Themen sowie sicherheitsrelevante Themen, muss das Monitoring weit über die Beobachtung der eigenen Kanäle hinaus gehen. Neben den Social Networks sollten hier auch Webseiten, Blogs und Foren im Fokus stehen.[92]

Gedanklich ist also zu trennen zwischen dem eigenen Engagement im Netz und der Beobachtung der Äußerungen von Usern. Es lässt sich nicht verhindern, dass im World Wide Web über das Unternehmen gesprochen wird. Auch wenn die Entscheidung dafür gefallen ist, sich auf einem Portal nicht zu beteiligen, sollte man dort die unternehmensbezogenen Einlassungen der User kennen. Nur so lässt sich sicherstellen, im Fall einer negativen Entwicklung rechtzeitig reagieren zu können. Die Medienentwicklung hat zu der Notwendigkeit geführt, eine Instanz für Observation und schnelle Reaktion einzurichten, die dazu autorisiert sein muss, im Fall der Fälle schnell eigene Entscheidungen zu treffen und Maßnahmen einzuleiten. Die Reaktion sollte unmittelbar erfolgen; eine virale Spirale wird am besten am Anfang unterbrochen. Diese bedarf der Autorisierung zur selbstständigen Reaktion. Die Schnelligkeit der Online-Kanäle führt notwendig in Unternehmen zu einem Empowerment der mit den Antworten befassten Positionen.

»Die ganze Bandbreite bereits vorliegender Information intelligent zu nutzen und zu verknüpfen ist ein neuer Mehrwert ... Dazu gehört einerseits das Wissen über verfügbare eigene Daten, Daten des Kunden, Open-Data-Quellen und lizenzierbare proprietäre Daten.«[93]

Dieses macht offensichtlich, dass eine technische Orientierung im CI-Management erforderlich ist. Dabei darf jedoch nicht vergessen werden, dass der Adressat der Kunde ist und die Auswertungen unter der Maßgabe der Dienlichkeit für diese Ausrichtung stehen. Daten und Datenauswertung dürfen kein Selbstzweck werden.

Kundenbeziehungs-Management ist über die Vertriebsfunktionen hinausgewachsen. Es bedarf einer ganzheitlichen systemgestützten Vorgehensweise, die aus einem CRM-System ein Social-CRM-System macht. Um das umzusetzen, braucht es eine Einheit im Unternehmen, die diese Aufgabe mit Sozial- und Technikkompetenz erfüllt. Nur auf diese Art und Weise wird sichergestellt, dass nicht nur Daten ausgewertet werden, sondern auch ein Verständnis für die Motivlage des Kunden entwickelt wird. Die Nachverfolgung des Kundenverhaltens kann dank der Digitalisierung heute günstig gestaltet werden: Die Daten und Tools stehen oft kostenlos oder zu geringen Kosten zur Verfügung. Es bedarf der Auswahl, welche zu welchem Zweck genutzt werden sol-

92 Ebenda, S. 26 f. (Reihenfolge geändert und Klammer ergänzt).
93 Gaspar, Neus et al. (2016), S. 22.

len. Bei aller technischen Euphorie sind allerdings auch Grenzen für die Instrumente zu sehen:

- »Das Tool schöpft nicht alle verfügbaren Daten ab und/oder der Datenpool kann nicht um eigene Quellen erweitert werden. ...
- Die Daten werden nicht/nur unzureichend inhaltlich aufbereitet. Kennzahlen wie Mentions oder Engagement-Index sind wichtig, aber wirklich spannend ist zu sehen, in welchen thematischen Kontexten die eigene Marke diskutiert wird. ...
- Das Tool bildet zwar den Status quo ab, ist aber nicht/nur eingeschränkt in der Lage, langfristige Entwicklungen aufzuzeigen und nachvollziehbar zu machen.«[94]

Um eine fundierte Auswertung vornehmen und ein überschaubares Kennziffern-System entwickeln zu können, stehen Software-Lösungen zur Verfügung, die den Medieneinsatz, die Umweltbedingungen inklusive Wettbewerbsverhalten und Absatzentwicklung miteinander systemgestützt in Verbindung bringen.[95] Auch damit muss eine Experten-Einheit im Unternehmen erst umgehen können.

Die Entwicklung erfolgt Schritt für Schritt. Vor einer zu weitgehenden technischen Aufrüstung sollte sich die CI-Einheit mit dem unternehmensinternen Bedarf und Eigenheiten sowie mit den Zusammenhängen zwischen Maßnahmen und Ergebnissen intensiv befassen.

Was sind die technischen Grundlagen? In Anlehnung an Holger Hürtgen sollen fünf Faktoren genannt werden:[96]

- Daten: Oft werden in den unterschiedlichen Abteilungen bereits viele Daten gesammelt. Leider werden sie jedoch nicht miteinander kombiniert und erst recht kaum ausgewertet. Hier bietet es sich an, im Corporate Identity Management eine Clearingstelle anzusiedeln und aus den zur Verfügung stehenden Daten das maximale Wissen zu ziehen.
- Analytik: »Es gibt »Descriptive«, »Predictive« und »Prescriptive Analytics«. Die erste erklärt, was in der Vergangenheit passiert ist, die zweite prophezeit, was in der Zukunft geschieht, und die dritte empfiehlt Entscheidungen, mit denen die zukünftige Entwicklung im Sinne des Unternehmens beeinflusst werden kann.«[97] Die Entscheidungsvorbereitung wird mithilfe solcher Verfahren deutlich verbessert. Das Delegieren von Entscheidungen an solche Instrumente ist jedoch nicht möglich. Entscheidungen sollte immer das Management treffen.

94 Rech, Matthias, Gastbeitrag: Die Kunst des Zuhörens – Social Media Monitoring und seine Bedeutung für die digitale Markenführung, in: Kreutzer (2017), S. 101.
95 Vgl. www.ebiquity.com.
96 Vgl. Hürtgen, Holger, 6.2 Big Data and Advanced Analytics; in: Meffert (2017), S. 230 ff.
97 Ebenda, S. 234.

- Werkzeuge: »Die Datenanalysten brauchen professionelle Programme, die helfen, die Datenmassen zu verwalten und zu strukturieren ... Die Anwender als Adressaten der Analysen und Empfehlungen brauchen wiederum einfach zu bedienende Software, die ihnen die Ergebnisse visualisiert.«[98]
- Translators: Der Kern aller digitalen Transformation ist die Nutzung der Instrumente und der generierten Auswertungen für Fragen der Unternehmensführung. Die Zusammenhänge sind nicht immer einfach zu verstehen. Es braucht Kundige, die den anderen im Unternehmen diese Wenn-dann-Beziehungen erklären. Dieses Verständnis ist wichtig, um Akzeptanz zu schaffen für die Neuerungen.
- Prozesse: »Die Wertschöpfungskette ist nur so stark wie das schwächste Glied. Wenn die falschen oder schlechte – etwa fehlerhafte oder lückenhafte – Daten gesammelt werden, nützt die beste Analytik nichts, es kommt Unsinn heraus.«[99] Deshalb sollte geklärt werden, wer für welche Daten verantwortlich ist. Zudem braucht es Know-how, die Daten-Erfordernisse zu kennen und in Anforderungen umzusetzen.

Die Wissensgrundlage für Entscheidungen kann durch die Errungenschaften der digitalen Transformation deutlich angereichert werden. Das ist unser Ziel. Doch wie lässt sich das erreichen? Ein entsprechendes Projekt beginnt wie immer mit einer Bestandsaufnahme: Was leistet unser Intranet? Was leistet unser CRM-System? Lohnt es sich, das bestehende System auszubauen, oder wollen wir ein neues System installieren? Um Antworten auf diese Fragen zu finden, werden am besten in Workshops die Anforderungen ermittelt und wie folgt kategorisiert:

- Muss-Anforderungen
- Soll-Anforderungen
- Kann-Anforderungen

Die Muss-Anforderungen, also die unentbehrlichen Anforderungen, zeigen in aller Regel, ob die Lösung mit dem vorhandenen System möglich ist oder ob ein neues System benötigt wird.

Danach kann ein Feinkonzept erstellt werden, das Wünsche mit dem Budget in Ausgleich bringt. Stets ist darauf zu achten, jeden Schritt mit den Betroffenen zusammen zu gehen. Systeme bieten Vorteile, allerdings nur, wenn die Nutzer den Weg mitgehen und nicht durch System überwältigt werden. Wichtig ist stets ein Schritt-für-Schritt-Vorgehen mit dem Ziel, die einzelnen Schritte zu testen und orientiert am Nutzen für den Anwender zu verbessern.

98 Ebenda.
99 Ebenda, S. 235.

3.4.3 Lernen am Praxisbeispiel

Das Projekt »Neujustierung Corporate Identity« nimmt – wenn auch noch vorbereitend – immer mehr an Fahrt auf. Für Frau Sturm stehen vier Aufgaben an:

1. Sie bespricht das Thema Social Intranet gemeinsam mit dem Leiter IT und der Leiterin Human Resources. Die Drei setzen ein Team zur Entwicklung des Intranets zu einem Social Intranet ein, dessen Aufgabe es ist, eine Bestandsaufnahme vorzunehmen und dann die Weiterentwicklung zu formulieren. Das Team ist angehalten, dafür auch Mitarbeitergespräche und Gespräche mit Anbietern zu führen. Die drei Leiter werden das Steering Committee bilden.
2. Frau Sturm trifft sich zum Thema Social CRM mit dem Leiter IT und dem Leiter Vertrieb. Gemeinsam setzen sie ein Team zur Entwicklung des CRM zu einem Social CRM ein. Die Aufgabe dieses Projektteams besteht in der Bestandsaufnahme und der Formulierung der Weiterentwicklung. Ziel soll ein integriertes System sein, das auch die Social-Media-Monitoring-Funktion beinhaltet. Sie sind angehalten, dafür Mitarbeitergespräche und Gespräche mit Anbietern wie Experten zu führen. Die drei Leiter werden das Steering Committee bilden. Zwei von ihnen sind gleichzeitig auch Supervisor für das Social-Intranet-Projekt, um die Wechselwirkung zwischen beiden Projekten im Auge behalten zu können.
3. In Absprache mit dem Vertrieb wird eine weitere Kunden-Fokusgruppe initiiert. Sie besteht aus acht Teilnehmern, allesamt Energiemanager, die heute schon vom Unternehmen eine umfassende Energieversorgung erhalten. Die Ergebnisse sind vergleichbar zur ersten Gruppe, allein die Eigenschaft »kooperativ« wurde nicht genannt; die Einschätzung lautete eher »distanziert«. Wieder ist auffällig, dass die Manager den Schritt zur umfassenden Versorgung mit Bedenken vollzogen haben.
4. Die nächste Geschäftsführungssitzung steht an und Vera Sturm informiert über den Stand des Projekts. Dabei hat sie besonders die Differenz zwischen dem Unternehmensversprechen und der Resonanz der wichtigsten Kunden herausgearbeitet. Die Runde kommt zu folgenden Hypothesen:
   - Wir haben die Aufgabe, unseren Lösungsansatz stärker zu verdeutlichen.
   - Wir haben die Aufgabe, Wege zu finden, Partnerschaft deutlicher zu leben.

Diese Erkenntnisse helfen dabei, die Aufgabe zu klären und den unternehmensweiten Prozess viel besser angehen zu können.

3.5 Digitalisierung: die Risiken

Die Medienvielfalt hat zugenommen, die Verfügbarkeit von Informationen ist so umfassend wie noch nie, die Möglichkeit, mit seinem Angebot eine höhere Reichweite zu erzielen, ist groß. Auch kleine Unternehmen können leicht international tätig werden. Diesen Chancen, die die Digitalisierung bietet, stehen jedoch auch Herausforderungen gegenüber: Die neuen Möglichkeiten eröffnen Einfallstore für Hacking-Angriffe, Daten- und Ideenklau und sonstige Sicherheitsbedrohungen.

Um solchen Gefahren zu begegnen, bedarf es einer Sicherheitsarchitektur der IT-Systeme, die Mauern aufbaut gegen Eindringlinge. Man sollte sich dabei allerdings nicht nur auf Firewalls verlassen. Es gilt auch, Risiken durch interne Unachtsamkeiten zu vermeiden, also keine Gefahren durch leichtfertiges Handeln heraufzubeschwören.

Immer wieder gibt es Meldungen wie diese: »Die Verschlüsselungssoftware Ryuk hat Deutschland erreicht. Kombiniert mit zwei älteren Trojanern ermöglicht sie Angreifern maßgeschneiderte Erpressungsversuche. Offenbar haben nicht wenige Firmen schon bezahlt.«[100] Es ist die Strategie von Kriminellen in der digitalen Welt, Systeme zu hacken, um sie gegen Lösegeld wieder freizugeben. »Vor allem sogenannte Ransomware verschicken die Hacker, eine Schadsoftware, die Daten auf den Rechnern der Opfer verschlüsselt und angeblich gegen Lösegeld freigibt.«[101] Gerade im Mittelstand gibt es oft zu wenig Vorkehrungen gegen solche Angriffe von außen. Sie sind deshalb auch beliebte Ziele von Hackern, denen die Sicherheitslücken bekannt sind.

Je vertraulicher und sensibler die Kundendaten sind, desto besser sollten sie geschützt werden. Insbesondere bei Daten der Mandanten von Steuerberater- oder Anwaltskanzleien oder Patienten- oder Bankdaten ist höchste Vorsicht geboten. Das wichtigste ist immer die Erhaltung der Vertrauensposition, die man gegenüber den Kunden innehat. Vertrauen ist das wichtigste Gut der Corporate Identity. Es kann auch über die Systeme in Gefahr geraten.

3.5.1 Prophylaxe

Doch wie stellt ein Unternehmen am besten sicher, nicht Opfer eines Angriffs von außen zu werden? Auf der einen Seite steht hier die technische Prophylaxe, auf der anderen Seite sind Information und Aufklärung unerlässliche Maßnahmen, um Sicherheitslücken zu schließen oder gar nicht erst aufkommen zu lassen. Ein Unternehmen muss sich konsequent dadurch wappnen, dass es interne Richtlinien erlässt für den Umgang mit den Medien. Mitarbeiter mögen das oft nicht; es bleibt aber keine andere Möglichkeit, um ein Unternehmen zu schützen. Verschwiegenheitsklauseln und Nutzungsregeln sollten daher Bestandteil der arbeitsrechtlichen Vereinbarungen sein.

100 Beuth, Patrick, Millionenschaden. Kriminelle erpressen Firmen mit neuer Schadsoftware, in: Spiegel Online vom 16. Januar 2019.

101 Baumgärtner, Maik, Gebauer, Matthias, Knobbe, Martin, Rosenbach, Marcel, Wiedmann-Schmidt, Wolf, Hacker mit Dienstausweis, in: Der Spiegel 48/2017, S. 29.

Identifikation mit dem Unternehmen sollte Achtsamkeit fördern. Deshalb ist Teil des Umgangs mit Corporate Identity auch die Einbeziehung eines Verständnisses für die Risiken des Unternehmens. Zur Identifikation gehört auch die Beachtung von Regelungen, welche für die Sicherheit des Wissens im Unternehmen einzuhalten sind.

Die größte Schwachstelle ist der Mensch. »Mein Name ist Max Litzner. Ich bin neu im Team für das Vorstandsprojekt zur digitalen Transformation. Dummerweise ist mein Kollege heute nicht da und ich brauche dringend das Passwort, um an eine Unterlage für unsere Vorstandssitzung zu kommen. Könnten Sie mir da vielleicht weiterhelfen? Ich weiß wirklich nicht, was ich tun soll. Die Sitzung beginnt schon in einer halben Stunde.«[102] Bei Anfragen wie diesen wird die Mehrheit der Mitarbeiter schwach und gibt das Passwort heraus. Und schon ist es passiert: Hacker haben wertvolle Zugangsinformationen erhalten. Meist vollziehen sich Angriffe in einem Mix aus Sozialem und Technik: erst über den sozialen Weg, der gerne als Social Engineering bezeichnet wird, nützliche Informationen generieren, um sie dann anschließend technisch auszubeuten. Freundlichkeit und Hilfsbereitschaft können bei mangelnder Vorsicht zu Einfallstoren werden, insbesondere wenn dabei auch noch Machtstrukturen ausgenutzt werden. Deshalb kommt es auf höchste Vorsicht an. Sie gehört als neues Element zur Kultur eines Unternehmens. Voraussetzung, um so eine Kultur zu schaffen, ist die Einbeziehung der Mitarbeiter. Nur wenn sie verstehen, warum Vorsichtsmaßnahmen existieren, können und werden sie sie umsetzen.

Eine Ahnung über die kriminelle Welt gibt die Aufarbeitung eines Vorfalls in Deutschland. Am ersten Adventssonntag 2016 waren plötzlich 1,25 Mio. Telekom-Kunden ohne Telefon- und Internetverbindung. Anlass für diesen Vorfall war der Wettbewerb zweier Telefongesellschaften um den Mobilfunkmarkt Liberia in Afrika. Eine der Gesellschaften rief einen professionellen Hacker zur Hilfe. Das Ziel: die Mobilverbindungen des Wettbewerbers zu stören.

»Daniel K. hatte gerade große Pläne, als ihn der heikle Auftrag aus Liberia erreichte, er und seine Verlobte Catherine wollten heiraten, so jedenfalls schilderte er es deutschen Ermittlern … Die notwendigen Angriffswerkzeuge für den Sabotageauftrag in Afrika beschaffte er sich selbst, nach dem neuesten Stand der digitalen Waffentechnik. Daniel K. baute ein sogenanntes Botnetz auf. Dafür infiltrierte er Abertausende ans Internet angeschlossene Endgeräte in aller Welt mit einem Schadcode, über den er sie fortan fernsteuern konnte. So machte er sich zum Befehlshaber über eine ganze Armee von Zombierechnern. Er musste seinem »Command and Control«-Server nur ein Ziel vorgeben, etwa die Netzwerkadressen des liberianischen Telekommunikati-

102 Schwertfeger, Bärbel, Hacker manipulieren immer öfter auch die Mitarbeiter, in: wirtschaft + weiterbildung 7/8/2017, S. 42.

onsanbieters, um dort massenhafte parallele Anfragen auszulösen – einen digitalen Dauerbeschuss, der im Netzjargon »Distributed Denial of Service (DDoS) genannt wird. ... Seine Armee wuchs auf mehr als 400.000 Geräte an, gemeinsam erzeugten sie eine Angriffslast und Feuerkraft, die in Liberia bald Wirkung zeigte.«[103]

»Hinter dem Ausfall bei den Telekom-Kunden steckte anders als in Liberia kein Wettbewerber, sondern K's Ehrgeiz, sein Mirai-Botnetz noch größer und schlagkräftiger zu machen. Er scannte dafür automatisiert nach Routern mit einer bestimmten Konfiguration; das von der Telekom genutzte »Speedport«-Modell eines taiwanesischen Herstellers erwies sich als anfällig. Sein Ziel, den Schadcode auch auf die Telekom-Router aufzuspielen und deren Kunden in sein Botnetz einzugliedern ... erreichte K. allerdings nicht. Stattdessen gerieten die Geräte »in einen undefinierbaren Zustand«, wie die Telekom es ausdrückte. Sie hängten sich auf und versagten den Dienst.«[104]

Das klingt wie eine Agentengeschichte aus Hollywood, ist aber bittere Realität. Vor allem zwei Punkte erschrecken: Eine einzelne Person ist in der Lage und willens, diesen Schlag vorzubereiten und durchzuführen, und zwar für ein überschaubares Handgeld. Das, was aufhorchen lässt, ist die technische Anfälligkeit. Und das ist kein einmaliger Fall, der vielleicht mit taiwanesischen Produkten erklärt werden kann. Anfang 2018 stellte sich heraus, dass Prozessoren weltweit, angefangen von denen des Hauptlieferanten Intel, Sicherheitslücken aufwiesen.[105] Anfang 2019 wird bekannt, dass ein 20-jähriger Nerd aus Hessen sich einen Spaß daraus machte, in einem makabren Adventskalender vor Weihnachten Tag für Tag private Daten zu veröffentlichen: »Der Hacker Johannes S. soll Daten von 993 aktiven oder ehemaligen Politikern ins Netz gestellt haben, dazu private Informationen von Journalisten, Schauspielern und Moderatoren.«[106] Die Sicherheitsfrage ist also zu einer der größten Herausforderungen für ein Unternehmen geworden. Die digitale Sicherheit gehört zum Risikomanagement, für das die Unternehmensleitung letztlich verantwortlich ist. »Alles in allem müssen Unternehmen die Cyber-Risiken als permanente Risiken für den gesamten Betrieb behandeln und nicht als isoliertes Problem der Informationstechnologie.«[107]

Cybersicherheit lässt sich bewerkstelligen in sieben Schritten (in Anlehnung an Wolf Richter):[108]

103 Diehl, Jörg, Rosenbach, Marcel, Angriffe zum Mieten, in: Der Spiegel 49/2017, S. 76.
104 Ebenda.
105 Vgl. o. V., Chip-Sicherheitslücke – was Sie jetzt wissen sollten, in: Manager Magazin vom 4.01.2018.
106 Amann, Melanie, Baumgärtner, Maik, Bohr, Felix, Diehl, Jörg, Gebauer, Matthias, Höfner, Roman, Knobbe, Martin, Lehberger, Roman, Medick, Veit, Müller, Ann-Katrin, Pauly, Marcel, Rosenbach, Marcel, Seibt, Philipp, Wiedmann-Schmidt, Wolf, Plötzlich nackt, in: Der Spiegel 3/2019, S. 15.
107 Bector, Raj, Herbolzheimer, Claus, Melis, Sandro, Parisi, Robert, Cyber-Risk Management, oliverwymann.de/our-expertise download.
108 Vgl. Richter, Wolf, 6.3 Cyber-Security: Die Kunst der sicheren digitalen Ökonomie, in: Meffert (2017), S. 237 ff.

1. Sie sollte zur Chefsache gemacht werden. Nur so kann der Unternehmensleiter seiner Organverantwortung gerecht werden. Er ist angehalten, sich nicht nur hinter ein entsprechendes Sicherheitskonzept zu stellen, sondern sich regelmäßig über die Sicherungsmaßnahmen berichten zu lassen und erkennbar Risikovorsorge treffen.
2. Alle Mitarbeiter, vor allem diejenigen mit Außenkontakt wie im Vertrieb, sind zu sensibilisieren, dass Daten und daraus resultierendes Wissen ein Unternehmensschatz sind. Die Sensibilisierung erfolgt, indem gemeinsam Vorsichtsmaßnahmen erarbeitet werden. Die Beteiligung der Mitarbeiter ist wiederum der Schlüssel dafür, dass die Maßnahmen Akzeptanz finden. Sie ist darüber hinaus auch notwendig, um das Detailwissen an den Kontaktpunkten einzubeziehen.
3. Ein wesentlicher Prüfpunkt sollte bei allen Digitalisierungsprojekten von Anfang an auch immer die Sicherheit gegen Angriffe sein. Das hindert manchmal an der schnellen Umsetzung, muss aber im Sinne des Unternehmensrisikos ein ganz intensiv durchgeführter Bearbeitungsschritt sein. Es sollte eine Gruppe eingerichtet werden, die alle denkbaren Risiken durchspielt. Das beginnt damit, mögliche Angriffsszenarien zu kreieren. Und Spezialisten können durchaus auch selbst einmal Angriffe vornehmen, um die Widerstandsfähigkeit zu testen und möglicherweise zu verbessern.
4. Die Datenbestände werden am besten hinsichtlich ihrer Sensibilität priorisiert: Was muss besonders geschützt werden, was kommt in die zweite Linie? Für jedes Unternehmen sind Kundendaten ein zentrales sensibles Gut. Auf Basis unterschiedlicher Wertigkeiten können mehrere Sicherheitszonen geschaffen werden. Einzelne Kommunikationsprogramme mögen mit weniger Sicherheitsvorkehrungen gefahren werden, weil sie schnell abgestellt werden können. Die anderen wiederum bilden besonders sensible Angriffspunkte. Das setzt eine Architektur unterschiedlicher Sicherheitszonen voraus.[109]
5. Auch ein Backup der Daten ist wichtig, um sie vor einem Verlust zu schützen. Die Versicherung HDI schlägt dazu ein pragmatisches Vorgehen vor: 3 – 2 – 1. Das bedeutet, jeweils drei Kopien zu erstellen von den sensibelsten Daten, zwei an unterschiedlichen Stellen zu speichern und eine auszulagern, etwa in eine Cloud.
6. Ein weiterer wichtiger Punkt ist die Vorbereitung auf den Ernstfall. Wer die möglichen Attacken durchdenkt, kann auch vorbereiten, wie bei deren Eintritt zu handeln ist. Jedes vorbereitete Handeln ist besser und schneller als eine Improvisation.

Hier liegt die Überlegung auf der Hand, dass ein Unternehmen ja nicht allein ist. Unternehmen organisieren sich zur Interessenvertretung in Verbänden. Weit ausgelegt gehört dazu auch die Abwehr von Risiken. Wenn über den Verband eine Vorbereitung

109 Vgl. ebenda, S. 242.

stattfindet, ja, wenn es sogar eine Vereinbarung gibt, dass Verbandsmitglieder von den anderen im Falle eines Angriffs unterstützt werden, dann kann sozusagen eine Cyber-Nato in der Branche gebildet werden. Davon ist die Realität aber weit entfernt.

Im Herbst 2017 wurden jeweils drei Fragen zu der Thematik an sechs deutsche Verbände gerichtet, und zwar die hier vor allem betroffenen Vertreter des Mittelstands, darüber hinaus die Fachverbände für Automobilindustrie, Chemie, Maschinenbau, Versicherung und der Fachverband der Digitalwirtschaft. Nur drei Verbände erteilten Auskunft; drei antworteten auch auf erneute Nachfrage nicht, darunter erstaunlicherweise auch der Fachverband Bitcom.

Die erste Frage an die Verbände lautete: »Kommt es vor, dass negative Propaganda systematisch betrieben wird? Sind Ihnen Fälle bekannt?« Die antwortenden Verbände bestätigten durchweg gravierende Fälle – eine klare Anforderung für ein professionelles Reputation Management.

Das führt logisch zu einem zweiten Aspekt: »Die Frage der Spielregeln und der Compliance erfordert eine Erweiterung für den digitalen Raum; gibt es das oder ist das geplant?« Hier bestand die Auffassung, dass es keiner weiteren Regelungen bedarf; mit dem gesetzlichen Rahmen sei an sich die Grundlage vorhanden. Zumindest die Datenschutz-Grundverordnung der Europäischen Union setzt für deren Geltungsraum einheitliche Grundsätze.

Aus Sicht eines Unternehmens geht es aber um die näherliegende Frage, was konkret getan werden kann im Unternehmen. Verbände sind vom Ursprung her nicht allein als Lobbyorganisation, sondern auch als Verbindung von Unternehmen zu verstehen, Spielregeln zu vereinbaren und einzuhalten. Deshalb stellte sich eine dritte Frage: »Was passiert, wenn ein Verbandsmitglied systematisch negativ attackiert wird. Helfen Sie als Verband? Haben Sie dafür ein Schubladen-Programm? Können Sie dazu Information geben? Helfen die anderen Verbandsmitglieder dem angegriffenen Unternehmen? Wer koordiniert das? Gibt es dafür ein Beispiel?« Die Antworten zeigten, dass es keine Schubladenpläne gibt. Vielmehr wird auf Sicht gefahren.

Über das Thema wird sowieso kaum gesprochen. Die Gefahr wird dadurch allerdings nicht gebannt. Der Corporate Identity Manager kann hier in Verbandsarbeitskreisen wirken. Denn die Gefahr ist so groß, dass sie auf Dauer das einzelne Unternehmen überfordern kann. Nur gemeinsam ist man stark – dieses Bonmot gilt nach wie vor.

Das Web ist der Nährboden für neue Formen von Kriminalität. Alle sollten hier Augen und Ohren offenhalten und gemeinsam an Vorsichts- und Abwehrmaßnahmen mitwirken. In Zukunft wird das Thema dringlicher werden und auch im Corporate Identity Management einen wichtigen Raum einnehmen.

Das erwarten die Kunden. Kundendaten bilden den zentralen Schatz eines Unternehmens. Deshalb werden diese Daten immer besonders zu schützen sein. Hier geht es um die Grundlage, um das Vertrauen. Ohne Vertrauen wird der Kundenaustausch nicht möglich sein.

Es gilt nicht nur, die Fähigkeit im Unternehmen zu implementieren, Kundenwissen zu erzeugen, sondern auch Sorge zu tragen für eine Cyber-Resilienz. »Resilienz ist ein Begriff, den die Betriebswirtschaft bei der Evolutionsbiologie ausgeborgt hat. Er beschreibt die Fähigkeit eines Systems, Störungen und Schocks zu absorbieren und trotzdem erfolgreich weiterzuarbeiten.«[110] So haben etwa Banken ein Programm durchgespielt, wo die größten Risiken bestehen. Das sind natürlich die sensiblen Kundendaten. Das gilt allerdings in der digitalen Welt für alle Unternehmen, denn die spezielle Kenntnis der Kunden bildet die Geschäftsgrundlage.

Die Abwehr darf nicht als rein technisch-organisatorischer Vorgang angesehen werden. Das Vorgehen hängt letztendlich immer von der Belegschaft ab. Tief im täglichen Handeln sollte verwurzelt sein, dass die spezielle Leistung des Unternehmens abhängt von dem Schutz seiner Erkenntnisse. »Wer seinen Mitarbeitern vermittelt, dass jeder einzelne Verantwortung für die Sicherheit habe und es daher auf ihn ankomme, erreicht auch ein höheres Sicherheitsbewusstsein.«[111] Über Beteiligung kann leichter eine Richtlinie zur Sicherheit mit Regelungen für E-Mails oder deren Weiterleitungen oder für Passworte etabliert werden. »Wenn Mitarbeitern nicht mindestens genau so viel Aufmerksamkeit gewidmet wird wie der Technologie und den Prozessen, wird die digitale Transformation nicht gelingen.«[112]

Darüber hinaus empfinden auch Kunden mehr und mehr Risiken. Es ist die Sorge, wer im virtuellen Raum Zugriff auf die eigenen Daten hat. Psychologisch ist es dieses unangenehme Gefühl, beobachtet zu werden und keinen Schritt mehr allein machen zu können. Insofern geht es in der Verbindung von Unternehmen zu Kunden auch darum, hier Sicherheit zu geben. Nur so kann Vertrauen entstehen.

3.5.2 Die Datenschutz-Grundverordnung

Auf gesetzlicher Seite wirkt die EU-Datenschutz-Grundverordnung (kurz: DS-GVO). Sie ist strenger als amerikanische Regelungen zum Datenschutz. Da die großen Internetunternehmen im Silicon Valley sitzen, unterliegen sie mit ihren Servern, auf denen

110 Schwertfeger, Bärbel, Hacker manipulieren immer öfter auch die Mitarbeiter, a. a. O., 43.
111 Beuth, Patrick, Millionenschaden. Kriminelle erpressen Firmen mit neuer Schadsoftware, in: Spiegel Online vom 16. Januar 2019.
112 Zitat von Thorsten Dirks, zitiert in: Meffert (2017), S. 71.

die Daten gespeichert werden, erst einmal amerikanischen Regeln. Alle Länder der Europäischen Union haben sich verpflichtet, die Standards, welche die DS-GVO setzt, anzuwenden. Wer in der EU agiert, muss sie einhalten, und so gelten die Regelungen auch für die amerikanischen Konzerne. Ein Hopping in ein Mitgliedsland mit niedrigeren Standards ist nicht möglich.

Zielrichtung der DS-GVO ist es vor allem, Transparenz im Umgang mit den personenbezogenen Daten zu schaffen. Nur bei vorheriger ausdrücklicher Zustimmung des privaten Kunden können diese von Unternehmen verwendet und verarbeitet werden. Gewährleistet werden kann dies entweder mit Double-opt-in-Verfahren, bei denen der Kunde eine Mail mit der Bitte um Erteilung der Zustimmung erhält, oder mit einem Confirmed-opt-in-Verfahren, bei dem der Kunde per Mail widersprechen muss, sollte er das Erbetene doch nicht wünschen. Zudem ist darzulegen, wer die gewonnenen Daten noch nutzt. Bei Verstößen drohen durchaus empfindliche Strafen.

Auch für Werbemaßnahmen gilt die DS-GVO: Von ihren Vorgaben hängen Messungen der Reichweite, der Besuchsanalysen oder die Ausspielung digitaler Werbung ab.[113] Man kann nur adressieren, wenn die Adressen freigegeben sind. Die Mitarbeiter in einem Unternehmen haben seit der DS-GVO erhöhte Sorgfaltspflichten: Sie müssen noch sensibler mit personenbezogenen Daten umgehen und sich um deren Schutz bemühen.

Auch der CI-Manager ist gut beraten, sich vor Aktionen jeweils zu informieren, welche datenschutzrechtlichen Grenzen zu beachten sind. »Sieht man sich große Publisher-Seiten … an, so setzen diese auf einen Schlag gleich eine Vielzahl an Cookies … Solche Publisher-Seiten müssen … zwei Einwilligungen einholen. Eine über das Setzen der Cookies und eine über die Weitergabe der Daten …«[114] Vieles in der Verordnung ist nicht eindeutig. Der Bundesverband Digitale Wirtschaft hat dazu einen Leitfaden erstellt.[115]

Es sind noch weitere Neuerungen in Sicht, was den Datenschutz anbelangt. Die alte E-Privacy-Richtlinie, die sog. Datenschutzrichtlinie für elektronische Kommunikation, soll durch die E-Privacy-Verordnung ersetzt werden. »Während diese (*red. Erläuterung: die Datenschutzgrundverordnung*) allgemein die persönlichen Daten der Verbraucher und Internetnutzer in der EU schützt, soll sie (red. Erläuterung: die E-Privacy-Verordnung) sich auf die Telekommunikationsdaten konzentrieren, die als besonders sensi-

113 Vgl. Lipinski, Gregory, Phalanx gegen die Datenriesen, http://www.genios.de/fachzeitschriften/artikel/ASW/20170913/phalanx-gegen-die-datenriesen-phala/091713014.html.
114 Puscher, Frank, Datenschutzgrundverordnung. Was kommt auf das Marketing zu?, https://www.absatzwirtschaft.de/datenschutzgrundverordnung-was-kommt-auf-das-marketing-zu-109345/.
115 Vgl. www.bvdw.org.

bel gelten und bisher schon besonders geschützt sind.«[116] Die wesentliche Neuerung, die hier auf die Unternehmen zukommt, ist eine Einschränkung beim E-Tracking: »Daten über das Nutzerverhalten, die personalisierte Werbung ermöglichen, dürfen an Dritte, also Firmen wie etwa Google Analytics, nur weitergegeben werden, wenn die Kunden ausdrücklich zustimmen. … Nach dem Willen des EU-Parlaments sollen Nutzer künftig auch einfach signalisieren können, ob sie dem »Tracking«, also dem Verfolgen ihres Verhaltens im Netz über mehrere Online-Angebote hinweg, zustimmen.«[117]

Das höchste Gut des Unternehmens ist das Vertrauen, das die Kunden ihm entgegenbringen. Der CI-Manager, Verantwortlicher für die Reputation, ist zu einem behutsamen Vorgehen aufgefordert. Je sensibler die Daten sind, desto sorgfältiger sollte mit ihnen umgegangen werden. Vertrauen wird nur langsam aufgebaut und es ist schnell zerstört.

Das CI-Management arbeitet auf Basis von Personas. Sie sind keine Einzelperson, sondern durchschnittlicher Stellvertreter für eine Kundengruppe. Es geht also um zusammengefasste, niemals einzeln zuzuordnende Handlungsprofile. Es muss gewährleistet sein, dass kein Rückgriff auf einzelne Kunden möglich ist. Und genau dies ist die notwendige Grenzziehung, um die datenschutzrechtlichen Vorgaben einzuhalten: keine individuellen Daten. Der Schutz ist Aufgabe des Datenschutzbeauftragten, und so empfiehlt es sich, mit diesem von Anfang an zu kooperieren. Das Bestreben, gezielt zu agieren, und das Bestreben, personenbezogene Daten zu schützen, kann in eine Balance gebracht werden. Datenschutz ist ein Grundrecht. Kunden erwarten Datenschutz.

3.5.3 Kundenvertrauen gewinnen und bewahren

User haben das Internet als freien Raum schätzen gelernt. Das bedeutet: Auch wenn der CI-Manager alle Regeln einhält, kann es trotzdem sein, dass die Maßnahmen von den Kunden als aufdringlich, billig, überflüssig empfunden werden. Nur wer seine Kunden kennt, hat die Möglichkeit, hier die Grenzen des Zumutbaren einzuhalten. Mehr und mehr User wehren sich mithilfe von AdBlockern gegen Werbung und Verfolgung mit Werbung durch Retargeting. Ein seriöses CI-Management achtet auf ein Frequency Capping: eine maximale Zahl von Ansprachen. Wer war nicht schon genervt, wenn ein Anbieter immer wieder auftauchte?

Zudem existieren technisch-systematische Probleme: »Targeting war … seit jeher eine Black Box, weil Werbungtreibende einen Preisaufschlag zahlen, ohne einen

116 Beisel, Karoline Meta, Kirchner, Thomas, EU-Parlament stimmt für starken Datenschutz, in: www.sueddeutsche.de vom 26. Oktober 2017.
117 Ebenda.

Nachweis über die erbrachte Mehrleistung zu erhalten. Durch Programmatic Advertising wurde Onlinewerbung insgesamt zur Black Box – mit fatalen Folgen.«[118] Es fehlt an Transparenz, was auch Betrüger auf den Plan ruft: »Mal sind es Werbungtreibende, denen Inventar auf fingierten Websites verkauft wird; dies allerdings algorithmisch und in Echtzeit, also in der den Computern eigenen Kombination aus Dummheit und Geschwindigkeit. Mal sind es Vermarkter, denen mittels Botnets Reichweite vorgegaukelt wird (sogenannter Non-Human Traffic). Und immer fließt Geld in unbekannte Quellen. Unter Experten gilt AdFraud (Betrug mit Anzeigen im Web) als die beste Erfindung, seit es Computerkriminalität gibt. Vergleichsweise einfach zu bewerkstelligen, bei geringem Risiko entdeckt zu werden.«[119]

Es gilt, Vertrauen zurückzugewinnen. Der Bundesverband Digitale Wirtschaft hat deswegen einen »Code of Conduct«[120] für programmatische Werbebuchung entwickelt. Doch reicht das? Regeln auf Papier zu bringen, kann nur der Anfang sein. Es ist notwendig, diese Regeln auch durchzusetzen, um wieder eine Vertrauensbasis zu schaffen. Das Ausmaß des Problems wird durch ein Statement von Jason Fairchild von Open X deutlich: »Monatlich verwehren wir zwischen 30 bis 40 Prozent der Webseiten den Zugriff, weil sie versuchen, unerlaubt auf unsere Exchange zuzugreifen. Es ist wichtig zu wissen, dass es in der Ad-Tech-Branche Marktteilnehmer gibt, die versuchen, das System zu manipulieren, Lücken und Schlupflöcher auszunutzen oder sich weigern, in die Qualitätssicherung zu investieren.«[121] Er schlägt vor, dass Schummler auf eine schwarze Liste gesetzt werden, dass die Branche sich verbindet, die Spielregeln einzuhalten und durchzusetzen.

3.5.4 Shitstorms, negative Publicity & Co.

Eine der größten Sorgen von Konzernlenkern und von CI-Managern sind die sogenannten Shitstorms und abfällige oder sonst negative öffentliche Äußerungen über das Unternehmen. Sie drohen in Zeiten der Social Media nicht nur seitens der Presse, sondern auch von User-Seite. Facebook hat nach den Brexit-Erfahrungen Untersuchungen zur deutschen Bundestagswahl 2017 durchgeführt. Es zeigte sich, dass die tief bewegenden Themen zu intensiven und teils sehr unsachlichen Diskussionen in den Portalen führen. Zwar wird häufig am Anfang Bezug genommen auf ein bekanntes seriöses Medium, im Laufe der Diskussion kann das aber verloren gehen. Die Diskus-

118 Bachem, Christian, Kopf statt Computer: Die Grenzen des digitalen Marketings, in: absatzwirtschaft 12/2017, S. 88.
119 Ebenda (Ergänzung in Klammer).
120 Vgl. www.bvdw.org.
121 Fairchild, Jason im Interview: Hölting, Sarah, Schummler in unserer Branche müssen auf die schwarze Liste gesetzt werden, https://www.torial.com/sarah.hoelting/portfolio/299304.

sion löst sich mehr und mehr von dem Geschehen und wendet sich mehr und mehr Interpretationen zu.

Tatsächlich sind die Betroffenen, Privatpersonen wie Unternehmen, dagegen weitgehend machtlos. In klassischen Medien gibt es das Presserecht. »Neu an der Öffentlichkeit der sozialen Netzwerke ist zweierlei. Zum einen, dass jeder, der sich dort bewegt, potenziell über ein kleines Massenmedium verfügt. Die digitalen Echokammern können Inhalte rasend schnell transportieren, ganz gleich, was darin steht, und sie sind darauf programmiert, dass alles, was Aufregung erzeugt, sich besonders rasch ausbreitet.«[122] Diejenigen, die vermeintliche Verschwörungen aufdecken, fälschlicherweise Truther genannt, verbreiten dem traditionellen Denken diametral widersprechende Theorien. Sie wissen um die Wege, wie es gelingt, möglichst schnell ein Lauffeuer zu entzünden. »Neu ist auch, dass diese digitale Öffentlichkeit in privaten Räumen stattfindet. Die sozialen Netzwerke sind keine autonome demokratische Sphäre, sondern privatwirtschaftlich organisierte Konzerne, die auf Profit aus sind. Wer sich dort äußern darf und wie, das entscheiden vor allem die US-Unternehmen selbst. Jeder Nutzer unterwirft sich bei der Anmeldung deren Regiment.«[123]

Die Erfahrung lehrt, dass aus amerikanischer Sicht die Meinungsfreiheit als oberstes Gut angesehen wird. Hasstiraden und Verleumdung werden kaum unterbunden. »Soziale Medien sind die mächtigsten Meinungsmaschinen der Weltgeschichte.«[124] Die Politik diskutiert unterschiedliche Wege, Rufschädigungen zu unterbinden. Die EU-Kommission sucht nach Absprachen; einzelne Länder versuchen gesetzliche Regelungen. Tatsächlich herrscht weitgehend Ohnmacht. Google und Facebook schalten Anzeigen mit dem Aufruf zur Achtsamkeit. Ein Weg zur Unterbindung von Rufschädigung ist in allem nicht zu erkennen.

Marken stehen auf diesem Problemfeld bisher allein. Ihre Waffen sind ziemlich stumpf. Die Verbände organisieren keine interne Abwehr. Eine der wichtigsten internen Regeln muss lauten, sich niemals anstecken zu lassen von der Hitzigkeit mancher Diskussionen. Ein Unternehmen nimmt die Einlassung auf, antwortet und bleibt auf jeden Fall sachlich. Das kann auch immer wieder Teil vorbereitender Trainings sein. Alle Äußerungen in den Netzwerken sind nämlich öffentlich.

122 Bittner, Jochen, Middelhoff, Paul, Wefing, Heinrich, Das wird man ja wohl noch twittern dürfen, in: Die Zeit vom 11. Januar 2018, S. 4.
123 Ebenda.
124 Ebenda.

3.5.5 Sicherheitsbeauftragte und -architektur

Für die Sicherheit der Daten hat jedes Unternehmen einen Datenschutzbeauftragten. Er hat die Aufgabe, die Regelungen zum Datenschutz im Unternehmen umzusetzen. Das bedeutet nicht, dass er Weisungsbefugnis hat. Er handelt für die Geschäftsführung, die am Ende haftbar ist. Wichtig ist nun, den Datenschutzbeauftragten nicht als lästige und hinderliche Person anzusehen, sondern ihn konstruktiv in alle Maßnahmen einzubeziehen. Mit ihm gilt es zu erarbeiten, wie nach innen und nach außen Datensicherheit am besten hergestellt wird als Grundlage für den Vertrauensaufbau.

Während der Datenschutzbeauftragte sich um die Sicherheit der Kundendaten kümmert, muss der IT-Sicherheitsbeauftragte die Systeme vor dem unbefugten Eindringen Dritter schützen. Jedes Unternehmen mit einer kritischen Infrastruktur hat einen IT-Sicherheitsbeauftragten. Dieser unterstützt die Unternehmensleitung in allen Fragen der IT-Sicherheit, die sich beispielsweise bei dem Aufbau der IT-Infrastruktur, der Auswahl geeigneter Software und insbesondere bei allen Maßnahmen zur Cyber-Abwehr stellen. Da das Thema so wichtig ist, gilt es zu überlegen, ob ein Unternehmen die Position eines IT-Sicherheitsbeauftragten schaffen sollte, auch wenn es dazu gesetzlich nicht verpflichtet ist.

Darüber hinaus ist es erforderlich, dass alle mitwirken, um die IT-Sicherheit zu gewährleisten. Dafür sind Regeln zum Umgang mit Daten und Informationen nötig. Sicherheitsvorfälle gehen meist zurück auf Benutzerfehler, so beispielsweise, wenn ein Mitarbeiter eine Phishing-Mail öffnet, leicht knackbare Kennwörter verwendet oder unsichere Plug-ins installiert. Regularien sind wirksamer, wenn sie als Teil der Führungsgrundsätze erarbeitet werden; Führung heißt hier wieder Beteiligung. Erst wenn das Regelwerk als nutzbringendes Instrument gegen Angriffe und zur Sicherung von Vertrauen im unternehmerischen Alltag verstanden wird, beachten es die Mitarbeiter. Gute Regularien sensibilisieren für die Gefahren im Netz.

Die Sicherheitsarchitektur ist wesentlicher Baustein für eine positiv besetzte Corporate Identity: Je mehr Vertrauen die Kunden in das Unternehmen haben, dass es sorgsam mit den Daten umgeht und Missbrauch verhindert, desto günstiger wirkt sich dieses auf das Corporate Image aus. Sobald ein Zweifel auftritt, ist dem Vertrauen die Grundlage entzogen.

3.5.6 Lernen am Praxisbeispiel

Vertrauen ist auch ein großes Thema in der Energiewirtschaft. Deshalb wollen wir sehen, wie Vera Sturm, die Direktorin Strategische Markenführung bei PalloneGas, hier agiert.

Sie hat sich mit den Sicherheitsfragen intensiv auseinandergesetzt. Dazu hat sie Gespräche mit dem Datenschutzbeauftragten und mit dem IT-Sicherheitsbeauftragten geführt. Als Energieversorger hat das Unternehmen die gesetzliche Verpflichtung, beide Instanzen vorzuhalten.

Nach langem Überlegen hat sie zusammen mit dem IT-Leiter und dem Geschäftsführer entschieden, dass Sicherheit nicht teilbar ist. Deswegen legt sie ein gemeinsames Projekt mit dem Datenschutzbeauftragten und dem IT-Sicherheitsbeauftragten auf. Zu dem Team werden hinzugezogen ein Mitarbeiter aus dem Online-Marketing und ein Mitarbeiter aus dem Kundenservice. Alle zusammen sind der Ansicht, dass zudem ein externer Spezialist Mitglied des Teams werden sollte.

Das Team erhält die Aufgabe, die Sicherheitsvorkehrungen in drei Bereichen zu überprüfen und Vorschläge zur Verbesserung zu erarbeiten:
- Wie wird heute mit den Kundendaten verfahren? Was sollte besser gemacht werden?
- Welche Vorkehrungen gegen unbefugtes Eindringen existieren bereits? Was sollte zusätzlich eingeführt werden?
- Wie gehen wir aktuell um mit sensiblen Kundendaten und -informationen? Welche weiteren Maßnahmen sollten erfolgen?

Das Steering Committee bilden in diesem Fall die Direktorin Strategische Markenführung zusammen mit dem IT-Leiter und der Leiterin Vertriebs-Innendienst.

Flankierend zu diesen Aktivitäten werden zwei weitere Kunden-Workshops durchgeführt. Dieses Mal sind es Teilnehmer, die nach wie vor nur Gas beziehen und weitere Offerten seitens PalloneGas nicht genutzt haben. Die insgesamt 16 Teilnehmer, wiederum Manager mit Verantwortung für das Energiemanagement (jeweils acht pro Fokusgruppe), gaben PalloneGas folgende Informationen:
- Wir wissen gar nicht, dass das Unternehmen etwas anderes als Gas liefert.
- Integriertes Energie-Management ist hochinteressant, würden wir aber nicht bei einem Gas-Unternehmen nachfragen.
- Die Befragten treffen eine klare Unterscheidung zwischen Gas und Strom: Wenn der Strom ausfällt, steht der Betrieb still, wenn das Gas ausfällt, ist es kalt.
- Die befragten Manager sehen sich als die zentral Verantwortlichen für das Funktionieren des Betriebs (»Ohne mich läuft es nicht!«).
- Sie benötigen als die Verantwortlichen für den Lauf des Unternehmens einen Partner, der ebenso Verantwortung übernimmt. Deshalb sind sie nicht auf die Idee gekommen, PalloneGas in Erwägung zu ziehen für die Gesamt-Energieversorgung.
- Statt dessen haben sie sich an einen Spezialisten auf diesem Gebiet gewandt und überlegen eher, die Gasversorgung gleich von diesem mitübernehmen zu lassen.

- Die Befragten assoziieren mit PalloneGas folgende Begriffe: bürokratisch, bodenständig, bieder.
- Das Unternehmen wird als guter Beamter visualisiert.
- Die Manager sind gewohnt, per Internet an den Energiebörsen tätig zu sein.
- Der Austausch mit ihren Lieferanten erfolgt online, selten über Telefongespräche.
- Viele nutzen gerne WhatsApp.
- Einige sind bei XING.
- Information holen sie sich aber mehr über Fachtreffen.

Die Ergebnisse präsentiert Frau Sturm in der nächsten Geschäftsführungssitzung.

Das zentrale Hemmnis für eine Kompetenzerweiterung wird überdeutlich. Die Ergebnisse unterstreichen die Notwendigkeit der Neujustierung.

3.6 Verständnis für die Kunden entwickeln

Alle Überlegungen im Corporate Identity Management haben am Ende den Kunden im Fokus. Deshalb wollen wir uns vor dem Start unseres CI-Management-Prozesses noch näher mit den Kunden befassen. Wenn das Handeln der Kunden betrachtet wird, dann interessieren Strukturen, die helfen, den Erfolg von Maßnahmen vorauszusagen. Dazu braucht es die Untersuchung und Beschreibung von Zielgruppen, deren wesentliches Merkmal ist, dass die Gruppenmitglieder ein vergleichbares Verhalten an den Tag legen. Wenn wir wissen, welche Erwartungen die Kunden haben, dann bekommen unsere Maßnahmen eine Orientierung. Wir können darauf eingehen, können gezielt eine hohe Übereinstimmung von Kundenerwartung und Versprechen an die Kunden zum Kern unseres Vorgehens machen.

Dem Wissen um die Persönlichkeit von Kunden kommt in allen Unternehmen höchste Bedeutung zu. Der einzelne Mensch zeigt im Laufe des erwachsenen Lebens ein überdauerndes Muster.[125] Das ermöglicht charakterliche Beschreibungen, die lange ihre Gültigkeit behalten. Zudem ist zu beobachten, dass sich Menschen bestimmten Gruppen zugehörig fühlen. Menschen gleicher Ausrichtung verbinden sich. So können Gruppen mit ähnlichen Lebensstilen gebildet werden.[126]

Auf der Ebene der Unternehmen sind ebenfalls Handlungsmuster erkennbar, die wir als Unternehmenskultur bezeichnet haben (siehe hierzu das Kapitel 2.1). Die Mitarbeiter, denen die Art und Weise im Unternehmen entspricht, fühlen sich dort wohl,

125 Vgl. Roth (2013), S. 15.
126 Vgl. dazu etwa www.sinus-institut.de oder www.sigma-online.com.

die Personen, auf die sie nicht passt, werden früher oder später das Unternehmen verlassen. Eine Benchmark-Studie ergab: »Wer sich seinem Unternehmen nur wenig verbunden fühlte, kündigte mehr als doppelt so häufig wie Mitarbeiter mit hoher Verbundenheit.«[127] So ist erklärlich, warum ein Unternehmenscharakter erhalten bleibt.

3.6.1 Erkenntnisse der modernen Hirnforschung nutzen

In den letzten Jahren haben die Neurowissenschaften ihren Weg in die Unternehmen gefunden. Deren Erkenntnisse helfen, die Kunden noch besser zu verstehen. Es geht darum, die Entdeckungen für ein besseres CI-Management nutzbar zu machen. »Die Grundauffassung der modernen Hirnforschung lautet, dass alles, was wir sind und tun, untrennbar mit den Strukturen und Funktionen unseres Gehirns zu tun hat, und das gilt natürlich auch für die Persönlichkeit und die aus ihr sich ergebende Entscheidungs- und Handlungsstruktur eines Menschen, und damit auch für die Verankerung der Persönlichkeit im Gehirn.«[128]

Mit den Ergebnissen aus der Hirnforschung lassen sich auch die bewährten Persona-Beschreibungen zur Spezifizierung des Kern-Kunden verbessern. Hirnforschung ist interdisziplinär zu verstehen. In sie fließen Erkenntnisse aus Psychologie und Biologie, meist der Verhaltens- oder Evolutionsbiologie, und der Soziologie, spezieller oft der Sozialpsychologie, in Verbindung mit Resultaten aus dem Hirnscanner ein. Nach wie vor findet im Marketing der interdisziplinäre Ansatz, der von Werner Kroeber-Riel im deutschsprachigen Raum mit seinem Standardwerk »Konsumentenverhalten«[129] zugrunde gelegt wurde, damit Anwendung.

Im Grunde genommen beginnt der Weg der Hirnforschung in die Unternehmen im Jahre 2002 mit der Studie von Susanne Erk und Kollegen zu neuronalen Reaktionen auf Autos, unterstützt vom damaligen DaimlerChrysler Research.[130] Das war am Anfang noch relativ profan: Man erkannte, dass Menschen in der Autofront ein Gesichtsschema sehen und daher eine Personifizierung vornehmen. Nach dieser Untersuchung nahm die Forschung zum Kundenverhalten Fahrt auf.

127 Entnommen: o. V., Fluktuation, Warum Mitarbeiter (nicht) kündigen, in: Harvard Business Manager Juni 2017, S. 11.
128 Roth (2013), S. 33.
129 Vgl. Kroeber-Riel/Weinberg, S. 378.
130 Briesemeister, Benny B., Neuromarketing – Der Weg von der neurowissenschaftlichen Marketingforschung zum neurowissenschaftlich fundierten Marketing, in: Briesemeister (2016), S. 16 f.; Original: Erk, Susanne, Spitzer, Manfred, Wunderlich, Arthur P., Galley, Lars, Walter, Henrik, Cultural Objects modulate Reward Circuitry, in: NeuroReport, December 20, 2002, pp. 2249 ff.

Der Corporate Identity Manager sollte die wesentlichen Erkenntnisse aus der Hirnforschung kennen und deren Weiterentwicklung verfolgen, um die ergriffenen Maßnahmen sachgerecht steuern zu können. Insbesondere für die qualitative Marktforschung bilden die Forschungsergebnisse eine zentrale Grundlage. Ein Einstieg in die Neuroscience beginnt am besten mit einer vereinfachten Betrachtung des menschlichen Gehirns. Es ist ein typisches Wirbeltiergehirn, das sich seit einer Milliarde Jahre bis zum menschlichen Gehirn immer weiterentwickelt hat, wobei die archaischen Denkmuster erhalten geblieben sind. Im Laufe der Evolution gab es immer wieder Entwicklungssprünge. Der letzte Schub hat dazu geführt, dass die Nervenzellen, auch Neuronen genannt, bei den Primaten dichter gepackt sind als bei anderen Tieren, sodass die Primaten-Hirne besonders leistungsfähig sind, auch wenn sie volumenmäßig nicht die größten im Tierreich darstellen. Das menschliche Gehirn hat unter allen die meisten Neuronen.[131]

Grundsätzlich kommen alle Informationen aus der Umwelt über die Sinne in das Gehirn. In der Großhirnrinde finden sich Areale, die Informationen des Sehens, des Hörens, der Körperempfindungen und des Gleichgewichts verarbeiten. Zu beachten ist, dass für das Sehen die größten Areale zur Verfügung stehen. Das erklärt zusätzlich die schon lange bekannte Überlegenheit bildlicher Botschaften. Es ist also eine kluge Entscheidung, im Corporate Branding mit Bildern zu arbeiten.

Geschmacksinformationen werden im tiefer gelegenen insulären Cortex verarbeitet, ebenso wie Körpergefühle. Riechinformationen werden ebenfalls in tieferen Arealen verarbeitet, der sogenannten Riechrinde. Corporate Branding sollte, wenn möglich, auch diese Sinne einbeziehen. Je tiefer die Informationsverarbeitung im Gehirn stattfindet, desto direkter steht sie zur Verfügung. Geruch wirkt unmittelbar.

Die Forscherin Wilma Bucci, die wir in der qualitativen Marktforschung kennengelernt haben, bedenkt genau diese Hirnstruktur und geht in tiefere Schichten vor, um die symbolische und damit die ursprüngliche Bedeutung von Verhaltensmustern herauszuarbeiten. Es ist ein Weg, um ohne Hirnscanner die spontanen Assoziationen zu ermitteln. Die Verarbeitung im Gehirn ist nämlich aufsteigend vom Intuitiven zur möglichen Differenzierung. Der erste Eindruck muss stimmen.

Neben diesen sensorischen Feldern gibt es das motorische System, das immer aktiv ist, wenn Menschen etwas bewusst planen oder bewusst wollen, aber auch wenn sie sich vorstellen, was sie machen würden. Im Gegensatz zu anderen Lebewesen können Menschen aufgrund dieses Systems länger planen und sich etwas vorstellen sowie

131 Vgl. im Folgenden: Roth (2013), S. 35 ff.

simulieren, wie etwas sein könnte. Das nutzt Werbung seit ihren Anfängen, indem sie schöne Vorstellungen und Träume vermittelt.

Daneben gibt es die assoziativen Hirnrindenfelder. Sie bewirken, dass äußere Eindrücke mit bereits gespeicherten Informationen kombiniert werden. So können alte Werbecommercials, die sehr einprägsam waren, über Jahre erinnert werden. »Haben sich Bilder erst einmal eingebrannt, verweilen sie äußerst hartnäckig im Gedächtnis. ... Selbst nach Jahren können Menschen Dinge leichter erkennen, wenn sie ihnen bereits begegnet sind. Eine Warnung für jene im Marketing, die Neugestaltung dem Gewohnten vorziehen.«[132] Dieser Mechanismus ist vor allem für Markenimages eine Aufforderung zur Kontinuität. Im Endeffekt führen konsistent angewendete Maßnahmen für die Unternehmensmarke zu lang anhaltenden Einstellungen bei den Kunden. Damit kann Eigenständigkeit geschaffen und verankert werden. Und genau das ist ja schließlich Ziel des Corporate Identity Management.

»Die genannten Gebiete des Neocortex sind für die konkreten Inhalte des Bewusstseins zuständig, also für die Details dessen, was wir sehen, hören und ertasten, aber auch für das, was wir uns vorstellen, erinnern, denken und planen, sowie für Informationen darüber, wer oder was wir sind und wo wir uns befinden.«[133] Das Handeln des Menschen ist also ein Zusammenspiel aus eigenem Empfinden und der Resonanz aus der Umwelt. Daraus wird deutlich, dass der Mensch keineswegs absolut bewusst agiert. Je tiefer die Verarbeitung von Sinneseindrücken in unteren Gehirnteilen erfolgt, desto weniger sind sie uns bewusst. Es gibt zwischen den unteren Teilen und dem Neocortex Zwischenbereiche, die Verbindungen zwischen den tieferen und den oberen Bereichen herstellen. Hieraus rührt das oft zu beobachtende vorbewusste Empfinden. Gerade Werbeimpulse vermitteln eher allgemeine Eindrücke, als dass sie bewusst verarbeitet werden. Auch unsere Zielgröße »Image« hatten wir zu Beginn des Buches als Information Chunk, eine vorbewusste Einheit zur Entscheidungslenkung, kennengelernt.

Das Erleben im Gehirn ist meist bildlich. Das Entstehen von Bildern beginnt im Hirnstamm.[134] »Zwei Kerne im Hirnstamm ... wirken an der Erzeugung grundlegender Aspekte des Geistes mit, nämlich an den Gefühlen, die durch die laufenden Lebensereignisse entstehen ... Diese Gefühle sind aller Wahrscheinlichkeit nach die ursprünglichen Bestandteile des Geistes; ihre Grundlage sind die unmittelbaren Signale aus dem übrigen Körper.«[135]

132 Berinato, Scott, Blind für Neues, in: Harvard Business Manager April 2017, S. 39.
133 Roth (2013), S. 43.
134 Vgl. Damasio (2013).
135 Ebenda, S. 87.

Eine Grundausrichtung wird hier erzeugt: Die Sache gefällt oder gefällt nicht. Diese schickt die weitere Verarbeitung gleichsam auf den einen oder anderen Weg, also in eine positive oder negative Ausrichtung. Die Bewusstwerdung beginnt mit dem allgemeinen Gefühl, das sich auf das körperliche Empfinden bezieht. Der Schlüssel zur positiven Annahme liegt also in einem guten Gefühl, das Wohlbefinden zu fördern.

Damit hat Damasio die Vorstellung des Denkens, Empfindens und Entscheidens zusammengebracht: Aus dem körperlichen Empfinden entsteht ein Erfahrungsgedächtnis, das unbewusst aufnimmt, welche Verbindungen wir erlebt haben. Dieses Erfahrungsgedächtnis beginnt seine Arbeit bereits etwa vier Wochen vor der Geburt, also zu einer Zeit, aus der es noch keine bewussten Erinnerungen gibt. Das Erfahrungsgedächtnis schreibt seine Erfahrungen fort und gibt uns jeweils durch körperliche Signale zu verstehen, ob das, womit wir uns gerade auseinandersetzen, positiv oder negativ bewertet wird.[136] Wir fühlen uns wohl, wenn das Erlebnis für uns passt. Das ist meist im Bewusstsein nicht präsent. Trotzdem wirkt es. Dabei vertrauen wir auf Marken, für die wir Feuer gefangen haben.

Will das Markenmanagement positive Akzeptanz erreichen, gilt es, zum Wohlfühlen des Kunden beizutragen. Das erfordert die Stimmigkeit der Marke verbunden mit ihrem zugeordneten Versprechen und dem Empfinden der Kunden. Hier liegt ein Schlüssel für das CI-Management.

Körper und Gehirn bilden immer eine untrennbare Einheit. Wenn etwas innerlich bewegt, erfolgt eine Öffnung der Adern und eine Erhöhung der Pulsfrequenz – wenn eine Erhöhung der Pulsfrequenz zu beobachten ist, geht das also auf einen Umstand zurück, der innerlich bewegt.

Eine Person ist somit untrennbar zweiseitig: Körper und Gehirn agieren immer zusammen. Das hatten wir schon in der apparativen Marktforschung als Grundlage genutzt. Die Messung des Hautwiderstandes, um etwa die Aktivierung durch Filme zu ermitteln, fußt hierauf. Generell gilt für das CI-Management, dass Verhalten und Wertschätzung der Kunden emotional gesteuert wird.

Insgesamt sollte dieser Aspekt unser Menschenbild formen, in unserem Fall mithilfe der Persona für unsere Kern-Kunden. Wenn wir den Menschen als Einheit in Form eines Kreises darstellen, dann hat er notwendig zwei Seiten, die untrennbar miteinander verwoben sind:

136 Vgl. Damasio (1994).

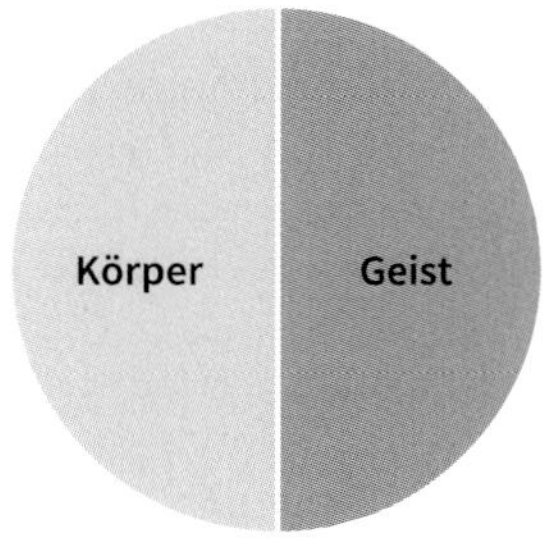

Person als Körper-Geist-Einheit

In den unteren Bereichen des Gehirns haben die Neurowissenschaftler insbesondere die Bereiche identifiziert, die über Emotionen einen großen Einfluss auf das menschliche Handeln ausüben. Sie werden zusammengefasst als limbisches System, das System der emotionalen Steuerung und Verarbeitung.

Das limbische System steuert und kontrolliert vor allem die menschlichen Grundfunktionen, so beispielsweise die Kreislaufregulation, Angriffs- oder Verteidigungsverhalten, Sexualbedürfnis und daraus erwachsend Triebe oder Affekte. Dieser (überlebens-)wichtige Bereich ist mit nahezu allen verhaltensrelevanten Teilen des Gehirns verbunden.

Im limbischen System wurzeln positive und negative Emotionen; hier sind das Risiko- und Angstempfinden angesiedelt. Unser limbisches System ist verantwortlich für eine erste reflexhafte Einschätzung, wenn wir mit Unbekanntem konfrontiert werden: Welche Konsequenzen hat das? Wie groß ist das Risiko?

Anerkannte Marken können insbesondere das Risikoempfinden reduzieren. Dieses lässt sich auf den Mere-Exposure-Effekt zurückführen.[137] Der US-amerikanische Psychologe Zajonc fand heraus, dass Menschen das, was ihnen schon einmal begegnet ist, positiver bewerten als etwas, auf das sie bisher noch nicht getroffen sind. Wenn Probanden Personenbilder gezeigt werden, dann bewerten sie diejenigen, die sie bereits einmal gesehen haben, als sympathischer. Dieser Effekt sicherte unseren Vorfahren das Überleben: Wenn schon einmal eine friedliche Begegnung stattgefunden hatte, war die mögliche Gefahr schon weitgehend gebannt. Der Effekt wirkt heute ebenso wie früher, auch bei Marken. Ein Markenname, den wir kennen, wirkt positiver auf uns als einer, den wir noch nie registriert haben.

137 Vgl. Müller, Christina J., Kuchinke, Lars, Bestgen, Anne-Kathrin, 9 Emotionalität in Bildern und Wörtern, in: Briesemeister, Benny B., Die Neuro-Perspektive, a. a. O., S. 127 f.

Allerdings kann diese positive Grundlage auch überschrieben werden, und zwar dann, wenn es zu negativen Erfahrungen in Verbindung mit einer Marke kommt. Das sei Warnung an diejenigen, die sagen: »Wir behaupten einfach etwas, egal ob es stimmt«. Das, was behauptet wird, sollte stimmen.

Das Gehirn arbeitet häufig mit Gegensystemen. Der Gegenspieler zum Angstempfinden ist das Belohnungsempfinden. Das Belohnungssystem veranlasst uns, das, was wir als positiv für uns registrieren, zu wiederholen.[138] Wenn wir uns wohlfühlen, schüttet unser Körper das Wohlfühlhormon Dopamin aus, was angenehme Empfindungen in uns auslöst. Bereits in Erwartung von angenehmen Ereignissen wird Dopamin ausgeschüttet.

Das Belohnungssystem treibt Kunden an. Dieses macht sich auch die Werbung zunutze, indem sie Freude durch das Erleben oder Genießen der Produkte in Aussicht stellt. Fragen Sie sich deshalb: Was schätzen die Kunden an unserem Unternehmen insbesondere? Was macht ihnen Freude, was empfinden sie als Belohnung?

Wir wollen Ordnung in die Erlebniswelt von Menschen bringen. Werner Kroeber-Riel hat die Begrifflichkeiten, die wir brauchen, in einer Arbeitsdefinition geklärt:

- Emotion = innere Erregungsvorgänge, die als angenehm oder unangenehm empfunden und mehr oder weniger bewusst erlebt werden. Sprachliche Muster: »Es ist angenehm.«, »Ich fühle mich wohl.«
- Motivation = Emotionen (und Triebe), die mit einer Zielorientierung Z in Bezug auf das Verhalten verbunden sind. Sprachliche Muster: »Ich will Z erreichen.«, »Ich möchte dieses tun!«
- Einstellung = Motivation, die mit einer – kognitiven – Gegenstandsbeurteilung verknüpft ist. Sprachliche Muster: »Ich halte G für gut.«, »Ich ziehe G vor.« »Die Einstellung lässt sich als Haltung oder Prädisposition gegenüber einem Gegenstand auffassen.«[139]

Eine Bezugsgröße kann eine Marke sein. Wenn erst einmal eine Haltung entstanden ist, dann ist sie sehr stabil. Das stellt ja gerade den Wert einer anerkannten Marke dar.

Wir haben den Begriff Image gegenüber dem Begriff Einstellung bevorzugt. Das ist nur ein sprachlicher Unterschied. Image ist die Einstellung zu einer Marke. Bezugsobjekt ist dann ein Unternehmen, konkreter die Unternehmensmarke.

Die drei Ebenen dienen der Präzisierung und sind die Stufen zur Messung.

138 Roth (2013), S. 47.
139 Kroeber-Riel/Weinberg, 53 f.

- **Ebene der Emotion:** Zuerst wird unterschieden zwischen sympathischen und weniger sympathischen Unternehmen. Ein Beispiel: BMW gefällt mir, A, B, C werden demgegenüber abstufend eingeordnet.
- **Ebene der Motivation:** Die allgemeine Einschätzung wird erweitert. Ein Beispiel: BMW ist sportlich, dynamisch. Diese Einordnung hat Auswirkungen: In einem BMW fühle ich mich wohl, der gibt mir etwas, damit kann ich mich sehen lassen. Analogien können gebildet werden: BMW ist kraftvoll wie ein Tiger.
- **Ebene des Images:** Die Vorkaufswirkung zeigt sich in Statements: Wenn Auto, dann kommt für mich nur BMW in Frage. Damit wird deutlich, dass die stärkste Wirkung besteht, wenn im Grunde keine kognitive Beteiligung mehr erfolgt. Das gilt für alle starken Marken: Wenn Waschmaschine, dann Miele. Wenn Betriebs-Software, dann SAP.

Mit dieser Stufung erhalten wir eine Struktur für die Erfassung und Messung. Konsequent leiten wir daraus unsere Zielsetzungen ab:

- Wir möchten, dass unsere Kunden unsere Marke als sympathisch ansehen.
- Wir möchten, dass unsere Kunden reichhaltige nützliche Assoziationen mit unserer Marke verbinden.
- Wir möchten, dass dieser Charakteraufbau, der sich daraus ergibt, uns zur Nummer 1 in dem Metier bei unseren Kunden macht.

Damit haben wir unserer Aufgabe die fundierte Ausrichtung gegeben. Wie können wir diesen Aufbau in den Köpfen der Kunden erreichen?

3.6.2 Erlebnisstrategie als Ansatz

Am Anfang des Erinnerns steht das Erlebnis. Die Grundlage, damit wir eine Marke erinnern, sind Erlebnisse mit dieser Marke. Unser Ansatz sollte daher eine Erlebnisstrategie sein. Selbst wenn im Laufe der Zeit die Erinnerung an das Ereignis schwindet, bleibt doch die positiv gespeicherte Erinnerung an die Marke. Deshalb ist auch das Image etwas Abstraktes, was sich nicht im Detail erklären lässt.

> Wesentlicher Teil des menschlichen Erlebens sind die Emotionen. Sie haben sehr weitgehende Steuerungsaufgaben. In der Unternehmensführung haben sie bislang oft eine untergeordnete Rolle gespielt – völlig zu Unrecht. Unser CI-Ansatz sollte auf jeden Fall eine emotionale Aufladung beinhalten.

Ohne Emotionalisierung hat eine Maßnahme keinen Wert für das Kundengehirn; sie löst keinen Antrieb aus. Letztlich geht es immer um ein Bedürfnis, das beim Kunden einen Antrieb auslöst. Dieser wird nicht immer gleich in die Tat umgesetzt, sondern erst einmal in Bezug gesetzt zu den Möglichkeiten, die bestehen, und zu zukünftigen

Bedürfnislagen. Das versetzt den Menschen in die Lage, durchaus auch Vorfreude zu entwickeln. Der Kunde kann sein aktuelles Handeln abkoppeln von seinen aktuellen Antrieben. Er kann etwas zurückstellen, er kann bei Gelegenheit darauf zurückkommen, er kann sich die zukünftigen Möglichkeiten ausmalen. Zwischengeschaltet ist eine »exekutive Kontrolle« im menschlichen Gehirn, die eben eine Verbindung herstellt zwischen dem früher Erfahrenen und den zukünftigen Erlebnissen. Das ist das typisch Menschliche: Das Gehirn verfügt über die Hoheit, Handeln und Antrieb zu trennen und zu kontrollieren. Wir können warten und uns auf etwas freuen. Das Belohnungssystem ist genau genommen ein Belohnungs-Erwartungssystem. Wir streben nach Wohlfühl-Ereignissen. Sie vermitteln uns ein gutes Gefühl.[140]

Das Bild von Körper und Geist wird für die Zwecke des Corporate Identity Managements um die Emotion ergänzt, um weiter zu differenzieren:

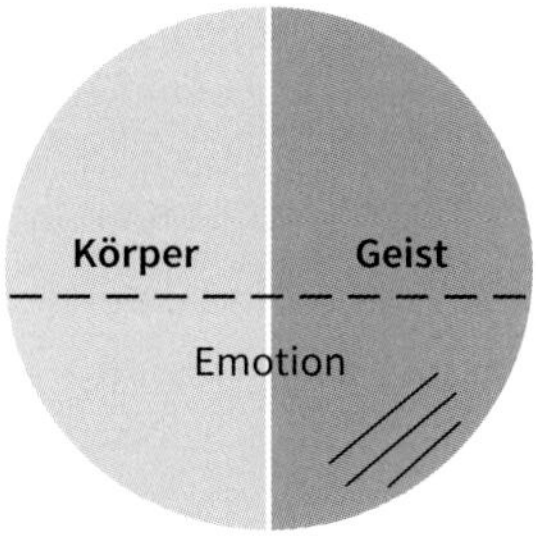

Körper – Geist – Emotion

Die Steuerung des Menschen erfolgt über Emotionen. Der Teil der Emotionen, der dem Menschen bewusst wird, wird als Gefühl bezeichnet (in der Abb. gestrichelt). Es handelt sich also um eine Wahrnehmung der wirkenden Emotion. Emotion selbst ist mehr als Gefühl. Gefühl ist die Repräsentation einer Teilwirkung der Emotion. Sprachliche Wiedergabe bezieht sich allein auf diesen Teil, das Gefühl, der andere Teil der Emotion ist ja nicht bewusst.

Alle Teile im Gehirn des Kunden wirken zusammen. Wahrnehmungen werden *parallel* vom kognitiven und vom limbischen System verarbeitet. Dabei wird zurückgegriffen auf Inhalte des kognitiven und Inhalte des emotionalen Gedächtnisses. Die Ergebnisse der Verarbeitung werden neu abgelegt. Sie überschreiben somit das bisher Gespeicherte und werden für die Steuerung des Verhaltens eingesetzt. Die Erfahrung aus diesem Verhalten führt wieder zu Rückgriffen auf kognitive und emotionale Inhalte, deren Verarbeitung und zu neuem Verhalten.[141] So entsteht ein permanent lernendes

140 Vgl. Bischof (2014), S. 385 ff.
141 Vgl. Roth (2013), S. 53.

System im Kopf. Immer aus Emotion und Kognition. Es greift zurück auf das, was sich bisher dazu im Kopf befindet.

Für die Kommunikation ist das wichtig: Der Kunde kombiniert einen neuen Impuls jeweils mit dem, was schon gespeichert ist: dem bestehenden Markenimage. Die bereits existierenden Erfahrungen entstammen einer hauptsächlich emotionalen Einschätzung. Ihre Veränderung kann nur über aktivierende Impulse erfolgen. Dabei filtert das limbische System aus, was gar nicht zu der Markenvorstellung passt. Der Kunde nimmt selektiv wahr. Das alles gehört in das Stammbuch des Kommunikationsmanagements.

Zu verstehen, was Kunden möchten und was sie bewegt, ist nicht einfach. Das menschliche Innenleben ist wesentlich umfänglicher, als es von Kunden geäußert wird, ja, werden kann. Menschen erleben sich selbst als Summe dessen, was ihnen bewusst ist. Das ist aber nur ein kleiner Teil von ihnen. Die Psychologie und die Neuroscience haben gezeigt, dass der größte Anteil der Verhaltenssteuerung unbewusst stattfindet: Der Beitrag gerade des limbischen Systems ist immer sehr hoch. So manches Mal weiß der Kunde gar nicht, warum er etwas nicht will; der »Bauch« sagt ihm, lass es besser sein, obwohl doch alle Argumente dafür sprechen. Hier meldet sich das Erfahrungsgedächtnis. Oft kann nicht erklärt werden, was nicht stimmt. Deshalb geht es in der Überprüfung von Maßnahmen um die generelle Stufe, wie sie ankommt, und speziell für eine Optimierung darum, welche verborgenen Botschaften enthalten sind. Diese lassen sich durch den Rückgriff auf die symbolische Sprache ermitteln: Was steckt noch darin? So zeigen sich unbewusste Verbindungen. Gleichzeitig können Fehlbotschaften vermieden werden.

Erneut zeigt sich die Untrennbarkeit von Körper und Geist. Das macht sich die Embodiment-Forschung zunutze.[142] Der Zusammenhang von Körper und Geist lässt sich erkennen: Auf Enttäuschung folgt ein entsprechender Gesichtsausdruck, auf ein glückliches Ereignis folgt eine gesamtkörperlich erfahrbare Euphorie. Dieser Zusammenhang lässt sich auch auf Marken übertragen: Ein Kunde streckt sich freudig, sobald er seine Lieblingsmarke erkennt. Ein positiver Zusammenhang erzeugt ein angenehmeres Markenerlebnis. Im Falle positiver Stimmung erfolgt die Aufnahme von Anstößen sehr viel leichter; der Kunde ist offen für Eindrücke und Erlebnisse mit der Marke. Daraus wird eine Linie für die Medienwahl: Impulse werden idealerweise in angenehmer Atmosphäre gesetzt; dann ist die Chance, dass dies zu einer positiven Erinnerung an die Marke führt, dramatisch höher.

142 Vgl. Tschacher, Wolfgang, Storch, Maja, Embodiment und Körperpsychotherapie, in: Künzler et al. (2010), S. 161 ff.

Im Allgemeinen erlebt sich ein Kunde als eine klare und stabile Persönlichkeit, die immer gleich reagiert. Bei genauerem Hinsehen reagiert ein Mensch in unterschiedlichen Situationen verschieden: Der strenge Chef ist im Familienleben der nachsichtige Vater, die besorgte Mutter ist im Job die engagierte Beraterin. Es lässt sich also keine generelle Beschreibung vornehmen; situativ wechselt das Verhaltensmuster. Insofern gibt es nicht *den* Kunden, sondern Kunden mit Bezug zu ihrer jeweiligen Aufgabe und in unterschiedlichen Lebenssituationen. Sie entwickeln mentale Konzepte, was zur Aufgabe passt, und werten dabei die Reaktion der Umwelt. Zur Verwirklichung seiner Vorstellung von sich nutzt ein Mensch auch Gegenstände. Ganz wichtig können dabei Marken und deren Anerkennung sein.[143] Das ist je nach Situation unterschiedlich.

3.6.3 Von Rollen- und Selbstkonzepten

Zur praktischen Handhabung für das Management dient das Rollenkonzept – die Rolle des Mitarbeiters, die Rolle des Kunden. So bildet die Person eine Vorstellung von dem passenden Agieren in der jeweiligen Aufgabe oder Situation, der jeweiligen Rolle. Diese Vorstellungen haben für das Verhalten eine ganz herausragende Bedeutung, es ist der Maßstab für das Handeln.[144] Wer sich mit Kunden auseinandersetzt, kann also nicht einfach von generellem Verhalten ausgehen, sondern muss das Rollenverständnis einbeziehen.

Wenn wir also später eine Persona unserer Kunden erstellen wollen, geht es genau genommen um die Person in der Rolle, in der sie unsere Marke nutzt. Dabei hat sie Wünsche, dabei erfährt sie Reaktionen aus der Umwelt. So differenziert muss unser Ansatz sein.

In einem Unternehmen spielte sich ein Wortwechsel ab: »Die neue Mitarbeiterin hat interessante neue Ideen. Das kann uns weiterbringen.« Die Antwort: »Den Eindruck hatte ich am Anfang auch. Aber jetzt ist sie seit einem halben Jahr bei uns, und inzwischen redet sie genau wie wir.« Was ist passiert? Es ist immer wieder zu beobachten, dass sich Gruppenmitglieder aneinander angleichen, wenn sie sich gut verstehen. Es gibt also nicht nur ein Bestreben nach Übereinstimmung *in* einem Menschen, sondern auch nach Übereinstimmung *mit* einer Gruppe, zu der Zugehörigkeit empfunden wird. Wer in ein gut aufgestelltes Unternehmen kommt, bemerkt meist sehr schnell gleiche Redeweisen, ähnliche Verhaltensweisen. Das ist die Wirkung von Identifikation, das führt zu erkennbarer Unternehmens-Identität und einer gemeinsamen Kultur.

143 Vgl. Solomon (2013), hier: Kapitel 5: Das Selbst, S. 173 ff.
144 Vgl. Steiger, Thomas, Das Rollenkonzept der Führung, in: Steiger/Lippmann (2018), S. 35 ff.

Der einzelne Mitarbeiter erlebt sich als Teil des Ganzen. Er schätzt dieses. Andere sprechen ihn darauf an, er ist stolz darauf. Es gehört zu ihm, ist im weiteren Sinn Teil seines Selbstverständnisses.

Das Selbst hat verschiedene Erlebnisformen, die sich einstellen auf die Umwelt und die ergänzt werden um Darstellungen in dieser Umgebung. Es wird in diesem Zusammenhang auch von dem »Extended Self«, dem erweiterten Selbst gesprochen.[145] Das Selbstkonzept beinhaltet wesentliche Merkmale, zu denen ein enger Bezug empfunden wird, oft auch in Form von Marken oder Unternehmenszugehörigkeit. Über die Sozialen Medien lässt sich das gewünschte Selbstkonzept besonders gut inszenieren. Das begründet zu einem großen Teil deren Erfolg. Marken können dieses unterstützen.

Eine neue Art des Selbst hat sich durch die Instrumente der Digitalisierung ausgeprägt: das quantifizierte Selbst. Die Resonanz der Umwelt wird ersetzt oder flankiert durch die Resonanz von Messgeräten. So misst der Einzelne etwa mit der Apple Watch seinen Puls und seine Schritte und vieles Weitere über den Tag. Die soziale Verbindung wird so manches Mal ersetzt durch die quantifizierte, häufiger sind jedoch Kombinationen daraus. Sie begründen das Extended Self, das durch die Anerkennung der anderen gestärkte Selbst.

3.6.4 Das Kundengehirn liebt Vereinfachungen

Bewusstes Nachdenken ist anstrengend und braucht viel Energie. Daher vermeiden wir es, so oft es geht. Das Gehirn sträubt sich sozusagen, in volle Aktion überzugehen. Wir denken daher gerne in Mustern und Vereinfachungen. Eine willkommene Vereinfachung ist das Verlassen auf eine bewährte Marke. Im Hirnscanner lässt sich jeweils beobachten, dass das Kundengehirn bei von ihm geschätzten Marken weniger aktiv ist. Dann muss der Umgang damit nicht in höhere Hirnbereiche aufsteigen; die Entscheidung hat sich ja schließlich bewährt. In der sozialen Gruppe sind diese Marken akzeptiert, vielleicht Teil der Gruppenidentität. So bilden Marken, wenn sie stark sind, die gesuchte Entlastung für das Kundengehirn.

Menschen greifen ständig auf Vereinfachungen zurück und sie lieben es, nach eingespielten Weisen zu handeln. Das erfordert kein Nachdenken. Wie soll etwa eine komplizierte Frage beantwortet werden? Durch Nachdenken und Recherche? Welcher Aufwand! Komplizierte Fragen werden im Kopf gerne durch einfache Fragen ersetzt,

145 Vgl. Keite, Lothar, Paulus, Lisa, Mentale Konzepte erweitern lineares Neuromarketing, in: marketing-site.de vom 21. Februar 2012.

um entsprechend einfache Antworten darauf zu entwickeln. Fast jede Talkshow führt dieses Phänomen vor. Es hat auch Auswirkungen auf die Marketingforschung. Fragen Sie sich also bei der nächsten Umfrage: Wurden die Fragen so einfach formuliert, dass sie simpel zu beantworten waren, oder waren sie zu kompliziert und wurden sie deshalb vom Kunden simplifiziert?[146]

Für den Corporate Identity Manager ist hier erhöhte Aufmerksamkeit geboten. Wir haben gesehen, dass die Marketingforschung eine zentrale Kompetenz darstellen sollte, geht es doch im Kern um Kundenkenntnis und das Markenimage, das bei Kunden vorhanden ist. In einem Institut wie dem Institut für Demoskopie Allensbach ist Mittelpunkt der Marktforschungskompetenz die Fragebogen-Konferenz.[147] Völlig zu Recht, kann nur gesagt werden, denn erst die richtigen Fragen führen zu brauchbaren Antworten!

3.6.5 Strukturen helfen in der Verarbeitung

Vereinfachungen führen zu Verzerrungen. Es liegt auf der Hand: Eine vereinfachte Frage kann nicht genau einer komplizierten entsprechen. Aber das Gehirn sucht weitere Möglichkeiten: Zur Vereinfachung des Umgangs mit den Gedächtnisinhalten nutzt das Hirn der Kunden Schemata oder Kategorien zur Vorsortierung und als Ordnungsschema.

Eine übersichtliche Marken- und Submarkenstruktur ist für das Kundengehirn eine große Hilfe.

Ein Werbungtreibender darf niemals die Illusion hegen, dass alle Details aufgenommen und verarbeitet werden. Andererseits können unkorrekte Details schnell zu Irritationen und zum Abbrechen der Verarbeitung in den Kundengehirnen führen.

Gerne werden zur Simplifizierung auch vermutete Entsprechungen genutzt: Eine gut aussehende Person wird mit mehr positiven Eigenschaften assoziiert. Eine beeindruckende und wertige Werbung steht für ein starkes Unternehmen. Gut strukturierte Gestaltungen zeugen von einem ehrlichen Absender. Eine übersichtliche Markenstruktur signalisiert Kompetenz.

Solche Zusammenhänge will meist jedoch niemand wahrhaben. Das CI-Management muss gerade im Bereich der qualitativen Marktforschung stark sein, denn es geht

146 Vgl. Kahneman (2012), S. 98 ff.
147 Vgl. Hildebrandt, Tina, Sie weiß, was Wähler denken, in: Die Zeit vom 21. September 2017, S. 36.

um die geeignete emotionale Aufladung der Unternehmensmarke. Das gelingt umso leichter, je mehr Sinne angesprochen sind.

Die Botschaft sollte auf jeden Fall fokussiert sein. Dem Gehirn gelingt es nicht, zwei Kategorien gleichzeitig zu verarbeiten. Dann wird auf sequentielle Bearbeitung geschaltet, wenn es um Inhalte geht, die in unterschiedliche Schubladen einzuordnen sind.

Das hat deutliche Konsequenzen: Wenn eine Marke eine Kompetenz besitzt, werden ihre Aussagen und Angebote akzeptiert. Außerhalb der zugeordneten Kompetenz allerdings nicht. Positiv gesprochen: Schuster bleib bei deinen Leisten und erkläre das klar und eindeutig.

Wenn eine Werbebotschaft viele Themen beinhaltet, stockt die Verarbeitung sehr bald, da der Aufwand der sequentiellen Behandlung zu hoch ist.

Die Speicherung einer Marke im Kopf kann angesehen werden als ein assoziatives Netzwerk. Die Marke selbst bildet dabei gleichsam eine Plattform. Hierbei handelt es sich nicht um fotografische oder sonstige akkurate Verbindungen, sondern um als plausibel empfundene Zuordnungen. Wichtig ist darüber hinaus, dass die gespeicherten Assoziationen zu der Kategorie, in welche die Einordnung erfolgt, jeweils sofort hinzugefügt werden. Im Gehirn entstehen keine detailgenauen Abbilder, sondern immer ergänzte und interpretierte Wahrnehmungen. Wir hatten in diesem Zusammenhang häufiger von einem »Information Chunk« gesprochen.

Das unterstreicht, dass sich die Markenführung mit den Erwartungen der Kunden auseinandersetzen muss, wenn sie wirksam sein will. CI-Management funktioniert nur bei Beachtung der jeweiligen Werte und Grundüberzeugungen der Kunden. Die Chance: Deren Einstellungen sind sehr stabil. Sie eignen sich damit gut als Grundlage.

3.6.6 Zielgruppen-Persona

Auf Basis dieses Wissens über den Menschen und seine Art zu denken und zu handeln, lässt sich die jeweilige Zielgruppe leichter entwickeln. Als Technik haben wir uns vorgenommen, eine Persona zu nutzen, worunter wir die typische Beschreibung einer Zielgruppenperson verstehen. Der Ausflug in die Psychologie und die Neuroscience hat uns die Erkenntnis vermittelt, dass wir nicht nur objektive Handlungen, sondern auch Beweggründe zum Bestandteil der Persona machen. Wer in Kommunikation mit einer Zielgruppe treten will, sollte in der Lage sein, die emotionale Seite zu beherrschen. Es ist die dringlichste Aufgabe für die Ausgestaltung der Persona, Wünsche und Reaktionen in der Rolle zu verdeutlichen, in der die Marke genutzt wird. Erst wenn diese angesprochen werden, kann durch die Aktivierung das assoziative Netzwerk im Kopf der Kunden ausgebaut werden.

Wir hatten bei der Betrachtung der psychologischen Grundlagen mit Carl Gustav Jung drei wesentliche Bereiche der Psyche gesehen. Daneben wollten wir für die Zwecke der Mediaselektion die erforderlichen demografischen Daten bereithalten. Die daran orientierte Beschreibung des Ziel-Kunden wird damit anhand folgender Aspekte ermittelt:

1. Demografie: Wer ist es und wie kann die Person erreicht werden?
   → Professionelle Zielgruppen- und Mediaselektion
2. Rolle: Wo und wie ist die Person mit der Aufgabe befasst?
   → Situativ passende Ansprache
3. Wunschbild: Welche emotionale Aufladung passt am besten zur Person?
   → Passende emotionale Ebene
4. Soziale Erwartungen: Mit welchen Mitteln kann die Person am besten in ihrem Umfeld unterstützt werden?
   → Passende Geltung in der sozialen Gruppe

Zielgruppen-Persona:		
	**Demografische Beschreibung**	**Rolle und Grenzen**
	• Name • Geschlecht • Alter • Bildung • Einkommen • Mediennutzung	• Welche Aufgaben bewältigt die Person mit unseren Leistungen? • Was wird in der Peergroup oder im Unternehmen erwartet? Welche Grenzen gibt es (Beispiel: Budgetrestriktionen)?
	Eigenes Wunschbild	**Gruppe / Erwartungen**
	• Was wünscht sich die Person in ihrem Leben? • Was treibt sie an? • Wie trägt die Aufgabe dazu bei?	• Was wird von der Person in der Gruppe erwartet, hier speziell in der Bewältigung der Aufgabe? • Fällt das Ergebnis auf?

Die so abstrakt entwickelte Persona erhält in der täglichen Arbeit mehr und mehr Konturen und Persönlichkeit. Üblich ist es auch, ihr einen Namen zu geben; so wird die Orientierung am Kunden zusätzlich erleichtert: Wird das auch Paul oder Paula gefallen?

Je mehr Ausgestaltung die Persona bekommt, desto wirksamer ist sie. Wie zieht sich die Persona an? Wie ist das Verhältnis der Persona zu uns, unserer Marke? Passende Bilder helfen dabei.

An dieser Stelle fragen CI-Manager aus dem B2B-Bereich, wie sie vorgehen sollen. Wir hatten Unternehmen wie eine Person gesehen. Das gilt natürlich auch für Kunden-Unternehmen. Sie eint in aller Regel eine gemeinsame Kultur. Deshalb können auch sie als Persona beschrieben werden.

Die Unternehmens-Persona ist Basis für die generelle Ausrichtung der Kommunikation. Die typischen Mitglieder des Einkaufsgremiums können wie Einzelpersonen beschrieben werden. Personas von Unternehmen und Mitgliedern des Einkaufsgremiums helfen, die Beteiligten besser anzusprechen.

Wer regelmäßig die neuesten Erkenntnisse zur Zielgruppe austauscht, hat damit einen Prozess begonnen, sich immer wieder mit den Zielpersonen zu beschäftigen. Diejenigen, die so immer mehr ein vertieftes Bild der Kern-Kunden bekommen, haben damit den Weg gefunden, gezielt für diese zu arbeiten. Und das ist unsere Aufgabe.

Wir sind eine lange Phase in der Vorbereitung gegangen. Aber deren Qualität ist entscheidend für den Erfolg des Corporate-Identity-Prozesses. Eine tiefe Kundenkenntnis ist dabei ein wichtiger Ausgangspunkt für die Einleitung dieses Prozesses, um wirklich zielorientiert zu agieren. Nun sind wir in der Lage, den Corporate Identity-Prozess in das gesamte Unternehmen zu tragen.

3.6.7 Lernen am Praxisbeispiel

Wir wollen vorher sehen, wie es bei der Direktorin Strategische Markenführung von PalloneGas weitergeht. Sie hat ja schon vier Fokusgruppen initiiert und deren Ergebnisse in den Prozess der Vorbereitung mit der Geschäftsführung eingespielt. Zudem hat sie die notwendigen strukturellen Maßnahmen in die Wege geleitet durch Einrichtung zielführender Projektgruppen.

Vera Sturm steht damit an dem Punkt, den finalen Workshop mit der Geschäftsführung im Vorfeld des Projektstarts durchzuführen. Wie vereinbart kommt es zu einer Klausurtagung am Wochenende.

Das Kurzprotokoll der Ergebnisse:

1. Im Workshop wird gemeinsam eine Persona des verantwortlichen Kunden-Managers erstellt:

Zielgruppen-Persona:		
	**Demografische Beschreibung**	**Rolle und Grenzen**
	• Die überwiegende Mehrheit sind verantwortliche Ingenieure für die Infrastruktur und den Betrieb des Unternehmens. • Sie sind im Durchschnitt etwa 50 Jahre alt und männlich. • Das Internet nutzen sie professionell; darüber hinaus gehen sie gerne zu Fachtagungen. • Mit Kollegen bilden sie WhatsApp-Gruppen.	Sie sehen sich in einer besonderen Rolle: Sie sind die Verantwortlichen für das Funktionieren des Unternehmens. Sie übernehmen gerne Verantwortung, ja, manches Mal haben sie den Eindruck, dass die anderen im Unternehmen ihre zentrale Rolle gar nicht so deutlich sehen.
	Eigenes Wunschbild	**Gruppe / Erwartungen**
	• Sie sehen sich als die Ermöglicher: Nur durch sie läuft der Laden. Das ist durchaus eine Aufgabe, die ihren Vorstellungen nach Wirksamkeit entspricht. • Ein Unternehmenspartner auf Augenhöhe kann zur Verwirklichung beitragen, durch gemeinsame Lösungen und einen fachlichen Austausch.	• Wenn etwas nicht läuft, sind die Kolleginnen und Kollegen sofort bei den verantwortlichen Managern. Dann gilt es, schnell Abhilfe zu schaffen. • Fehler sollen aber möglichst gar nicht passieren; es soll alles immer laufen. Dann wird die Aufgabe allerdings kaum wahrgenommen.

2. Schlussfolgerungen:
   - Als PalloneGas sind wir in Gefahr, wegen mangelnder Akzeptanz Kunden zu verlieren.
   - Wir benötigen dringend eine Erweiterung der Kompetenz-Zuordnung.
   - Das wird ein langer Weg sein: Selbst diejenigen, die heute eine umfassende Versorgung von uns erhalten, sind nicht wirklich überzeugt.
   - Vom Charakter her wird ein erkennbar Wissender als Lieferant erwartet.
   - Es empfiehlt sich, durch qualifizierte Maßnahmen gerade die Expertenschaft zu verdeutlichen.
   - Das kann über fachlichen Austausch erfolgen. Hier können Formate von Treffen mit fast wissenschaftlichen, aber auch pragmatischen Diskussionen auf Interesse treffen.
   - Die Ansprache sollte hoch wertschätzend sein, eben die richtige Ebene für die zentral Verantwortlichen für den Lauf des Unternehmens, die meist, wenn alles problemlos klappt, zu wenig Anerkennung erhalten.
3. Die Soll-Positionierung wird mit diesen Informationen erweitert:
   - Energiemanagement-Partner für mittelständische Kunden, hier vor allem die metallverarbeitende Industrie, sodass das gesamte Energie-Management voll und ganz übertragen werden kann.

   - Unabhängiger Partner, der sich bestens in zukunftsstabilen Lösungen auskennt.
   - Der Fachmann, der immer wieder neue nachhaltige Ansätze vorstellt, der dazu Studien erstellt, der zu Fachkongressen einlädt und die Partner intensiv in die Fachdiskussion einbezieht.
   - Der Begründer von Energie-Management up-to-date und up-to-tomorrow, der Schöpfer weiterführender Lösungen.
   - Eigenschaften: souverän, wissend, darauf kann man bauen, und kommunikativ.
   - Art und Weise: innovativ, vorausdenkend, kommt mit Ideen für Energie-Management heute und morgen.
4. Prioritäten:
   a) Eigene Aufstellung: Start des Corporate-Identity-Prozesses.
   b) Im Prozess den Austausch nach innen und außen vornehmen.
   c) Grundlagen schaffen für Know-how-Formate.
5. Vera Sturm übernimmt die Leitung für die Konzeption einer Auftaktveranstaltung.

Der Geschäftsführungskreis sieht sich so gut vorbereitet für den anstehenden Prozess, dessen Wichtigkeit nun noch viel klarer geworden ist.

3.7 Schritt Nr. 1: Initialisieren des Corporate-Identity-Prozesses

Jetzt gilt es! Alles ist gut vorbereitet. Das war wichtig. Der Prozess zur Neujustierung der Corporate Identity soll im Unternehmen gestartet werden. Seine Bedeutung muss von Beginn an deutlich werden. So beginnt der Prozess notwendig damit, ihm die volle Aufmerksamkeit zu verschaffen: In aller Regel steht am Anfang eine Startveranstaltung, ein Big Bang, der zeigt, dass ab jetzt eine Entwicklung beginnt. Änderungen erzeugen Abwehrreflexe bei den Beteiligten. Der Start und damit die Ausrichtung der Entwicklung in eine konstruktive Bahn entscheiden über den Erfolg des Prozesses. Für das Unternehmen geht es darum, die Mitarbeiter vom Unternehmensauftrag zu überzeugen. Dabei hilft wiederum auch die emotionale Seite, der Stolz darauf, Teil dieses Unternehmens zu sein. Und die Freude daran, an dem Prozess der Entwicklung teilzunehmen.

Was ist der Auftrag des Unternehmens? Immer dann, wenn die Mitarbeiter diesen klar benennen können und zudem dahinterstehen, hat das Unternehmen einen Vorteil. Er schafft Identifikation. Dan Ariely hat sich mit der Frage des Sinns in der Arbeit und den Auswirkungen für den einzelnen Mitarbeiter wie für das Unternehmen befasst. Er kam zu dem Ergebnis, dass Mitarbeiter, die Sinn in ihrer Arbeit sehen, deren Arbeitsergebnis anerkannt wird, deutlich zufriedener, deutlich produktiver und deutlich loyaler sind. »Seitdem Arbeit ein zentraler Teil unseres Lebens ist, ist es nur natürlich für die Menschen, Sinn darin finden zu wollen – zumindest in der einfachsten und kleinsten Form.«[148] Er kommt zu der Schlussfolgerung, »dass, wenn man Menschen nimmt, die etwas lieben ..., und man setzt sie in eine sinnhafte Arbeitsumgebung, dann ist die Freude, die sie aus der Aktivität ziehen, ein starker Antrieb für ihr Leistungsniveau. Wenn man jedoch dieselben Menschen mit der gleichen anfänglichen Leidenschaft für die Sache in eine sinnlose Arbeitsumgebung setzt, kann man sehr leicht deren anfängliche Freude töten.«[149]

Das Marktforschungsunternehmen Gallup ermittelt jährlich den »Engagement Index«, der Auskunft darüber gibt, wie hoch der Grad an emotionaler Bindung von Mitarbeitern an ihr Unternehmen ist. Für Deutschland bewegte sich der Anteil der Beschäftigten mit hoher emotionaler Bindung an ihr Unternehmen in diesem Jahrhundert im Schnitt immer um 15 %; im Jahr 2009 nach der Finanzkrise sank er auf den tiefsten Wert von 11 %. Der Anteil der Beschäftigten mit geringer emotionaler Bindung liegt recht stabil bei 70 % und der Anteil derer, die keine emotionale Bindung zu ihrem Unternehmen haben, bei durchgehend etwa 15 %. Das ist keine hohe Bindungsquote. Ein Ziel des Corporate- Identity-Prozesses sollte sein, deutlich überdurchschnittliche Werte zu erreichen: Emotional stark an ihr Unternehmen gebundene Beschäftige suchen kaum nach Jobalternativen, empfehlen die Produkte und ihren Arbeitgeber selbst zu einem großen Teil weiter. Beschäftigte ohne emotionale Bindung sind keine Markenbotschafter; 18 % von ihnen suchen nach einem anderen Arbeitsplatz – sind also mehr mit anderen Fragen als ihrer Arbeit befasst, empfehlen überwiegend weder Produkte noch das Unternehmen selbst.[150]

Dieses Engagement für das eigene Unternehmen und damit die Identifikation mit dem Arbeitgeber werden jedoch nicht mit Top-down-Anweisungen und von oben verordneten Schulungen erzielt werden. Es gilt, ein wirksames gemeinsames Leitbild zu schaffen, das für die Mehrheit der Beschäftigten koordinierende Wirkung für ihre Aufgabe im Unternehmen hat. Hierzu braucht es die Beteiligung der Mitarbeiter am Prozess. Allerdings ist auch das Gegenteil – ein von unten nach oben wirkender Prozess – nicht zielführend, denn er entbehrt der notwendigen Strategie; ein solches Vorgehen schafft zwar Mitarbeit, aber keine Wirkung am Markt.

Insofern scheiden die jeweiligen Extreme aus. Es kommt auf die passende Mischung an. Die Notwendigkeit einer Neuausrichtung mag zwar für Außenstehende offensichtlich sein. Eine Organisation tickt jedoch nur sehr begrenzt in der Weise, dass Not-

148 Ariely (2010), S. 80 (Eigene Übersetzung).
149 Ariely (2010), S. 72 (Eigene Übersetzung).
150 Alle Zahlen aus: www.ilea-institut.de/wp-content/uploads/2018/09/GEI_2018_Mitarbeiterbindung_Agilität.pdf.

wendigkeiten zu Handlungskonsequenzen führen. Änderungen führen innerhalb der Organisation zu Verunsicherungen und Reaktanz. Dies kann nur durch die Einbeziehung aller Beteiligten in den Prozess vermieden werden. Der Prozess sollte also als partizipatives Vorgehen gestartet werden. Erst Beteiligung führt zur Akzeptanz, ein Grundprinzip erfolgreicher Führung.

Prozesse ohne klare Ausrichtung führen ebenfalls zu Unsicherheit. Deshalb ist die Vorbereitungsphase so wichtig gewesen. Aufgabe der Führung ist es nun, den Weg zu weisen. Aufgabe der Führung ist es, ein erstrebenswertes Ziel zu formulieren und die Mitarbeiter einzuladen, dabei mitzuwirken. Diese zwei Faktoren sind die entscheidenden Mechanismen in allen Gruppenprozessen.

Die Startveranstaltung ist also so zu konzipieren, dass ein motivierendes Ziel gesetzt und der Startschuss für die Mitwirkung gegeben werden. Denn erst wenn es eine wirksame Möglichkeit gibt, an der Erreichung eines erstrebenswerten Ziels mitzuwirken, beginnt wirkliche Beteiligung. Deshalb ist die strategische Ausrichtung zu formulieren, der Prozess zu strukturieren und es sind Formate zu schaffen, dass die Mitarbeiter sich auf allen Ebenen gerne beteiligen.

Bei der Planung der Auftaktveranstaltung sollten folgende Aspekte berücksichtigt werden:

- Von Anfang an sollte klar sein, warum der Prozess begonnen wird: Welches Ziel soll damit erreicht werden und was bedeutet das für jeden einzelnen Mitarbeiter? Es gilt hier, Sinn und Transparenz zu schaffen.
- Zusammenhalt ist das Kernanliegen, das mit Corporate Identity verfolgt wird. Daher ist als zweiter Punkt zu verdeutlichen, wie das Zusammenspiel zwischen allen Beteiligten erfolgt:
  - Die einzelne Abteilung als Einheit erarbeitet Ergebnisse.
  - Die Abteilungsergebnisse werden auf Bereichsebene zusammengeführt und qualifiziert weiterentwickelt.
  - Die Bereichsergebnisse werden zusammen mit der Unternehmensleitung zu einem Unternehmensstandard entwickelt. Den Mitarbeitern sollten dabei zwei klare Botschaften vermittelt werden: Dass ihre Mitwirkung ausdrücklich erwünscht ist und dass ihre Arbeitsergebnisse einen Wert haben und in den Prozess miteinfließen.
- Es sollte gleich erkennbar sein, dass es leicht ist mitzuwirken, beispielsweise mithilfe einer Kombination aus Projektsitzungen in Form von Workshops, einer Knowledge-Base im Intranet und einem Austausch im Social Intranet.
- Wie kann die Aufgabenstellung besonders attraktiv übermittelt werden? Dabei spielt der inhaltliche Bezug eine wesentliche Rolle: Menschen nehmen ganzheitlich wahr. Die Form der Inszenierung sollte dem Rechnung tragen. Darüber hinaus sind Besonderheiten des Unternehmens zu berücksichtigen: Sind alle Beschäftig-

ten an einem Ort oder sind sie verteilt über verschiedene Standorte? Können wir angesichts der Unternehmensstruktur eine oder wenige Anfangsveranstaltungen durchführen oder brauchen wir ein Format, wie die Botschaft auf interessante Weise in jede Abteilung eines weltweit verästelten Konzerns gelangt? Auch hier stehen digitale Möglichkeiten zur Verfügung: Videobotschaften im Intranet, Streaming einer zentralen Veranstaltung in jede Einheit weltweit, Abruf zu unterschiedlichen Zeiten aufgrund der Zeitverschiebung. Hier kommt es auf eine gute Regie an. Die Möglichkeiten haben sich aufgrund der Digitalisierung deutlich erweitert. Allerdings sollte auch immer die emotionale Seite berücksichtigt werden. So kann die beste digitale Präsentation das persönliche Element eines Gesprächs von Angesicht zu Angesicht nicht ersetzen. Vor allem am Anfang braucht es oft den persönlichen Kontakt, um die Mitarbeiter an Bord zu holen.

3.7.1 Exkurs: Skalierbarkeit der Maßnahmen

Das CI-Management sollte im weiteren Verlauf des Prozesses messen können, ob die Übereinstimmung mit dem gemeinsamen Versprechen zunimmt, ob die Identifikation wächst. Grundlage dafür sind Mitarbeiterüberzeugung und -zufriedenheit. Beides sind typische Steuerungsgrößen des Human-Resources-Bereiches.

Im Personalbereich werden oft in regelmäßigen Abständen Mitarbeiterbefragungen durchgeführt, um einen Überblick darüber zu erhalten, wie die Stimmung im Unternehmen ist. »Die meisten Unternehmen wählen Mitarbeiterengagement, -commitment und/oder -enablement als zentrale Dimensionen des Fragebogens.«[151] Aus Sicht der Corporate Identity fehlt dabei die inhaltliche Perspektive: Engagement wofür? Commitment wozu?

Die Standard-Mitarbeiterbefragungen sind oft nur von geringem Aussagegehalt und insbesondere fehlt die Handlungsorientierung. Diese ist gemeinsam mit dem Personalbereich in die Befragungen aufzunehmen. Wesentlicher Punkt dabei ist die Ermittlung der Faktoren, die zur Mitarbeiterzufriedenheit führen. Dazu sollten die folgenden Bereiche in den Befragungen Berücksichtigung finden:

- Welchen Sinn sieht der einzelne in seiner Arbeit oder anders ausgedrückt: Wann erlebt er sich selbst als wirksam? = Aspekt der persönlichen Weiterentwicklung
- Wie ist die Zusammenarbeit in der Abteilung und mit anderen Abteilungen? = Sozialer Aspekt

151 Rexroth, Hanna, Zukunft der Mitarbeiterbefragung. Bottom-up statt Top-down, in: Keller/Tuschl (2016), S. 264.

- Wie sind die Arbeitsbedingungen, die Räume und die Ausstattung? = Arbeitsumfeld

Diese drei Komponenten gehören zu der erlebten Arbeitswirklichkeit und fließen zusammen ein in die Gesamteinschätzung.

Befragungen haben Grenzen. Wir haben das in der Marktforschung betrachtet, hier ist es noch ausgeprägter, da es sich um eine bekannte Gruppe handelt. Wie in der Kundenforschung erst durch die qualitative Marktforschung Gründe für das Handeln ermittelt werden, sind hier ebenfalls Möglichkeiten zu schaffen, die Ergebnisse zu vertiefen. In einem Unternehmen unterliegen die möglichen Verfahren besonderen Bedingungen, da die Mitarbeiter dauerhaft zur Arbeitsgruppe gehören. Verfahren der Personalforschung sind sehr persönlich und mit den Arbeitnehmervertretern abzustimmen. Unternehmen werden sich selbst Grenzen auferlegen, da sie auf das Vertrauen ihrer Mitarbeiter gegründet sind. Deshalb stellt sich die Frage, ob es nicht akzeptable Methoden gibt, die eingesetzt werden können.

Eine typische Methode der Sozialwissenschaften, die sich zur Ermittlung dieser Faktoren anbietet, ist die begleitende Beobachtung: Mitarbeiter aus dem Personalbereich vereinbaren, an Abteilungssitzungen teilnehmen zu dürfen. So bekommen sie einen Eindruck vor Ort. Daneben eignen sich Workshops, in denen Fragen zur Zusammenarbeit und Führung behandelt werden, als Analyse- und Entwicklungsinstrument. Die eventuell notwendig werdende Anonymisierung kann zudem dadurch erfolgen, dass externe Personalexperten mit der Verpflichtung zur Verschwiegenheit die Maßnahmen durchführen und die Ergebnisse ohne Namensbezug auswerten.

Um den CI-Prozess steuern zu können, ist es notwendig, belastbare Rückmeldungen zu erhalten. Befragungen werden seitens der Mitarbeiter nur akzeptiert, wenn sie eine geeignete Form haben. »Soziale Medien, Apps und Smartphones prägen die Art, wie neue Generationen Einfluss nehmen, ihre Meinung sagen und Technologie nutzen. Eine Befragung mit einem Ergebnisbericht wirkt dagegen nicht mehr zeitgemäß.[152] Hier hilft das Social Intranet als Instrument. Es kann mit geeigneter Software auch für Mitarbeiter-Feedback genutzt werden. Die Rückmeldemöglichkeiten sind damit einfacher und schneller, die Auswertungen leichter. Insofern empfiehlt es sich als Arbeitsgrundlage im Corporate-Identity-Prozess. Dabei muss jedoch der Datenschutz gewährleistet werden. Das lässt sich bewerkstelligen durch die entsprechenden Voreinstellungen und Programmierungen, die die Befragungen anonymisieren, sodass keine Zuordnung mehr zum einzelnen Mitarbeiter möglich ist. Alle Auswertungen beziehen sich allein auf Gruppen in Größenordnungen, in denen keine

152 Ebenda, S. 268.

Einzelzuordnung erfolgen kann. In Zusammenarbeit mit dem Datenschutzbeauftragten und dem Betriebsrat muss sichergestellt sein, dass das System immer Mindestgruppengrößen einhält. Auswertungen sind dadurch leichter möglich, auch in Bezug auf spezielle Fragen. Weiterer positiver Effekt: Es können differenziertere und damit aussagefähigere Rückmeldungen eingeholt werden.

Die Befragung via Social Intranet muss keine einmalige Aktion sein. Sie kann als permanentes Feedback-Instrument eingerichtet werden. So kann die Beantwortung der Fragen zu jeder Zeit von einem Mitarbeiter vorgenommen werden. Transparenz wird geschaffen, wenn der aktuelle Stand zur Befragung jederzeit von den Mitarbeitern eingesehen werden kann. Das System kann repräsentative Ergebnisse sicherstellen: Es greift auf eine anonyme Gruppe an Mitarbeitern zu. Dabei wird immer die letzte Eingabe eines in die Auswertung einbezogenen Mitarbeiters verwendet. So wird der Einzelne mit seinem aktuellsten Feedback berücksichtigt. Um die Eingaben aktuell zu halten, bietet es sich an, die Mitarbeiter in vorab definierten Zeitabständen an eine erneute Teilnahme zu erinnern.

Viele Befragungen gehen an der täglichen Wirklichkeit vorbei. Mitwirkung ist jedoch immer auch eine Frage des erkennbaren Nutzens. Dafür ist eine Differenzierung erforderlich: Jede Abteilung kann dafür beispielsweise einen eigenen Befragungsteil gestalten und für den allgemeinen Teil der Befragung Fragevorschläge abgeben. Die Mitarbeiter sollten nicht nur in die Befragung eingebunden sein, sie sollten auch an der Auswertung beteiligt sein. Hierfür bietet es sich an, einmal pro Halbjahr ein Abteilungsgespräch stattfinden zu lassen, in dem die Ergebnisse besprochen und Verbesserungen verabredet werden. Mit diesen Maßnahmen wird ein kontinuierlicher Verbesserungsprozess installiert.

Mit dem Instrument der Mitarbeiterbefragung ist die Mitwirkung und Beteiligung der Mitarbeiter jedoch noch lange nicht erschöpft. Digitalisierung und die damit einhergehenden Folgen in der Arbeitswelt verlangen nach einer partizipativen Führung. Bedingung für die Annahme von Änderungen ist die Beteiligung. Deshalb ist es Prinzip erfolgreicher Führung, die Betroffenen einzubeziehen, eben partizipieren zu lassen. Hier gilt es zu prüfen, wie das Unternehmen in puncto Mitwirkung aufgestellt ist. Die direkte elektronische Verbindung hat im breiten Verständnis auch dazu geführt, dass Mitwirkung erwartet wird und Teams in einfachem Austausch miteinander agieren. Deshalb ist die Neujustierung erst vollständig, wenn die Arbeitsweise der digitalen Transformation entspricht. Neben der inhaltlichen Seite, dem Leitbild, ist auch der Führungsaspekt notwendiger Teil der Entwicklung. Hier gilt es, ein Team zusammen mit dem Personalbereich zu installieren, um diese Aufgabe gleichzeitig anzugehen. Auch dafür kommt es darauf an, den Ausgangspunkt und im Verlauf die Änderungen zu erfassen.

So passt das Mitarbeiter-Feedback in die Zeit und in den Corporate-Identity-Entwicklungsprozess. Die Vorbereitung für die Umsetzung beinhaltet die Bereiche Sinn, Zusammenarbeit und Bedingungen. Es sollte gleich erkennbar sein, dass es leicht ist mitzuwirken. Hier geht es immer um eine Mischung aus persönlicher Zusammenarbeit, typisch in Form von Projektsitzungen, am besten als Workshops, und der Organisation von gemeinsam erstellten Dokumenten und Austausch zwischen den Sitzungen. Hier ist gerade das Social Intranet ein wichtiges Instrument, können doch darüber Dateien für die Gruppe gespeichert, zugänglich gemacht und weiter bearbeitet werden. Jedes eingesetzte Team bildet eine Gruppe, die sich so leicht vernetzen kann.

Mit dieser Struktur kann der Prozess erfolgreich gestartet werden. Hinzu kommt nun noch die kreative Idee zur Auftaktveranstaltung: Wie kann die Aufgabenstellung besonders attraktiv übermittelt werden? Wer eine Änderung starten will, muss aus der täglichen Routine heraustreten. Dabei spielt der inhaltliche Bezug die erste Rolle: Menschen nehmen ganzheitlich wahr und so sollte die Form der Inszenierung passen.

3.7.2 Lernen am Praxisbeispiel

Was unternimmt Vera Sturm, die Direktorin Strategische Markenführung von Pallone-Gas, um den Prozess zu initialisieren?

Sie teilt sich zunächst die Aufgabe in vier Bereiche ein:

- Wir müssen so vorbereitet sein, dass nach der Startveranstaltung sofort die nächsten Schritte vorgenommen werden können. Motivation darf nicht durch Barrieren zerstört werden.
- Wir wollen unser Ziel auf den Punkt bringen und benötigen eine Idee für eine überzeugende Veranstaltung. Diese erfordert einen guten Spannungsbogen und eine perfekte Regie.
- Die aufgebaute Stimmung soll durch Nachbereitung aufrechterhalten werden. Im Nachgang soll jeder Beschäftigte die Eindrücke aus der Kick-off-Veranstaltung noch einmal aufrufen können.
- Schon auf der Veranstaltung wird das Vorgehen für die Umsetzung vorgestellt. Erste Schritte erfolgen innerhalb der Woche danach und weitere innerhalb des folgenden Monats.

Vera Sturm hat mögliche Veranstaltungsagenturen gesichtet und mit drei Anbietern Gespräche geführt. Für deren konkretes Briefing macht sie sich noch einmal klar, worum es geht:

- Wir wollen unser Versprechen neu formulieren und einen neuen Namen für unser Unternehmen finden. Daran sollen sich alle beteiligen. Es ist eine Gemeinschaftsaufgabe.

- Das Thema ist an sich im Unternehmen bekannt. Trotzdem ist es etwas anderes, wenn es jetzt konkret zur Änderung kommt. Deshalb geht es zunächst noch einmal darum, den Beteiligten die Thematik in sympathischer Weise vor Augen zu führen, um bei ihnen Einsicht in die Notwendigkeit der Änderungen zu schaffen.
- Es gilt, eine Vision zu zeigen: Wir sind erfolgreicher Partner vieler Unternehmen. Das wollen wir ausbauen. Dafür wollen wir unsere Fähigkeiten erweitern und klarer werden lassen. Unsere Partner sollen uns noch mehr schätzen, dafür wollen wir auch alles tun, damit wir überzeugen. Das führt uns in die erfolgreiche Zukunft. Es macht uns allen Spaß, wenn es uns gelingt, gemeinsam der kompetenteste Partner für ganzheitliche Energielösungen zu sein. Das wollen wir zusammen erreichen. Heute wollen wir den Weg in diese Zukunft starten.
- Wir wollen typische Kunden zu Wort kommen lassen.
- Unser Schritt nach vorn lautet jetzt: Lasst uns gemeinsam klar herausarbeiten, was wir können, was wir unseren Kunden versprechen. Was ist unsere Leistung? Was soll unsere Leistung sein? Was trägt die einzelne Abteilung dazu bei?
  - Wir starten damit, dass sich jede Abteilung diese drei Fragen vornimmt und auf ihrer nächsten Abteilungssitzung beantwortet. Zudem wählt jede Abteilung einen Vertreter, der die Antworten mitnimmt in einen Workshop mit weiteren Vertretern aus anderen Abteilungen. Im Unternehmen gibt es 13 Abteilungen, also werden zwei Workshops mit einmal sechs und einmal sieben Teilnehmern gebildet. Ihre Aufgabe: aus den Abteilungsversprechen ein gemeinsames Versprechen zu formen.
  - Die beiden Workshop-Ergebnisse werden in einem finalen Workshop mit der Unternehmensleitung zu einem allgemeingültigen Versprechen entwickelt.
  - Parallel wird eine Gruppe unter Moderation der Personalabteilung gebildet, welche die Aufgabe hat, die Führungsgrundsätze zu formulieren.
  - Jeder Beschäftigte ist aufgerufen, Namensvorschläge für das Unternehmen zu machen, die der Neuausrichtung Rechnung tragen. Die Rechtsabteilung wird die Namen auf Schutzfähigkeit prüfen. Nach der rechtlichen Prüfung verbleibende Namen kommen am Ende in einen Abstimmungsprozess.

Die Veranstaltungsagentur, die letztlich beauftragt wird, schlägt vor, in der Startveranstaltung ein Unternehmenstheater einzusetzen. Gesagt, getan: Es wird ein Stück geschrieben, dass in Alltagssituationen – Gespräch beim Kunden, Gespräch am Telefon, Gespräch beim Serviceeinsatz – das Unverständnis der Kunden mit der Ausrichtung des Unternehmens als ganzheitlicher Energieversorger vermittelt. Mitarbeiter des Unternehmens werden gefragt, ob sie in einer Rolle mitwirken möchten, ebenso die Kunden aus den Workshops. Damit ergibt sich eine Besetzung des Stücks aus realen Protagonisten und Schauspielern. Die Schauspieler sollen während der Aufführung auch das Publikum, also die Mitarbeiter, miteinbeziehen.

Der Spannungsbogen des Stücks verläuft hin zum Statement des Geschäftsführers, der den Entwicklungsprozess eröffnet. Seine Aufgabe ist es vor allem, die Vision lebendig werden zu lassen. Als fiktive Figur tritt Albert Einstein auf, der begeistert ist, weil man sein Credo umgesetzt hat, nach dem die einfachste Lösung auch immer die intelligenteste Lösung ist: rundum versorgt, rundum zukunftsorientiert, rundum verantwortungsvoll. Im Wechselspiel mit dem Geschäftsführer fordert er alle Teilnehmer auf, die Fackel aufzunehmen und verteilt konkret an alle eine Fackel, um dann aufzuzeigen, wie es danach weitergeht.

Die Aufführung soll aufgezeichnet werden. Ein Videostudio soll hinterher einen Film daraus machen, in dem alle möglichst vorteilhaft gezeigt werden. Der Film steht dann im Intranet zur Verfügung und kann dort jederzeit abgerufen werden.

Wie vermutet, wird die Veranstaltung ein Erfolg. Die Geschäftsführung, Vera Sturm und der Agenturleiter ziehen ein positives Fazit: Die Aufgabe ist geklärt, die Mitarbeiter sind angesteckt, die Beteiligung ist eingeleitet. Der so wichtige Start ist gelungen.

3.8 Schritt Nr. 2: Implementieren des Corporate-Identity-Prozesses

Der Start des Prozesses hat geklappt. Es herrscht Anfangseuphorie. Um sie als Anschubenergie zu nutzen, heißt es jetzt, wirklich schnell in die Phase der Erarbeitung einer Perspektive überzugehen. Das Eisen ist zu schmieden, so lange es heiß ist. Das CI-Management hat nun die Aufgabe, Starthilfe zu leisten. Ergebnisse sollen von unten nach oben verdichtet und synchronisiert werden, und zwar unter Beteiligung der Mitarbeiter auf allen Ebenen und über alle Ebenen hinweg.

3.8.1 Teambildung

Auf Abteilungsebene haben wir es meist mit Arbeitsgruppen zu tun, in denen sich die Mitglieder kennen. Jeder hat schon seinen Platz, seine Rolle gefunden. Es ist alles eingespielt. Von außen betrachtet besteht angesichts einer solchen Basis das größte Hemmnis darin, neue Ideen zu generieren. Insofern gilt es, hier einen Ansatz zu wählen, der aus der gewohnten Routine herausführt. Die Vorbereitung dazu sollten typischerweise die Abteilungsleiter leisten. In einer Auftaktveranstaltung für diese werden die Pläne dazu vorgestellt. Die notwendigen Unterlagen werden übergeben oder im Intranet zur Verfügung gestellt. Auch die Terminkoordination erfolgt über das interne System.

Ganz anders ist die Situation in Teams, die darüber hinaus quer zu Abteilungen tätig werden; dort haben die Teilnehmer so noch nicht zusammengearbeitet. Hier besteht zunächst die Anforderung, überhaupt in einen Modus des Zusammenarbeitens zu kommen. Das Team muss sich erst formen. Gelingt das, können hier durch die sehr unterschiedlichen Perspektiven leichter neue Ideen entstehen.

Tuckman unterscheidet fünf Phasen, die jedes Team mehr oder minder intensiv durchläuft:[153]

Teambuilding nach Tuckman		
1. Phase	Forming	Die Teilnehmer lernen sich kennen.
2. Phase	Storming	Die Rollen der Teammitglieder werden abgesteckt; es kommt zu Positionskämpfen und Konflikten.
3. Phase	Norming	Die Mitglieder raufen sich zusammen, finden einen Modus zur Zusammenarbeit, vereinbaren Regeln.
4. Phase	Performing	Die Aufgabe des Teams wird bearbeitet und im Idealfall zu einem guten Ergebnis geführt. Damit hat das Team sein Ziel erreicht.
5. Phase	Adjourning	Das Projekt nähert sich dem Ende. Es gilt, Abschied zu nehmen und die gemachten Erfahrungen zu reflektieren, um so für zukünftige Teamarbeit hinzuzulernen.

Anhand dieser Teamphasen wird deutlich, dass eingespielte und neu aufgestellte Teams jeweils unterschiedliche Bedürfnisse haben. So empfiehlt es sich, gerade in den Teams, in denen die Mitglieder so noch nicht zusammengearbeitet haben, die ersten Phasen unterstützend zu begleiten, um schneller, vor allem aber auch zielgerichteter voranzugehen.

Teilnehmer aus unterschiedlichen Abteilungen sind zunächst implizit aufgefordert, eine Form der Zusammenarbeit zu finden. Erst wenn diese Organisationsstufe erreicht ist, können Ergebnisse erarbeitet werden. Die Unterstützung durch das Corporate Identity Management sollte dieses berücksichtigen. Vom CI-Management sind für den ablaufenden Entwicklungsprozess in hohem Maße Moderation oder Moderationshilfe gefordert. Der Spaß an der Teamarbeit hält bei den Mitgliedern nur an, wenn die Bedingungen so passen, dass die Aussicht auf gute Ergebnisse besteht.

Gerade der CI-Manager, der, ohne Vorgesetztenfunktion innezuhaben, Gleichgestellte in der Organisation gewinnen und Mitarbeiter aus ganz anderen Abteilungen begeistern möchte, ist zuerst auf das Funktionieren des elektrisierenden gemein-

153 Vgl. www.lehrbuch-psychologie.springer.com/sites/default/files/atoms/files/web-exkurs.008.05.pdf.

samen Ziels und dann auf die Erfahrung einer wirksamen kooperativen Beteiligung angewiesen. Ein Aufbruch kann nicht in veralteten Umgebungen und mit überkommenen Instrumenten stattfinden. Veränderung schlägt sich immer auch nieder in neuen Rahmenbedingungen und Strukturen. Die prädisponierende Wirkung der begleitenden Maßnahmen muss Teil des Veränderungsmanagements sein. Deshalb bedarf es der Vorbereitung – alle Systeme sollten bereit sein – und auch einer mitreißenden Anfangsidee, die nicht so schnell Routine aufkommen lässt.

Die Forschungen von Clark, Mills und Fiske zeigen, dass es für die Einstellung des Einzelnen in Arbeitsgruppen zwei Seiten gibt: eine soziale und eine geschäftliche.[154] Wenn jemand um einen Gefallen gebeten wird, dann hilft er gerne aus altruistischen Gründen. Wenn jemand engagiert wird, etwas gegen Geld durchzuführen, dann übernimmt er die Aufgabe wegen des Geldes, also letztlich aus egoistischen Gründen. In mehreren Experimenten zeigen darauf aufbauend Ariely und Heymann, dass eine Aufgabe, durchgeführt als ein Gefallen für einen anderen, jeweils die besseren Resultate erbringt im Vergleich zu bezahlten Aufgaben.[155]

Dieses deckt sich mit der Unterteilung von Herzberg in intrinsische, von innen heraus kommende Motive und extrinsische Motive. Die Wirksamkeit der intrinsischen Motivation ist jeweils stärker.[156] Experimente zur jeweiligen Einstellung zeigen: Wer auf sozial geschaltet hat, hilft anderen, fragt schneller andere um Hilfe, ist eher gruppenbezogen. Wer auf ökonomisch geschaltet hat, ist sehr selbstbezogen, will allein arbeiten, ist eher dabei, sich zu separieren.[157]

In einem Unternehmen geht es prinzipiell erst einmal um die ökonomische Seite. Grundlage für den Arbeitnehmer ist ein Arbeitsvertrag, der das Entgelt regelt. Mitarbeiter geben ihre soziale Einstellung aber nicht am Eingangstor des Unternehmens ab. Sie wachsen vielmehr im Laufe der Zeit zu einer sozialen Gruppe zusammen. Arbeit ist ja nicht einfach nur Arbeit, sondern ein Teil des Lebens, ein Teil der Identität. Selbstwert entsteht auch aus dem Sinn, den die Arbeit gibt, und aus der Mitgliedschaft in einer sozialen Gruppe. Deshalb ist es so wichtig, den Sinn des unternehmerischen Handelns erkennen zu können. Und genau dieser ist hier das Thema.

Der zweite Aspekt, der auf eine lebendige und wirksame Kultur einzahlt, ist die Förderung des Gemeinsinns in den einzelnen Gruppen. Wer eine Zugehörigkeit fühlt, für den ist das Arbeiten sehr viel angenehmer, im Ergebnis ist er viel engagierter. Beide

154 Vgl. Clark, Margaret S., Mills, Judson R., A Theory of Communal (and Exchange) Relationships, in: Lange, Kruglanski et al. (2011, S. 232 ff.)
155 Vgl. Ariely, Dan, Predictibly Irrational, New York 2010, The Cost of Social Norms, S. 75 ff.
156 Vgl. Herzberg, Frederick, Was Mitarbeiter in Schwung bringt, in: Harvard Business Manager April 2003, S. 50 ff.
157 Vgl. Ariely, Dan, Predictibly Irrational, a. a. O., S. 82 ff.

Aspekte machen deutlich: Wer gerne arbeitet und sich im Job wohlfühlt, engagiert sich mehr und arbeitet produktiver.

Es kommt also entscheidend auf einen zielgerichteten Start an, auf das Erkennen des Sinns. Die Beteiligten sollten aus der Routine herausgeholt werden. Erst deren Durchbrechen kann neue Gedanken freisetzen. Es gilt, ihnen die entscheidende Zielrichtung zu geben. Wir wollen ein Versprechen für die Kern-Kunden schaffen. So kann das gelingen.

3.8.2 Weiterentwicklung der Persona

In der Vorbereitung ist eine Kunden-Persona auf der Basis von qualitativer Marktforschung erstellt worden. Das ist noch nicht allgemein im Unternehmen bekannt. Insofern kann die Arbeit jetzt damit begonnen werden, dass in den Arbeitsgruppen zunächst aus der Kundenstatistik die wichtigsten Deckungsbeitragsbringer vorgestellt werden. Dieses Zahlenmaterial liefert allerdings noch kein Personenbild. Dieses erstellen die Teilnehmer der anlaufenden Workshops nun jeweils selbst zum Start, und zwar mit dem Instrument der Vier-Felder-Persona. Danach werden die Ergebnisse aus der qualitativen Marktforschung vorgestellt. Mit diesen Ergebnissen erfolgt eine Überarbeitung des vorher erstellten Bildes.

Darüber hinaus lohnt sich die Einbeziehung von Kollegen aus dem Vertrieb, die Zielgruppen-Kunden betreuen. Dadurch wird die Vorstellung lebendiger und noch konkreter. Und genau dieser Punkt ist so wichtig, um ein passendes Versprechen für das Unternehmen an die Kunden abgeben zu können.

Die Schwierigkeit dabei ist sehr häufig die notwendige Abstraktion: Das Gesamt-Unternehmen hat ein alle Abteilungen überwölbendes Versprechen an die Kunden. Ein guter Weg, hier auf höhere Abstraktionsstufen zu kommen, ist der Einsatz der »Progressiven Abstraktion«, einer Kreativitätsmethode,[158] in der mithilfe der Nachfrage »Warum« systematisch der Weg zu höheren Ebenen gegangen wird, eben zu fortschreitender Abstraktion.

BEISPIEL

Nehmen wir die Logistikabteilung eines Gastronomie-Großhändlers. Deren Versprechen kann etwa lauten: Wir sorgen dafür, dass die Lebensmittel passend verpackt sind. »Warum?« Damit unser Kunde, der Koch, einwandfreie Zutaten verwenden kann. »Warum?« Damit wir ihn in die Lage versetzen,

158 Vgl. Luther (2013), S. 148.

seinen Gästen beste Speisen zu bieten. »Warum?« Weil unser generelles Versprechen ist, kreativen Köchen besten Service zu bieten.

Die Progressive Abstraktion ist auch ungeübt gut anwendbar, da sie so einfach ist. So wird die Kette deutlich von der Leistung der Abteilung hin zum Versprechen des gesamten Unternehmens. Auch dabei kann der Vertriebskollege hilfreiche Hinweise geben. Das finale Bild der Persona wird gerahmt und aufgehängt, dazu das erarbeitete Unternehmens- und Abteilungs-Versprechen eingegeben. Alle Bilder werden fotografiert und auf einer digitalen Wand eingestellt.

Der Grundgedanke dahinter lautet: Mit einer bis dahin wohl kaum genutzten Beschreibung etwas Neues schaffen, durch die eigene Überarbeitung verfestigte Bilder korrigieren, die Bedeutung der eigenen Leistung zum großen Ganzen sehen und über den Vergleich mit den Ergebnissen der anderen Gruppen den Kern-Kunden zum wichtigen Gesprächsthema machen. Die Vorstellungen haben eine Ausrichtung erhalten. Das Bezugssystem der Beschäftigten hat eine Neujustierung bekommen.

Übergeordnete Gruppen entwickeln anschließend die Persona weiter mit der Zielsetzung, sie noch lebendiger werden zu lassen als Voraussetzung für ein zielgerichtetes Leistungsversprechen.

Das Handeln der Zielgruppe hat Gründe, Beweg-Gründe, die auf Emotionen basieren. Erst wenn diese angesprochen werden, ist die Botschaft relevant. Wie lässt sich dieses im Prozess berücksichtigen? Gibt es Techniken?

Wenn überlegt wird, wie die Persona zu einer Persönlichkeit ausgebaut werden kann, gibt es zwei gut funktionierende Instrumente: Unter den Persönlichkeitstests hat sich besonders das Modell der »Big Five« etabliert, durch das Neuromarketing ist die »LimbicMap« hinzugekommen. Damit erhält die Diskussion der einzelnen Gruppen ein Gerüst.

Sehen wir uns zunächst die »Big Five« an.[159] In diesem Persönlichkeitsmodell werden fünf Kriterien dazu genutzt, um den Charakter von Menschen differenzierter zu beschreiben. Wenn wir uns dieser Dimensionen bedienen, kommt die Gruppe unweigerlich in eine vertiefende Diskussion, was zu einer Klärung führt, die für alle nachfolgenden Maßnahmen vorteilhaft ist. Zur Handhabung kann eine Rating-Skala, am besten eine 5er-Skala, eingesetzt werden. Das Tableau sieht so aus:

159 Das Folgende in Anlehnung an: www.geo.de/magazine/geo-kompakt/15836-rtkl/big-five-modell-fuenf-charakterzuege-die-jeder-hat-so-entschluesseln. Die Begriffe sind angepasst zwecks besserer Verständlichkeit.

Rating-Skala: Tableau				
Offenheit				
1 Vielseitig interessiert, liebt das Ungewöhnliche	2	3 Ist aufgeschlossen, folgt Trends nach gewisser Zeit	4	5 Achtet das Bewährte, schätzt Konvention
Leistungsorientierung				
1 Zielstrebig, selbstdiszipliniert	2	3 Ausbalanciert zwischen Ziel und Wechselbereitschaft	4	5 Spontan, flexibel, situativ orientiert
Soziale Verbindung				
1 Gesellig, aktiv, voller Enthusiasmus	2	3 Ausgewogen zwischen Geselligkeit und Einzelarbeit	4	5 Zurückhaltend, ruhig, eher Einzelarbeiter
Anpassungsfähigkeit				
1 Kooperativ, umgänglich	2	3 Waage zwischen Zielorientierung und Zugeständnissen	4	5 Wettbewerbsorientiert, alles oder nichts
Innere Stabilität				
1 Hinterfragend, absichernd	2	3 Mittlere Risikobereitschaft	4	5 Selbstsicher, beherrscht, stressresistent

Damit existiert eine Vorlage, mit der eine charakteristische Beschreibung vorgenommen werden kann. Es ist immer vorteilhaft, sich vorzubereiten. In diesem Fall kann einerseits ein Vertriebskollege Erfahrungen schildern, sicher ist auch zielführend, wenn ein Team beauftragt wird zu überprüfen, ob von der Zielgruppe bestimmte Internet-Foren genutzt werden, deren dort geäußerte Ansichten darzulegen.

Ein zweites Instrument, das zur Bereicherung der Teamarbeit genutzt werden kann, ist die sogenannte Limbic® Map des Instituts Nymphenburg.[160] Sie bringt die (An-)Triebsforschung[161] in eine Karte, die auf neurowissenschaftlicher Grundlage erstellt wurde. Die wesentlichen emotionalen Ausrichtungen lassen sich aus den ersten Lebensjahren, der frühen Sozialisation herleiten:

- Die erste angenehme Aufnahme in das Erfahrungsgedächtnis des Babys ist die anfängliche Fürsorge- und Bindungserfahrung.

160 Vgl. www.nymphenburg.de/limbic-map.
161 Vgl. Cube, Felix von, Lust an Leistung, München 1998, und der Rückgriff auf: Csikszentmihalyi (1987).

- Die zweite angenehme Aufnahme in das Erfahrungsgedächtnis ist die Stufe der aufkommenden Beweglichkeit, der Entdeckung.
- Die dritte angenehme Aufnahme in das Erfahrungsgedächtnis entsteht im Umgang mit anderen Kindern, wenn es darum geht, sich durchzusetzen und auch Fairness zu erproben.

Diese Phasen sind Teile der frühkindlichen Erfahrung, die niemand bewusst wiedergeben kann, denn sie erfolgen in einem Alter, an das keine bewusst abrufbaren Erinnerungen geknüpft sind. Das Erfahrungsgedächtnis behält sie allerdings; der Mensch hat frühe Prägungen erhalten.

Häusel hat sie für das Instrument »LimbicMap©« genutzt und verwendet generellere Begrifflichkeiten, die für die Zielgruppenorientierung geeignet sind:[162]

- Balance (Fürsorge und Bindung)
- Stimulanz (Entdeckung und Neugier)
- Dominanz (Durchsetzung und Status)

Besonders interessant für den Einsatz dieses Modells im Corporate Identity Management ist die Verbindung von dem Persönlichkeits-Schwerpunkt zu Werthaltungen, die er auf der LimbicMap© vornimmt. Sie lösen letztlich Verhalten aus. Insofern gibt die Arbeitsgrundlage die Möglichkeit, basierend auf der qualitativen Marktforschung die Haltung zu bestimmen und sie jetzt mit Werten zu verbinden, die wesentlicher Bestandteil des Versprechens und der anschließenden Kommunikation werden. Mithilfe dieser Instrumente ist es möglich, sich noch genauer mit der Persönlichkeit der Kunden zu befassen – ein wesentlicher Anker für die Zielgruppenansprache.

Da ein Bild mehr sagt als Worte, ist eine Visualisierung zu empfehlen. Es sollten Bilder ausgewählt werden, die typisch für die Persona sind. Mehr und mehr entsteht damit ein echtes Bild vom Kunden und damit ein Verständnis für ihn. Die Collage kann für ein Moodboard genutzt werden, also für die Verbildlichung der Persona und der passenden Stimmung.

Wichtig für die Formulierung des Versprechens ist, dass die Persona unter dem Aspekt betrachtet wird, welche Wünsche sie in dem Bereich hat, den das Unternehmen bearbeitet. Die Rolle, die der Kunde innehat, und seine Wünsche im betrachteten Metier sind nicht unbedingt einfach gleich zu setzen. Der Konservative (Traditionalist) sucht nicht notwendig ein konservatives Auto, sondern oft ein als dynamisch eingeordnetes Auto wie einen BMW, um deutlich zu machen, dass er gar nicht so konservativ ist. Solche Diskrepanzen zu identifizieren, ist wichtig, um den Kunden zu erreichen. Der

162 Vgl. www.nymphenburg.de/limbic-map oder Häusel, Hans-Georg (2012).

Konservative wird durch konservative Autowerbung als Beispiel nicht angesprochen, sondern eher abgeschreckt.

Es gibt typischerweise zwei Ausrichtungen: Leistungen, die in der Außendarstellung wichtig sind, und Leistungen, die der Kunde nutzt, um bestimmte Bereiche für sich zu regeln. Diese Unterscheidung ist grundlegend, wird doch gleich deutlich, dass die Versprechen damit ebenfalls unterschiedlich sind:

- Mit unserer Leistung bekommen Sie eine repräsentative Lösung, mit der man sich sehen lassen kann.
- Mit unserer Leistung bekommen Sie eine verlässliche Lösung, mit der man die Sache unter Kontrolle hat.

Anhand dessen wird mehr als deutlich, wie notwendig die richtige Einordnung der Erwartungen ist.

3.8.3 Virtuelle Teams

In vielen Unternehmen wird mittlerweile quer über verschiedene Standorte zusammengearbeitet. Dank des Social Intranets und weiterer Tools, die die Digitalisierung mit sich gebracht hat, wie beispielsweise auch Online-Konferenzen, ist das heute viel leichter als noch vor ein paar Jahrzehnten. Trotzdem gibt es hier Gefahren: Virtuelle Teams arbeiten anders zusammen. Die Arbeitsgruppe, deren Teammitglieder alle an einem Ort sind, hat den Vorteil der unmittelbaren Interaktion und dieser ist zu Anfang auch erforderlich.

In einer virtuellen Gruppe besteht die Interaktion typischerweise nicht in einem unmittelbaren Austausch, sondern sie findet zeitverzögert statt. Je nach Art der Kommunikation fehlt es an unterstreichender Körpersprache, Tonfall und Mimik. Oft kommt auch noch eine fremde Sprache hinzu. Dies kann schnell zu Missinterpretationen führen. In rein virtuell arbeitenden Teams gibt es mitunter verwegene Zuordnungen. Sicher kann das durch Live-Schaltungen teilweise behoben werden. Es empfiehlt sich allerdings immer, mindestens eine persönliche Start- und Ergebnisveranstaltung durchzuführen, um den Teammitgliedern die Chance zu geben, sich besser kennenzulernen und damit auch besser einschätzen zu können.

Eine weitere Schwierigkeit kommt in internationalen Teams hinzu. Da der kulturelle Background der Teilnehmer unterschiedlich ist, kann es oft nur schwer ein gemeinsames Versprechen geben. Es wird deutlich, dass bereits ein Versprechen in einer individualistischen Kultur anders ausfallen muss als in einer gruppenorientierten Kultur. Jede weitere Differenzierung macht es schwieriger. Im Allgemeinen ist Diversity ein wichtiges Gut. Hier sei jedoch empfohlen, die kulturellen Unterschiede in den Teams kleinzuhalten, da ansonsten die Tendenz besteht, sehr allgemein zu werden, um ein Versprechen kreieren zu können, das über alle Unterschiede hinweg funktioniert. In diesem Stadium, in dem es noch nicht um die finale Positionierung geht, sondern um deren Vorbereitung, ist es vorteilhafter, die Bedingungen für konkretere Aussagen zu schaffen.

3.8.4 Lernen am Praxisbeispiel

Wie geht nun Vera Sturm diesen Schritt? Nach der Startveranstaltung schickt sie einen Dank für die aktive Beteiligung an alle Teilnehmer inklusive eines Ablaufplans, wie es jetzt weitergeht. Das Kurzvideo zur Veranstaltung stellt sie ins Intranet, damit alle es zur Erinnerung jederzeit aufrufen können. Die Abteilungsleiter erhalten zusätzlich eine Einladung zu einer Informationsveranstaltung mit drei Terminen zur Auswahl. In diesen Zusammenkünften bringt Vera Sturm, ebenso wie bei den Veranstaltungen zuvor, auch ganz bewusst eine emotionale Note ein: Sie beginnt jeweils mit einem ausführlicheren Video der Startveranstaltung. Erst danach zeigt sie das weitere Vorgehen auf:

In der nächsten Abteilungssitzung wird das Thema des Versprechens behandelt. Der CI-Bereich unterstützt diese nächste Abteilungssitzung. Dabei wird ein weiterer Mitschnitt der Startveranstaltung gezeigt. Durch immer wieder neue Zusammenschnitte bleibt es interessant. Anschließend wird der Ansatz, eine Persona zu bilden, vorgestellt. Aus den Absatzzahlen wird die wichtigste Kundengruppe hergeleitet. Die Teilnehmer kreieren – je nach ihrer Anzahl eventuell auch in Gruppen – eine Persona der Kern-Kunden. Danach werden die Informationen aus den Fokusgruppen präsentiert. Die Personas werden überarbeitet und miteinander verglichen. Es wird versucht, eine einheitliche Persona als Abteilungsvorstellung zu bilden.

Ein hinzugezogener Vertriebskollege erzählt von seinen Kern-Kunden, die genau diesem Typus entsprechen. Danach werden die Teilnehmer über die Kreativitätstechnik 6 – 3 – 5 (sechs Teilnehmer – drei Vorschläge – fünf Weiterreichungen) informiert.[163] Angepasst auf die Anzahl der Teilnehmer in der Abteilung wird mittels dieser Technik zuerst folgende Frage beantwortet: Was hat unser Kunde von unserer Unternehmensleistung? Jeder notiert dazu drei Nutzenbeschreibungen. Die jeweiligen Notizen werden weitergereicht. Danach wird folgende Frage gestellt: Wie lässt sich unser Versprechen an den Kunden formulieren, wenn Sie diese Nutzenbeschreibung zugrunde legen? Jeder schreibt drei Formulierungen zu jeder Nutzenbeschreibung auf. Die Ergebnisse werden eingesammelt. Während im Hintergrund das CI-Team alle Ergeb-

163 Vgl. etwa: Nöllke (2015), S. 56 ff.

nisse in einer Datei zusammenführt, werden die Teilnehmer über das Vorgehen zur Namenssuche für das Unternehmen informiert:

- Ab sofort ist die Eingabemöglichkeit für Namen gegeben.
- Jeder Namensvorschlag wandert zur Prüfung in die juristische Abteilung.
- Prinzipiell mögliche Namen werden auf eine Namensvorschlagsliste eingestellt.
- Nach Ablauf des Prozesses zur Formulierung des zentralen Versprechens wird auch die Namensvorschlagsliste geschlossen und zur Abstimmung gestellt.
- Der Siegername wird belohnt.

Die in der Zwischenzeit eingegebenen Versprechen werden mithilfe eines Zufallsgenerators für jeden Teilnehmer in anderer Reihenfolge ausgedruckt. Alle Teilnehmer können Punkte vergeben.

Die zehn Vorschläge mit den meisten Punkten werden noch einmal mittels Zufallsgenerator ausgedruckt und zur erneuten Punktevergabe an die Teilnehmer ausgehändigt.

Anschließend wird der Sieger ermittelt und geprüft, ob die Gruppe damit einverstanden ist.

Danach erarbeitet die Abteilung – je nach Größe eventuell in Gruppenarbeit –, was sie zum Versprechen beiträgt.

Das Material zur Persona wird fotografiert. Das Bild wird zusammen mit dem Unternehmensversprechen und dem Beitrag der Abteilung in die Sammeldatei für die weiterführende Bearbeitung eingestellt.

Zum Schluss wählt die Abteilung ihren Vertreter für das nächste Gremium. Bei Pallone-Gas gibt es 13 Abteilungen. Anhand einer Zufallsauswahl werden aus den gewählten Abteilungsmitgliedern zwei Teams gebildet. Ein Team umfasst sieben, eines sechs Mitglieder. Vera Sturm wird die Moderation übernehmen. Die Teammitglieder sind Botschafter ihrer Abteilungen. Jeder stellt in per Los festgelegter Reihenfolge zunächst die in der Abteilung erstellte Persona vor. Die Visualisierung dazu wird an einer Wand befestigt, das Unternehmensversprechen aus der Abteilung an einer zweiten angebracht, die Leistung der Abteilung dafür an einer dritten.

Danach erläutert Vera Sturm das Entscheidungsverhalten von Kunden. Auch im B2B-Bereich wird dieses dadurch bestimmt, welche objektiven und welche emotionalen Beweg-Gründe – immer zusammen, nicht zu trennen – mit der Leistung aus deren Sicht erfüllt werden. Es kommt mithin auf die Persönlichkeit an. Dafür wird das

Instrument der Limbic Types© vorgestellt.[164] Es werden jeweils zwei Gruppen gebildet, die aus drei bzw. vier Abteilungsvertretern bestehen. In den Gruppen werden die Personas auf Gemeinsamkeiten, Ergänzungen und Unterschiede untersucht. Dann erhalten die Gruppen die Aufgabe, mit diesen Informationen und unter Zuhilfenahme der Limbic Types© eine gemeinsame angereicherte Persona zu bilden.

Im Anschluss daran wird zur Visualisierung der Persona Bildmaterial aus Zeitschriften zur Verfügung gestellt. Die Gruppen können aber auch am Rechner Bilder auswählen und farbig ausdrucken.

Danach stellen sich die Gruppen ihre Ergebnisse vor, um dann wiederum den Versuch zu unternehmen, eine gemeinsame Persona zu schaffen. Diese ist nun Projektionsfläche für das zentrale Versprechen. Die Abteilungsergebnisse werden noch einmal gesichtet und mit Punkten bewertet. Die Teilnehmer dürfen dabei ihr eigenes Ergebnis nicht mit einem Punkt versehen. Wieder wird die Gruppe gefragt, ob sie mit dem Ergebnis zufrieden und einverstanden ist. Falls das nicht der Fall ist, sind Optimierungen möglich.

Im Idealfall lautet das Ergebnis: zwei visualisierte Personas, zwei Versprechen, die sich durchgesetzt haben.

Die Teilnehmer werden eingeladen, Vertriebskollegen auf deren Tour zu begleiten, um sich vor Ort noch einmal einen Eindruck zu verschaffen. Auch hier sind anschließend noch Änderungen möglich. Die Kontrollfrage lautet: Wollen wir mit diesem Ergebnis zur Geschäftsführung oder will ein Teammitglied die anderen noch einmal zusammenrufen, um Optimierungen vorzuschlagen?

Die Abteilungsvertreter berichten in ihren Abteilungen. Vera Sturm informiert auf der nächsten Geschäftsführungssitzung. Der Prozess hat jetzt das ganze Unternehmen erfasst.

3.9 Schritt Nr. 3: Innovieren der Corporate Identity

Jetzt wird es spannend. Im nächsten Schritt sollen das Versprechen gebündelt sowie das Logo überprüft und gegebenenfalls überarbeitet werden. Der Neuauftritt des Unternehmens erhält damit seine Grundlage. Das ist die zentrale Weichenstellung für die Zukunft. Alle weiteren Maßnahmen werden davon abgeleitet. Die folgenden Pole sind hier in eine Balance zu bringen:

164 Vgl. Häusel/Henzler (2018), S. 33.

- Unser Geschäftsmodell soll unter den Veränderungen der Märkte Bestand haben. Was ist also das Bleibende, was ist das Erneuernde?
- Die Digitalisierung wirkt in allen Bereichen mit der Gefahr einer Deemotionalisierung. Die Erkenntnisse der Neuroscience fordern dagegen auf zu einer starken Emotionalisierung. Wie ist dieser Spagat lösbar?

3.9.1 Positionierung

Wenn auf dieser Stufe das Leitbild formuliert wird, so fußt es auf der Positionierung. Die beiden Fragen geben uns auf, dabei eine inhaltliche Seite und eine emotionale Seite zu bedenken. Auf beiden Achsen geht es um die richtige Balance:

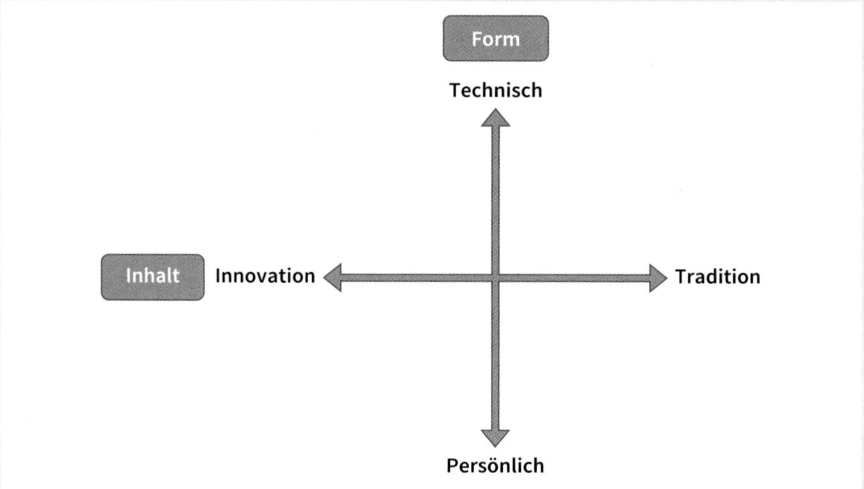

Positionierungskreuz

In einem Spiegel-Interview brachte Arthur Gregg Sulzberger, Herausgeber der New York Times, die Anforderungen für sein Unternehmen auf den Punkt:[165]

> Frage: »Wie vereint man die Traditionen einer so alten Institution mit dem Zwang, ständig alles neu zu erfinden?«
> Sulzberger: »Das Wichtigste ist, ein tiefes Verständnis davon zu haben, was bleibt. Wenn alles ständig zur Disposition steht, kann man nicht erfolgreich sein ... Erst wenn Sie wissen, was sich nicht verändern wird, können Sie sich auf Veränderungen einlassen.«

165 Hüsken, Isabell, Pitzke, Marc, Für guten Journalismus gibt es keine Abkürzung, in: Der Spiegel 6/2019.

Die Medien wurden in den letzten Jahren wie keine andere Branche durch die Digitalisierung herausgefordert. Diese Haltung eines Anbieters, der sich in einer Branche mit stürmischem Wetter bestens geschlagen hat, kann uns als Leitschnur dienen.

Gehen wir zunächst die inhaltliche Frage an. Produkte und Dienstleistungen sind Instrumente zur Bedürfnisbefriedigung. Die Ausrichtung eines Unternehmens sollte sich daher auf keinen Fall an den Instrumenten orientieren, sondern an den Bedürfnissen der Zielgruppe. Kunden ordnen einem Unternehmen zudem nur dann Kompetenz zu, wenn die Angebote zeitgemäß das jeweilige Bedürfnis bedienen. Dieser Gedanke ist explizit ausgeführt worden in der Means-End-Theorie des Sozialpsychologen Tolman aus den 1930er-Jahren: Der Kunde ist dann motiviert, ein Produkt zu kaufen, wenn er es als geeignetes Mittel wahrnimmt, seine Bedürfnisse damit zu befriedigen und angenehme Gefühle in sich hervorzurufen.

Wie ist es aber mit dem Unternehmen selbst?

Wir hatten gesehen, dass die Beurteilung eines Unternehmens über sein Image erfolgt. Dieses kann so entscheidungsleitend werden, dass die Kunden Leistungen eines Unternehmens prinzipiell den Vorzug vor anderen einräumen. Verbunden mit der Überzeugung ist die Zuordnung von Kompetenz. Das Unternehmen mit dem Namen, der Marke, wird als ein Spezialist für ein bestimmtes Feld klassifiziert, gleichsam als der beste Handwerker für einen Bereich.

SAP SE bietet beispielsweise seinen Kunden an, deren Unternehmen zu einem intelligenten Unternehmen zu machen. Das Bedürfnis: erfolgreich sein. Das Mittel: Geschäftsprozesse gestalten. Das Versprechen: Erfolg. Das ist ein zeitloses Versprechen. Daraus kann abstrakt Kompetenz erwachsen.

Das Instrument, das uns für eine vergleichbare zeitlos überzeugende Formulierung helfen kann, ist die Progressive Abstraktion, die wir schon einmal kennengelernt haben. Wir haben hier wieder das Ziel, die wahren Beweggründe, die übergeordneten Zusammenhänge zu ermitteln. Dafür ist die Methode einfach gut geeignet. Sie korrespondiert mit den Erkenntnissen der Hirnforscher zur Art und Weise des menschlichen Denkens.

Das Verfahren der Progressiven Abstraktion führt dazu, worauf es eigentlich ankommt. Immer wieder wird hierfür die Warum-Frage gestellt. Spielen wir das Vorgehen anhand des SAP-Beispiels durch:

- Das Unternehmen bietet Betriebssoftware, um die Abläufe einfach und schnell zu gestalten. Warum?
- Damit arbeitet das Kunden-Unternehmen effizient und vernetzt. Warum?
- Am Ende geht es darum, Erfolg zu haben durch individuelle Kundenbetreuung.

Konkret beschreibt SAP mit seinem Slogan genau den geschilderten Zusammenhang: »Where technology makes your world better.«[166] Kompetenz wird einem Unternehmen zugeordnet, wenn es in der Lage ist, für einen Kunden Nutzen zu schaffen. Deshalb ist es so wichtig, dies in den Mittelpunkt der Formulierung des zentralen Versprechens zu stellen. Spielen Sie die Fragen für Ihr Unternehmen durch!

Ein Mega-Trend der digitalen Ökonomie ist auch die Frage der Nachhaltigkeit. »... makes your world better« wird deshalb nicht nur im Sinne von Effizienz, sondern ebenfalls ökologisch verstanden. Das betont etwa auch Stanislas Pottier vom Vermögensverwalter Amundi: »Jedes Unternehmen erkennt heute an, dass nachhaltiges Management auch die wirtschaftliche Performance langfristig verbessert«[167]. Das ist eine immer stärkere Anforderung an die Unternehmensmarken. Und nur Marken, welche die Anforderungen erfüllen, werden ihre Stärke behalten.

Erfolg und Verantwortung sind die Basis für Kompetenz.

Wenn sich alle weiteren Maßnahmen daraus ableiten, zahlen sie immer wieder auf die Kompetenz ein. So entsteht ein stringenter Charakter. Das Versprechen bildet gleichzeitig einen Auftrag für Innovation. Wir haben die Position auf der Achse Inhalt unseres Positionierungskreuzes so bestimmt (siehe Abb. oben).

Die zweite Achse auf dem Positionierungskreuz widmet sich der richtigen Balance zwischen Technik und Persönlichkeit. Warum ist das ein Gegenpol? Technik ist immer kalt, ohne Emotion. Denken Sie an so manchen Anruf in einem Callcenter, denken Sie insbesondere an die Zahleneingaben zu Beginn des Telefonats. So macht man sich keine Freunde. Das kann für manches Unternehmen trotzdem genügen. Für die meisten Unternehmen geht es aber um eine Beziehung zum Kunden und die ist geprägt durch Emotion. Marken-Persönlichkeit erfordert emotionale Aufladung.

Wir hatten mit der Arbeitsdefinition von Kroeber-Riel als Grundlage die Emotion als Ausrichtung gesehen, die verbunden mit einer Handlungsorientierung eine Motivation erzeugt. Dafür sichten wir die Ergebnisse aus unserer qualitativen Marktforschung: Was sind die Beweggründe unserer Kunden? Und immer, wenn es keine Klarheit aus den vorliegenden Untersuchungen gibt, ergänzen wir unsere bisherigen Ermittlungen, um eine Grundlage zu haben.

Wenn unsere Kunden eine Vorliebe für unsere Marke entwickeln sollen, dann ist zu

166 www.sap.com/corporate/de/vision-purpose.
167 Hesse, Martin, Grün blüht, in: Der Spiegel 31/2019, S. 57.

bedenken: Das Gehirn verfügt über einen vegetativ-affektiven Bereich, der sich im Laufe der Evolution bewährt hat und die Basisfunktionen steuert. In diesen Bereichen sind ursprüngliche Verhaltensweisen eines Menschen angelegt. Carl Gustav Jung hat beobachtet, dass im Grunde alle Menschen auf bestimmte Bilder oder Konstellationen gleich reagieren. Märchen und Erzählungen in verschiedenen Kulturen nehmen immer wieder ähnliche Muster auf. Er nannte diese Bilder und deren Interpretationen Archetypen.[168]

Je tiefer Vorstellungen im Kundengehirn sitzen, desto schneller stehen sie in der Verarbeitung zur Verfügung. Das macht Archetypen gerade für die Positionierung eines Unternehmens so interessant: In einer umfangreichen Medienlandschaft mit einem Übermaß an Informationen erfahren diejenigen Signale die schnellste und ursprünglichste Dekodierung im Kopf, die auf tiefste Vorstellungsbilder zurückgreifen. Marken, die Archetypen ansprechen, haben damit einen Vorteil. In einer experimentellen Untersuchung wurde die positive Wirkung von Werbung nachgewiesen, die sich der Archetypen bediente.[169]

3.9.2 Die Archetypen

Wegweisend für die Markenführung mit Archetypen waren zunächst Margaret Mark und Carol Pearson. Deren Modell umfasst zwölf Archetypen und kombiniert diese mit emotionalen Ausrichtungen.[170]

Archetyp	Übersetzung	Funktion	Übersetzung
Creator	Schöpfer	Craft something new	Schafft etwas Neues
Caregiver	Fürsorgender	Care for others	Sorgt sich um andere
Ruler	Herrscher	Exert control	Übt Kontrolle aus
Jester	Narr	Have a good time	Sorgt für Spaß und eine gute Zeit
Regular Guy / Gal	Bodenständige(r)	Be OK just as they are	Schätzt das Vertraute
Lover	Liebender	Find and give love	Finde und gebe Liebe
Hero	Held (Kämpfer)	Act courageously	Handelt mutig
Outlaw	Bandit (Rebell)	Break the rules	Denkt weiter

168 Vgl. Jung (2003).

169 Vgl. Gröppel-Klein, Andrea, Domke, Anja, Bartmann, Benedikt, Bewußte und unbewußte Wirkungen von Archetypen in der Werbung und in Kinofilmen – Ergebnisse einer experimentellen Studie, in: Quantitative Marketingforschung in Deutschland (2005), S. 33 ff.

170 Vgl. Mark/Pearson (2001), S. 6.

Archetyp	Übersetzung	Funktion	Übersetzung
Magician	Magier	Affect transformation	Schafft Wandel
Innocent	Unschuldiger, Kind	Retain or renew faith	Hat Vertrauen
Explorer	Entdecker	Maintain independence	Bleibt unabhängig
Sage	Weiser	Understand their world	Versteht die Welt

Erkennbar sind deutlich unterschiedliche Charaktere, die uns allen jedoch sofort verständlich sind. Das ist das Wesen von Archetypen. Es bedarf keiner großen Erklärungen – ein unschätzbarer Vorteil in einer informationsintensiven Zeit.

Es fällt auf, dass nur der Archetyp »Regular Guy / Gal« ausdrücklich auf beide Geschlechter verweist, alle anderen Typen sind rein männlich. Tatsächlich zeichnen Probanden in Fokusgruppen Unternehmen fast immer als Mann; insofern entspricht die Tabelle noch der aktuellen Wirklichkeit trotz aller Bestrebungen um Gender Diversity. Dieses kann im Unternehmen natürlich auch proaktiv anders gehandhabt werden.

Die meisten Charaktere sind in unserem Verständnis eher positiv belegt. Allein der »Bandit« ist bestimmt nicht positiv zu verstehen, weshalb sich später der Typ des »Rebellen« entwickelt hat, der sicher auch die Regeln aufbricht, aber in mehr positiv verstandenem Sinn. Für die CI-Arbeit sollte lieber mit dem Begriff »Rebell« gearbeitet werden. Die Begriffe in Klammern entstammen dem späteren Modell »Neuroversum of Archetypes« des Spiegel-Instituts.[171]

Wir sind in der täglichen Praxis gewohnt, mit Einordnungen auf einer zweidimensionalen Matrix zur Markenpositionierung zu arbeiten. Wenn es diese Möglichkeit für den Umgang mit den verschiedenen Archetypen geben könnte, wäre das Instrument leichter zu nutzen. Gert Gutjahr greift dafür auf die menschlichen Grundbedürfnisse zurück[172], wie sie aus dem Riemann-Thomann-Modell bekannt sind: »das Bedürfnis nach Nähe (z.B. zwischenmenschlicher Kontakt, Harmonie, Geborgenheit) versus nach Distanz (z.B. Unabhängigkeit, Ruhe, Individualität), das Bedürfnis nach Dauer

171 Vgl. Spiegel, Uta, Jens, Maren K., Wir stellen vor: NoA – Neuroversum of Archetypes, in: index 1/2010, S. 62 ff.

172 Vgl. Gutjahr (2019).

(z. B. Ordnung, Regelmäßigkeiten, Kontrolle) versus nach Wechsel (z. B. Abwechslung, Spontaneität, Kreativität).[173] Damit können wir eine Ordnung vornehmen.

Es ergibt sich eine gewohnte Positionierungsgrundlage, die wir mit unserem Positionierungskreuz aus Inhalt und Form kombinieren können:

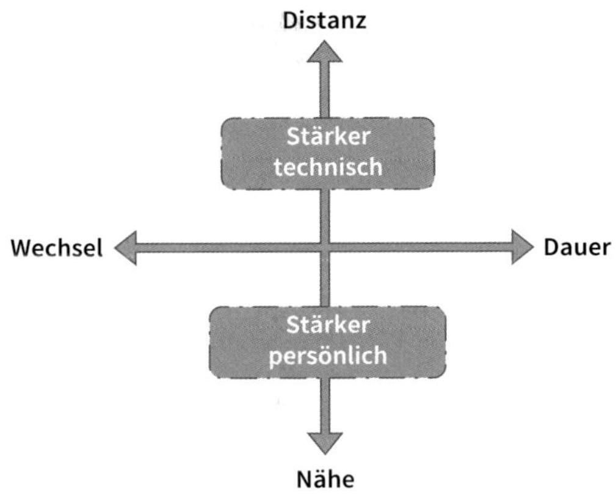

Positionierungsgrundlage

Bei der Positionierung gibt es niemals ein Entweder-oder, es geht allein um einen Ausrichtungsschwerpunkt. Übergeordnetes Prinzip ist bei der Anwendung dieses Modells stets: Ohne Emotionalisierung keine Wirkung. Nur für ein ohnehin als distanziert empfundenes Unternehmen ist es eher verständlich, wenn weniger persönlich agiert wird. Für ein Unternehmen, das sich als nah sieht, kommt es notwendig auf eine starke persönliche Verbindung an. In jüngeren Zielgruppen wird dabei die Austauschmöglichkeit über Social Media als eine direkte persönliche Beziehung empfunden. Es erfolgt ein Austausch von Personen.

Die Digitalisierung liefert Werkzeuge, die ihrerseits einen stark technischen Charakter haben. Kunden entwickeln Beziehungen jedoch nach wie vor auf einer emotionalen Ebene. Das wandelt sich im digitalen Zeitalter; der Austausch ist hier das bestimmende Element.

Nutzen wir nun die Grundlage, um die Archetypen einzuordnen:[174]

173 www.schulz-von-thun.de/die-modelle/das-riemann-thomann-modell.

174 In Anlehnung an: Kratzer, Thomas, Ferdinand, Hans-Michael, Kramer, Irene, Pätzmann, Jens U., Markenpositionierung durch Archetypen, in: www.markenbrand.com, Ausgabe 6/2018, S. 18.

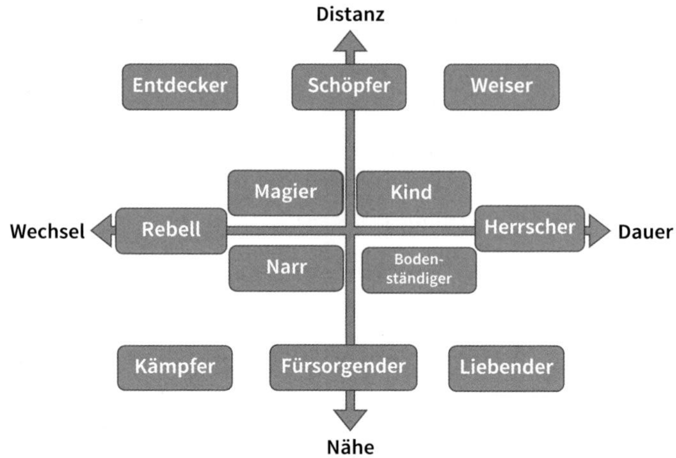

Einordnung der Archetypen

3.9.3 Systematischer Einsatz des Instrumentariums

Damit haben wir unser Instrumentarium zur psychologischen Markenpositionierung hergeleitet. Nun gilt es, dieses systematisch einzusetzen.

Hier empfiehlt sich ein zweistufiges Vorgehen:

1. Stufe: Im Workshop verständigen sich die Teilnehmenden auf typische Charakterzüge der einzelnen Archetypen. Wieder nutzen wir die beiden Instrumente, die uns helfen bei der Charakterfindung: entweder die »Big Five« oder die LimbicMap©. In diesem Schritt verständigen sich die Teilnehmer auf die charakteristischen Merkmale. Am Ende gibt es für jeden Archetypus eine gleiche Anzahl.
2. Stufe: Hier geht es um eine Bewertung, in welchem Maße die Marke die jeweiligen Werte verkörpert. Die typische Rating-Skala hierfür ist eine 5er-Skala. Sie reicht von 5 = in höchstem Maße bis 1 = in geringstem Maße. Je höher die Übereinstimmung der Marke mit den charakteristischen Merkmalen ist, desto eher entspricht die Marke dem jeweiligen Archetypus.

Damit stehen sich gegenüber der Kunde als visualisierte Persona mit seiner Motivstruktur und das Unternehmen als Archetypus mit zeitlosem Versprechen und zentralen Werten.

Der Kern der Markenpositionierung ist geschaffen. Aber kann sich das Unternehmen so auch dauerhaft im Wettbewerb durchsetzen? Wie stehen wir eigentlich im Vergleich zum Wettbewerb da? Für dauerhaften Erfolg brauchen wir eine eigene Position, die sich unterscheidet. Insofern gibt es zwei Bedingungen für Erfolg:

1. ein glaubwürdiges Versprechen,
2. das im Wettbewerb ein besonderes Versprechen ist, das nur wir so geben und erfüllen können.

Konsequent prüfen wir unser Arbeitsergebnis gegen den Wettbewerb. Es empfiehlt sich, auch hier in zwei Schritten vorzugehen:
1. Zunächst erfolgt die Auseinandersetzung mit dem heute härtesten Wettbewerber.
2. Dann gilt es zu überlegen, wer aus jetziger Sicht zu einem größeren Wettbewerber werden könnte.

Um die Wettbewerbssituation unter Beachtung der Prinzipien der Beteiligung und der Offenheit herauszuarbeiten, kann ein spielerischer Ansatz genutzt werden: der Kampf der Giganten.[175] Im Unternehmen werden dazu drei Teams gebildet:
- Die Champions: Das Team agiert stellvertretend für das Unternehmen.
- Die Meister: Das Team agiert stellvertretend für den härtesten Wettbewerber.
- Die Herausforderer: Das Team agiert stellvertretend für einen zukünftigen Wettbewerber.

Zunächst treten also gegeneinander an: Die Champions gegen die Meister:

Die Champions rekrutieren sich aus der Gruppe derjenigen, die im Prozess das Versprechen verdichtet und gemeinsam mit der Unternehmensleitung für die Beschäftigten finalisiert haben. Wer wäre dazu auch besser geeignet! Ihr Auftrag: ein Konzept zu erarbeiten für ein bestimmtes Marktsegment, um die Position gegen den Wettbewerber zu verbessern. Diese Gruppe kann dazu einzelne Fachleute aus dem Unternehmen hinzuziehen.

Das Meister-Team wird vom CI-Management zusammengestellt: Die Gruppe besteht aus Beschäftigten, die auch einmal über ihre Grenzen gehen können, und idealerweise externen Beratern, die für eine Forcierung des Fremdstandpunkts sorgen. Es ist wichtig, eine Außenperspektive mit hineinzubringen. Ihr Auftrag: ein Konzept zu erarbeiten für ein bestimmtes Marktsegment, um die Position des Wettbewerbers gegen das Unternehmen zu verbessern.

Es werden klare Spielregeln vereinbart. Als Beispiel können drei Runden gewählt werden, in denen das jeweilige Konzept in Auseinandersetzung vor der Unternehmensleitung präsentiert wird. Dadurch stellen sich die Ansätze im Vergleich den kritischen Fragen.

175 Vgl. dazu auch etwa: Bosch, Hentschel, Kramer (2018).

Es ist sehr sinnvoll, die Aufgabe möglichst konkret zu fassen. Je allgemeiner die Aufgabenstellung, desto allgemeiner fallen die Antworten aus. Die Fragestellung sowie die Ergebnisse der jeweiligen Runde werden im Intranet für alle sichtbar; die Beschäftigten werden aufgefordert, die Teams zu unterstützen. So wird es ein Kampf mit Beteiligung.

Die zweite Stufe – Auseinandersetzung mit den Herausforderern – läuft nach den gleichen Spielregeln.

Wer sind die Herausforderer? Sie sind heute noch nicht in der Branche tätig, können aber vielleicht bald aufgrund der digitalen Veränderung die Spielregeln revolutionieren. Wettbewerber können aus ganz anderen Branchen kommen: Die Musikindustrie wurde durch Apple iTunes gefordert, das klassische Fernsehen durch Streaming-Anbieter wie Netflix. In vielen Bereichen gibt es Zukunftsfantasien: Werden unsere Pakete bald durch Drohnen geliefert? Können wir bald mehrsprachige Konferenzen direkt mit Übersetzungscomputern durchführen? Jede Branche hat andere Vorstellungen, die auch bald Wirklichkeit werden können. Damit wird der Blick über die tägliche Auseinandersetzung hinaus geöffnet.

Die Vorgehensweise hat mehrere Vorteile:

- Die Teilnahme der Beschäftigten erweitert das Vorausdenken gegen mögliche Wettbewerbsaktionen.
- Eine Organisation erfährt auch eine Stärkung der Identität, wenn sie sich rüstet gegen den Wettbewerb.
- Zudem gilt es, die strategische Sicht hinreichend weit zu öffnen, um über die aktuelle Orientierung hinauszukommen.

Erst nach der Bewährung im Wettbewerb – simuliert durch das Wettbewerbsspiel – werden die Festlegungen fixiert. Jetzt erfolgt die Umsetzung in Form eines Leitbildes und die Überprüfung von Logo und zentralem Symbol. Es empfiehlt sich, hierzu noch einmal das Versprechen und den identifizierten Archetypus mit seinen emotionalen Eigenschaften aufzurufen. Die Gestaltungen sollten sich immer an diesen beiden Elementen orientieren, da so der einheitliche Charakter der Maßnahmen sichergestellt wird. Dieser ist in Zeiten der Kanal- und Medienvielfalt weniger durch immer gleiche Umsetzung zu erreichen, sondern mehr durch die kontinuierliche Orientierung auf den Charakterkern.

Aus dem erarbeiteten Versprechen und dem Archetypus lässt sich ein Leitbild formulieren. Es ist allerdings zu bedenken, dass der Begriff »Leitbild« in vielen Belegschaften verbrannt ist. Diese Problematik erkennt etwa auch Brodbeck, der darauf hinweist, dass viele Unternehmen nur ein Leitbild haben, weil man das eben heute hat. Er nennt ein solches nur Dekorationszwecken dienendes Pseudo-Leitbild »Leitbild light«.[176]

Je nach Vorbelastung ist es daher vielleicht besser, von Auftrag zu sprechen, dem sich das Unternehmen verschreibt, dem Versprechen an seine Kunden, das immer wieder zeitgemäß weiterzuentwickeln ist. Es gilt die Frage, wie sie heute und in Zukunft den Auftrag des Unternehmens verstehen und gegenüber den Kunden umsetzen wollen, so überzeugend zu beantworten, dass auch der härteste Wettbewerber geschlagen wird.

3.9.4 Ein handlungsleitendes Versprechen

Aus dem konkreten, wirklich aus der Arbeit kommenden Ergebnis wird ein Versprechen destilliert, das handlungsleitend ist. So lässt sich eine Belegschaft zu einem Auftragsverständnis führen, das auch Wirkung im Alltag hat. Verschiedene Vorschläge aus den Abteilungen sind eingegangen in den Prozess. Am Ende kommt *das* Versprechen heraus. Zur Rückkoppelung nimmt jede Abteilung dieses auf und passt die Formulierung an, welchen Beitrag sie dazu leistet. So schafft das Gesamtversprechen wieder die Verbindung zum Konkreten.

Die Aufgabe lässt sich in drei zentrale Punkte unterteilen:[177]

1. Zunächst geht es um die Leitidee. Was ist eigentlich unser Auftrag? Was verspricht das Unternehmen seinen Kunden?
   Volvo hat beispielsweise folgende Leitidee: »Wir haben die Vision, die Mobilität ganz sicher zu machen, niemand soll mehr in einem unserer Autos sterben.« Das empfinden Mitarbeiter und Kunden als tiefen Sinn.
2. Dann geht es um Leitlinien zur Ausführung der Leitidee. Diese haben immer auch eine strategische Komponente. Kommen wir zurück zu Volvo, um dies zu verdeutlichen. Der Automobilhersteller hat folgende Leitlinien: »Wir wollen der Spitzenreiter in der Verwirklichung unseres Versprechens, der Sicherheit, sein; wir wollen das deutlich machen durch Design, Auftreten, zentrale Elemente und vor allem unseren Service. Jede Abteilung formuliert ihren Beitrag, in diesem Beispielfall zum Sicherheitsanspruch.« Es ist sinnvoll, Umsetzungsleitlinien auch für die unterschiedlichen Funktionen fassbar zu machen.
3. Das zentrale Versprechen wird mit einem Motto für die Kommunikation nach innen und außen griffig formuliert. Dieses ist eine besonders schwierige Aufgabe. Viele zentrale Slogans sind sehr allgemein und damit nichtssagend. Volvo verzich-

176 Vgl. Brodbeck (2015), S. 169 ff.
177 So auch: Herbst (2009), S. 55.

tet deshalb ganz darauf. Ein brillanter Wurf ist sicher BMW gelungen: »Freude am Fahren«. Dieser Slogan gibt eine Leitschnur nach innen und ein Versprechen nach außen.

Der CI-Manager hat innerhalb dieses Prozesses die Aufgabe, die Einzigartigkeit herauszuarbeiten. Nichts stiftet mehr Sinn als ein einzigartiges Versprechen an die wichtigsten Kunden.

Darum geht es. Diese werden überzeugt durch eine motivierte Belegschaft. Aus deren Motivation kann Identität erwachsen, die erlebt wird. Der Weg, den Grundauftrag klar herauszuarbeiten, führt von den Eigenschaften über den Nutzen zu den dahinter liegenden Werten und wieder zurück.

In einer sozialen Welt gilt es, die Frage zu beantworten: Warum existiert die Marke? Was bedeutet sie, was leistet sie für ihre Kunden? Daraus kann Engagement erwachsen, das von den Mitarbeitern zu den Kunden überspringt. Und das in Fortsetzung auch in den Sozialen Medien. Es ist die Hierarchie der Werte zu beachten, dass Leistung als Mittel zum Zweck verstanden wird, die damit Sinn ergibt für Kunden. Kapferer zitiert den früheren CEO von Starbucks Howard Schultz: »Ich bin nicht im Kaffeegeschäft, um Menschen zu bedienen. Ich bin im Geschäft, Menschen zusammenzubringen, um ihnen Kaffee zu servieren.«[178]

Der Weg zum zentralen Auftrag ist so partizipativ gegangen worden, was auch der Weg ist, der es allein schafft, dass Überzeugungen übernommen werden. Nahtlos kann jetzt die Auseinandersetzung um die Führungsgrundsätze erfolgen. Die kooperative Form des Prozesses wird in aller Regel den Führungsstil schon entwickelt haben. Vernetzte und informierte Mitarbeiter erwarten Mitwirkungsmöglichkeiten. Hier ist wieder zu raten, die Zusammenarbeit mit dem Personalbereich weiterzuführen. Dieser setzt am besten eine Arbeitsgruppe ein, in der das Corporate Identity Management vertreten ist. So gehen die Erfahrungen und Ergebnisse des Prozesses unmittelbar in diese Erarbeitung ein.

3.9.5 Die Identity Card

Das Corporate Identity Management erstellt als Umsetzungsscharnier für alle folgenden Maßnahmen idealerweise eine »Identity Card«. Sie bildet das Instrument von dem Versprechen und dem Charakter hin zur Umsetzung. Mit den vier Eckpunkten unserer Archetypen-Matrix wird das Vorgehen hier beispielhaft skizziert und verdeutlicht, wie

178 Kapferer (2012), S. 55 (Eigene Übersetzung).

stilbildend die Ausrichtungen sind. Im Folgenden die vier unterschiedlichen Versionen für eine Identity Card (im Beispiel die Eckpunkte der Positionierung, um die Unterschiede zu verdeutlichen).

Wir sind für unsere Kunden …	**Das lässt sich so auf den Punkt bringen:**	**Das wird in der Umsetzung deutlich durch …**	**Inhaltlich überzeugen wir damit durch …**	**Wesentliche Eigenschaften sind …**	**Unsere Bildwelten zeigen**	**Unsere Texte und unsere Schrift sind**
Entdecker	Auf zu neuen Ufern	Innovations-Zirkel	• Neuerungen • Experimentelle Veranstaltungen	• Anders sein • Trends aufnehmen • Etwas wagen	• Futuristische Umgebungen • (neue) Horizonte	• Texte: Erkundungsreisen • Schrift: dynamisch
Kämpfer	Wir bestehen gemeinsam (im Wettbewerb)	Qualitäts- und Verbesserungs-Zirkel	• Solidität • Erfolge • Nachweise	• Gewinnen • Verlässlichkeit • Lösungsorientierung	• Wettkämpfe • Siege	• Texte: bestandene Kämpfe • Schrift: wie eine Lanze
Weiser	Wir wissen beide, wie es geht	Experten-Zirkel	• Fundierung • Ergebnisse • Beratung	• Klug • Know-how • Experimentierfreudig	• »Heureka«-Erlebnisse • »Leuchttürme«	• Texte: wir sind pfiffig • Schrift: klar, filigran
Liebender	Wir sind immer füreinander da	Rundum-Service	• Permanente – nicht aufdringliche – Betreuung	• Interessiert • Zugewandt • Vorausdenkend	• Geschlossene Bildwelten (Umarmung) • Warme Farben	• Texte: Geschichten, die davon handeln, füreinander da zu sein • Schrift: (ein wenig) verschlungen

Jeder Archetypus hat einen eigenen Stil, einen eigenen Charakter, der ihn wiedererkennbar und klar unterscheidbar von anderen macht. Damit dieser Charakter glaubwürdig ist, spiegelt er sich zunächst in den Leistungen des Unternehmens. Alle

Kommunikationsmaßnahmen tragen dann durch die Einheitlichkeit zur Verstärkung bei. Ein durchgängig passender Charakter überzeugt die Kunden. Der Treiber für wirtschaftlichen Erfolg ist geschaffen.

Manches Mal fällt es schwer, einen Archetypus zu bestimmen. In einer Gruppe gibt es unterschiedliche Einordnungen. Wie lässt sich am besten ein Gruppenergebnis herstellen, auf das sich alle verständigen können? Das Mittel dazu ist Scoring, die Bewertung mit Punkten. In diesem Falle geht es um die Einordnung zu einem Archetypus.

Als Hilfestellung kann der Kriterienkatalog der Hochschule Neu-Ulm genutzt werden:[179]

Zuerst erfolgt eine Sammlung von Eigenschaften für die Gegensatz-Pole der Positionierungs-Matrix.

Achse: Wechsel – Dauer		**Achse: Distanz – Nähe**	
Was kennzeichnet den Wechsel?	Was kennzeichnet die Dauer?	Was kennzeichnet die Distanz?	Was kennzeichnet die Nähe?
Eigenschaften wie • kreativ • erlebnisreich • überraschend • innovativ • risikobereit	Eigenschaften wie • gewöhnlich • verlässlich • verantwortungs-bewusst • strukturiert • konservativ	Eigenschaften wie • neuartig • selbstbewusst • freiheits-liebend • stolz • eigensinnig	Eigenschaften wie • fürsorglich • vertraut • warmherzig • freundschaftlich • beschützend

Diese Eigenschaftsliste kann direkt eingesetzt werden; die Gruppe kann auch weitere Eigenschaften hinzufügen. Wichtig ist, auf jedem Pol eine gleiche Anzahl von Eigenschaften zu haben.

Dann erfolgt eine Bewertung mittels Rating-Skala von 1 = trifft in sehr geringem Maße zu bis 5 = trifft in sehr hohem Maße zu; dazwischen eben die Abstufungen 2, 3, 4.

Jeder Teilnehmer nimmt seine Bewertung verdeckt vor. Die Bewertungen werden eingesammelt, für jede Eigenschaft wird der Durchschnitt der Bewertungen gebildet. Auf jedem Pol werden die durchschnittlichen Bewertungen addiert. Die Summen der Polergebnisse werden subtrahiert.

179 Kratzer, Ferdinand et al. (2016), S. 16 ff.

Nun kann eine Einordnung vorgenommen werden:

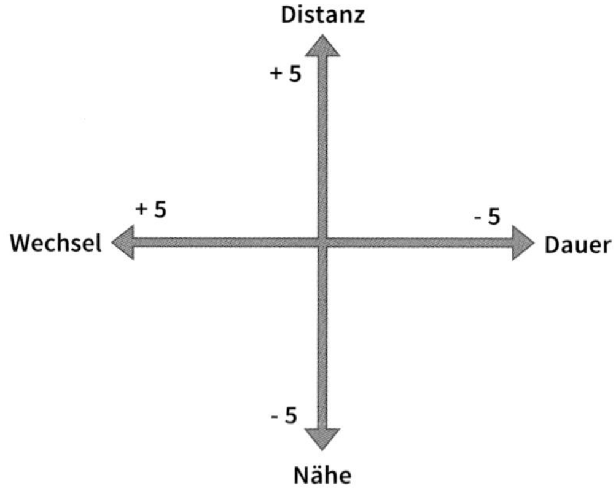

Einordnungs-Matrix

Die Position ergibt den Archetypus entsprechend der psychologischen Positionierungs-Matrix mit der Einordnung der Archetypen. Nach der Bestimmung können die Eigenschaften für die Identity-Card genutzt werden. So wird die grundlegende Charakterisierung systematisch hergeleitet. Der Prozess führt im Allgemeinen zu einer hohen Akzeptanz.

Zum guten Schluss dieses grundlegenden Schrittes werden das Logo und das zentrale Symbol überprüft. Entspricht beispielsweise das Logo der Ausrichtung in der Identity Card? Bei deutlicher Abweichung ist eine vorsichtige Annäherung angeraten. Ein Logo ist wie das Siegel eines Hauses. Es ist deshalb immer sehr schonend zu entwickeln. Der Maßstab: Jeder Kunde muss nach der Überarbeitung die Marke sofort wiedererkennen können, und zwar in allen Medien (siehe hierzu auch Kapitel 3.13).

Auch die Symbolik, der sich das Unternehmen künftig bedient, sollte anhand der Identity Card überprüft werden. In einem Brainstorming lassen sich hierzu ausgehend von der Identity Card Assoziationen entwickeln.

BEISPIEL: ENTDECKER

- Assoziation Entdeckung: Horizonte, weites Meer, Weltraum etc.
- Mittel zur Entdeckung: Schiffe, Raketen, Labore etc.
- Utensilien: Fernrohre, Mikroskope, Tauchkapseln etc.

Einmal in den Assoziations-Flow gekommen, lassen sich so schnell viele weitere Verbindungen herstellen. Sie werden am besten kurz skizziert, um sie zu visualisieren. Generell lässt sich sagen, dass gegenständliche Symbole besser geeignet sind als abstrakte Symbole, um die Merkfähigkeit zu sichern. Das Schiff mit den grünen Segeln funktioniert sofort.

Der kreative Prozess sollte immer begleitet werden mit Kunden-Insights aus qualitativer Marktforschung. Erstens sind die Kunden die Adressaten, zweitens hilft deren Resonanz in der Loslösung von eingefahrenen Vorstellungen. Wichtige Tipps dazu gibt Kapferer: »Die besten Indikatoren für Marken in der morgigen Welt sind junge Kunden. Wenn sie befragt werden zu einer Marke, die sie lieben, geben sie spezifische Charakteristika an.

- Sie soll bekannt sein, das wird vorausgesetzt, und sie soll sehr aktiv kommunizieren.
- Sie soll ein einmaliges und starkes Nutzenversprechen symbolisieren.
- Sie soll angetrieben sein durch tiefe, authentische und dauerhafte Werte.
- Sie soll geradlinig umgesetzt werden durch fehlerfreie Produkte oder Dienstleistungen, die Bedeutung im Leben der Kunden haben.
- Sie soll in Kontakt treten, mit den Menschen interagieren, ihnen zuhören und von ihnen etwas annehmen und sie soll an verschiedensten Plätzen zu treffen sein, digital oder vor Ort.
- Sie soll ethisch handeln.«[180]

Eine Marke soll wie eine Person sein, mit der ein Kunde gerne in Verbindung tritt und in Verbindung gebracht wird. Die doppelte Perspektive ist wichtig. Sie lässt sich so als lebendig beschreiben. Von Unternehmensmarken wird immer mehr Verantwortlichkeit erwartet. Die innere authentische Haltung steht am Anfang der Aufgabe des Markenmanagers.

Damit hat die Corporate Identity ihre Grundlage erhalten. Wir haben ein Versprechen, wir haben Leitlinien und wir haben Führungsgrundsätze. Die beiden wichtigsten Ausdrucksformen sind schon justiert: das Logo und das zentrale Symbol.

Die Identity Card ist essentiell. Sie ist das Instrument für die Umsetzung. Das Briefing einer Markenagentur erfolgt auf dieser Grundlage. Es lohnt sich auch, die Identity Card gemeinsam mit einer Spezialagentur für Markenentwicklung zu füllen. Eine gute Markenagentur zeichnet sich dadurch aus, dass sie zuerst das Unternehmen, seine Identität und das zentrale Versprechen verstehen will. Wer die Identity Card vorbereitet hat, kann die Markenagentur gezielt führen. Oft werden Aufträge an Markenagenturen rein zur Gestaltung erteilt. Das ist meist problematisch. Die Markenagentur wird durch ihre Fragen dabei helfen, die Positionsbeschreibung zu verbessern; die Agentur kann so das Unternehmen besser auf Kurs bringen. Wird die Agentur möglichst frühzeitig

180 Kapferer (2012), S. 126 f. (Eigene Übersetzung).

eingeschaltet, kommt es später nicht zu Missverständnissen über die Aufstellung des Unternehmens. Durch die Nutzung der Identity Card werden Fehler vermieden.

Es muss ein Prinzip gelten: erst Inhalt, dann Gestaltung. Zunächst gilt es, das Versprechen an die Kunden zu klären, das Leitbild zu formulieren. So entsteht koordiniertes Verhalten, Corporate Behaviour. Erst wenn das Management an dem Punkt steht, dass das Versprechen zur Koordinierung des Verhaltens an die wichtigsten Kunden im Unternehmen als geklärt angesehen werden kann, beginnt die Arbeit des Corporate Branding.

3.9.6 Lernen am Praxisbeispiel

Kommen wir zurück zu PalloneGas. Die Geschäftsführung sieht die Bedeutung dieses Schritts und reserviert dafür eine zweitägige Klausurtagung. Um wirklich ungestört arbeiten zu können, wird als Tagungsort ein abgelegenes Kloster ausgewählt. Die Gruppe besteht aus den drei Geschäftsführern, je zwei gewählten Vertretern der beiden finalen Arbeitsgruppen und Vera Sturm. Zusätzlich ist anwesend die Leiterin der Öffentlichkeitsarbeit, die zwei Externe zur Anfertigung eines schriftlichen und eines visuellen Protokolls mitgebracht hat. Diese halten sich im Hintergrund, sind nicht Teil des Arbeitsteams. Und sie haben sich wie alle anderen zu Stillschweigen verpflichtet. Natürlich sollen auch die hier erzielten Ergebnisse kommuniziert werden, aber erst nach der Freigabe durch die Beteiligten.

Vera Sturm startet die Tagung mit Auszügen aus den Fokusgruppen mit Kunden, um die Gruppe einzustimmen. Anschließend nimmt sie mit den Teilnehmern gemeinsam die Präzisierung der Aufgaben für die Klausurtagung vor:

- Wir wollen unsere Unternehmensmarke klar positionieren.
- Wir wollen unser zentrales Versprechen an unsere Kern-Kundschaft auf den Punkt bringen.
- Wir wollen unter den Vorschlägen für den Unternehmensnamen den aus unserer Sicht geeignetsten auswählen.

Dann schildert sie das Vorgehen im Verlauf der Tagung und das im Anschluss noch folgende Wettbewerbsspiel. Arbeitsgrundlage sind die Ergebnisse aus den beiden Workshops, welche die Abteilungsergebnisse jeweils zu einer Persona, der ein Versprechen gegeben wird, verdichtet haben. Mittels Los wird ermittelt, welches Team zuerst Persona und Versprechen an die Persona vorstellt. Nach der Vorstellung der beiden Ergebnisse wird ein Abgleich vorgenommen.

Anschließend zeigt die Geschäftsführung ihre Vorstellung für die zukünftige Strategie auf.

Es wird die Kompatibilität mit der integrierten Persona und dem gemeinsamen Versprechen diskutiert und Anpassungen werden vorgenommen. Vera Sturm stellt das Archetypen-Modell vor. Sie leitet die Archetypen her und vermittelt die Matrix. Nachdem der Ansatz bekannt ist, geht es an die Ermittlung des passenden Archetypus. Zunächst sammelt sie die Ausrichtungen, die präferiert werden.

- Die Geschäftsführer hatten in ihrem Statement »den Schöpfer von Energie-Management« gesehen. Sie bevorzugen diesen Typus.
- Die Arbeitsgruppen hatten, beide unabhängig voneinander, eher den Kampf für das reibungslos funktionierende Kundenunternehmen gesehen.

Sie nutzt den Kriterienkatalog der Hochschule Neu-Ulm; nach den Bewertungen der Workshop-Teilnehmer ergeben sich folgende Durchschnittswerte:[181]

Wie gut passen folgende Eigenschaften zur Marke?			
Kreativ	3,9	Gewöhnlich	1,3
Erlebnisreich	3,8	Verlässlich	4,0
Überraschend	3,7	Verantwortungsbewusst	4,2
Innovativ	3,4	Strukturiert	3,8
Risikobereit	1,8	Konservativ	1,3
Summe	16,6	Summe	14,6

Wie gut passen folgende Eigenschaften zur Marke? – Teil 2			
Neuartig	3,6	Fürsorglich	3,1
Selbstbewusst	4,3	Vertraut	2,6
Freiheitsliebend	3,8	Warmherzig	2,7
Stolz	4,1	Freundschaftlich	3,1
Eigensinnig	1,2	Beschützend	2,8
Summe	17,0	Summe	14,3

Nachdem das Ergebnis ermittelt ist, erläutert Vera Sturm die Matrix:

- Wechsel versus Dauer → die oberen Auswertungen mit einem Überhang von 2,0 zugunsten von Wechsel.
- Distanz versus Nähe → die unteren Auswertungen mit einem Überhang von 2,7 zugunsten Distanz.

181 Kratzer, Ferdinand et al. (2016), S. 16.

Die Einordnung in der Matrix ergibt den Archetypus des Magiers. Dieses überraschende Ergebnis sorgt zunächst für rege Diskussionen, wird dann jedoch von allen befürwortet. Auf dieser Basis wird das Versprechen entwickelt:

- Wir bieten unseren Kunden überraschende Lösungen für das Energie-Management, die sie selbst zu neuen Wegen führen.
- Wir sind Partner für Ideen mit Nachhaltigkeit.
- Energiemanagement-Partner für mittelständische Kunden, hier vor allem die metallverarbeitende Industrie, sodass das gesamte Energie-Management voll und ganz übertragen werden kann.
- Unabhängiger Partner, der Ideen hat und ungewöhnliche Lösungen schafft.
- Der Fachmann, der immer wieder Unterschiede schafft, der zu Fachkongressen einlädt und sein Wissen mit seinen Partnern teilt, den fachlichen Austausch mit diesen sucht.
- Der Typus des Magiers im Energie-Management: up-to-date und up-to-tomorrow.
- Eigenschaften: kreativ, überraschend, gemeinsam auf neuen Wegen.
- Art und Weise: erlebnisreich, vorausdenkend, kommt mit Ideen für Energie-Management heute und morgen.

Anschließend werden die Namensvorschläge aufgerufen, die eingegangen sind und die juristische Prüfung überstanden haben. Zudem liegt eine Wertung durch die Beschäftigten vor. Es gibt naheliegende Vorschläge wie PalloneEnergie und Vorschläge, die sich komplett vom bisherigen Namen lösen, wie »Rundum«.

Eine Idee hat bereits die Beschäftigten überzeugt und stößt auch auf Gefallen in der Geschäftsführung: **Pallon E.**

Für den nächsten Tag hat Vera Sturm einen Energieexperten eingeladen, der sich intensiv mit der Energieversorgung von Unternehmen in der Zukunft befasst hat. Damit setzt sie noch einmal einen Impuls zur Ergebnisüberprüfung. Nach eingehender Diskussion wird das Ergebnis verabschiedet.

Ausschnitte der Klausurtagung werden zur Verbreitung freigegeben. Der Name wird noch unter Verschluss gehalten.

Vera Sturm stellt das Spiel »Kampf der Giganten« in der Klausurtagung vor. Alle halten die Bewährungsprobe für eine gute Sache. Sie trifft die Vorbereitungen zur Durchführung und informiert alle über das Intranet. Das Spiel erzeugt hohe Aufmerksamkeit, zahlreiche Hinweise laufen ein, zudem engagierte Kommentare.

Anschließend geht Vera Sturm zur ausgewählten Markenagentur. Gemeinsam mit dieser wird eine Identity Card erstellt. Die Markenagentur erstellt erste Skizzen für ein Logo.

Die Ergebnisse werden danach in zwei Fokusgruppen auf deren Resonanz bei den Kern-Kunden überprüft. Die Geschäftsführung und Vera Sturm sowie die prozessbeteiligten Vertreter sind angetan von dem erreichten Stand. Alle sind auf die Ergebnisse des Wettbewerbsspiels gespannt: Als wichtigster aktueller Wettbewerber werden die ortsansässigen Stadtwerke angesehen. Das Spiel zeigt, dass Pallon E. zuversichtlich sein kann, in dieser Auseinandersetzung aufgrund der eigenständigen Position einen Vorteil zu besitzen.

Die Stadtwerke sind umfassender Versorger mit dem Schwerpunkt Haushalte, in dem sie ihre höchsten Gewinnanteile erzielen. Pallon E. dagegen ist spezialisiert auf das Energie-Management in Unternehmen. Zwar gehört das auch zum Portfolio der Stadtwerke, aber ein konturierter Spezialist hat einfach Vorteile gegenüber dem Generalisten.

Viel gefährlicher sind mögliche Wettbewerber aus anderen Bereichen: Software-Anbieter können beispielsweise die Managementleistungen automatisieren und den Unternehmen systemgestützt eine direkte Beschaffung günstiger Energie an den Energiebörsen einrichten. Dann wird ein Energieversorger als Zwischenstufe überflüssig.

Was ist die Lösung für Pallon E.?

Den Gegensatz intensivieren:
- Hier eine automatische Lösung mit letztlich der Verantwortung im Bezugs-Unternehmen, ohne weitere Gestaltung, da auf Basis eingerichteter Systeme, auch wenn diese lernen, die Beschaffung zu optimieren.
- Dort eine persönliche Wohlfühl-Lösung mit Verantwortung bei Pallon E. Energie-Management ist delegiert an den Magier, der mit erfolgreichen Ideen das Unternehmen weiterführt, der auch ein lernendes System hat, dieses als Fachspezialist beherrscht und entwickelt.

Das Credo: Wer nicht zurückfallen will, braucht Spezialisten und Systeme.

3.10 Schritt Nr. 4: Installieren der Corporate Identity

Bevor in eine Neuerstellung des Corporate Design eingestiegen wird, sollten folgende Fragen beantwortet werden:
- Wie sieht das Logo heute aus? Soll es geändert oder aktualisiert werden? Das Logo diente bisher als Ankerpunkt für Mitarbeiter und Kunden. Darin steckt ein emotionaler Wert.
- Ist der Hintergrund für den Wunsch nach Entwicklung in der Einsatzfähigkeit in verschiedenen Medien zu suchen? Manche bestehenden Logos eignen sich weniger für die kleinen Bildschirme der Smartphones, zum anderen auch nicht für die Bewegung, die auch auf kleinsten Bildschirmen üblich geworden ist.

- Verfügt das Unternehmen über eine Wort- und Bildmarke? Soll es darum gehen, die bestehende Wortmarke durch ein bildliches Symbol zu ergänzen?
- Besteht das Bedürfnis nach Ordnung in der Markenstruktur? Gibt es Submarken? Vielfach haben sich im Laufe der Zeit Ergänzungen ergeben, die dazu führen, dass heute keine erkennbare Struktur mehr vorhanden ist.

Diese Fragestellungen können gezielt das weitere Vorgehen führen.

3.10.1 Marken-Struktur

Je größer das Unternehmen und je umfangreicher das Leistungsprogramm ist, desto wichtiger werden Marken-Strukturen: Sollten Bereiche mit Submarken versehen werden, um so Ordnung im Kundengehirn zu schaffen?

Im Absatzbereich lassen sich die Aufgaben in drei große Bereiche unterteilen:

1. Marken-Management – das meint in unserer Betrachtung das Unternehmens-Marken-Management.
2. Produkt-Management – das meint in unserer Betrachtung die Gliederung der Marke in Bereiche, die für Kunden einen speziellen Nutzen erbringen. Spezielle Leistungsbereiche sind prädestiniert für Submarken.
3. Kunden-Management – das meint in unserer Betrachtung den Austausch mit Kundengruppen, der geführt werden kann vom Unternehmen oder von den einzelnen Bereichen (Submarken).

Daraus lässt sich eine aufsteigende Treppe bilden, die zum Kunden führt und eine Struktur für alle Maßnahmen in der Umsetzung gibt:

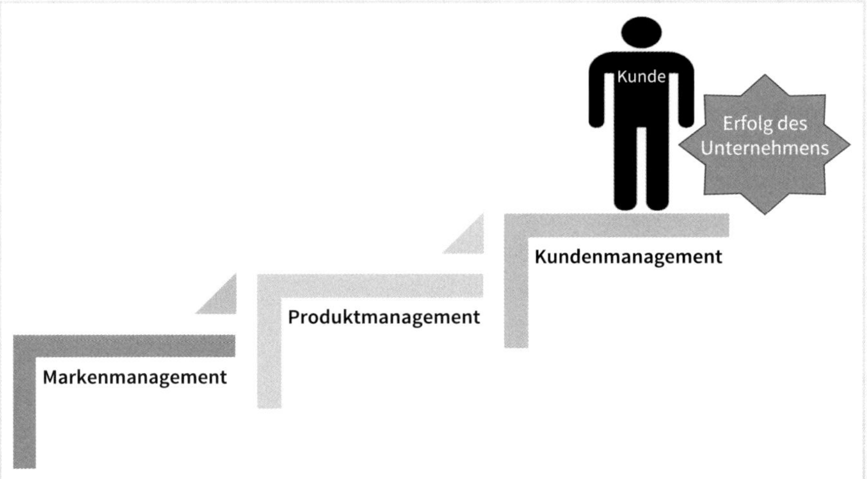

Treppenstruktur im Absatzbereich

Mit dieser Treppenstruktur wird klar, dass alle Maßnahmen des Unternehmens zu seinem Charakter passen müssen. Hier soll ein eindeutiger Stil erkennbar sein. Das Versprechen der Submarke sollte also absolut im Einklang mit dem Versprechen der Unternehmensmarke sein. Je nach Unternehmensgröße und Historie ist zu entscheiden, welche Ebene im Vordergrund der Kundenbeziehung steht: die Marke oder eher die Submarken. Tendenziell führt das Internet zu einer Bevorzugung der Unternehmensmarke als Plattform, die einen Einstieg in unterschiedliche Submarken gibt.

Jeder Bereich steht für eine Spezialisierung, die sich an eine bestimmte Kundengruppe richtet. Die Erwartung der Kundengruppe an diesen Bereich sollte der Maßstab für die jeweiligen Maßnahmen dort sein. Allerdings sollte die Ansprache immer auch zum Charakter des Unternehmens passen. Apple iPhone ist etwas anderes als Apple Mac; trotzdem bleibt das Unternehmen Apple erkennbar als übergeordnete Marke erkennbar. Der Kunde verbindet beide Images zu einer Handlungsausrichtung.

3.10.2 Corporate Design

Wer sich neu aufstellt, will das auch verdeutlichen. Ein neues Design macht allen klar: Es hat sich etwas verändert. Entscheidend in diesem Stadium ist die Markenagentur. Sie ist Experte für die Umsetzung des Corporate Design. Sie sollte allerdings nicht im Stillen entwickeln und agieren. Auch die Belegschaft sollte miteinbezogen werden. Der Weg in die Umsetzung sollte nicht ohne diese unternommen werden. Die Kaskade, die von unten nach oben lief, geht jetzt ihren Weg zurück. Am besten wird zunächst ein Design-Team gebildet. So können leicht die gewählten Teilnehmer der Klausurtagung in den Design-Entwicklungsprozess einbezogen werden. Darüber hinaus gehören zum Design-Team die Fachleute des Hauses, verbreitet sind das Vertreter aus dem Marketing – offline und online – sowie Produktmanagement. Geführt wird das Team vom Corporate Identity Management.

Am Anfang der Zusammenarbeit mit einer Markenagentur steht ein schriftliches Briefing für diese. Als Grundlage dafür dient die Identity Card. Sie beinhaltet ja, wer wir für unsere Kunden sind; dort haben wir das auf den Punkt gebracht, haben Umsetzungswege und Umsetzungsmaßnahmen als Voraussetzung benannt. Für die Gestaltung wichtig sind die Eigenschaften, die wir dem Unternehmen zuordnen. Bildwelten sowie Sprache und Texte werden zusammen mit der Agentur erstellt. Diese benötigt unbedingt eine Vorstellung der Persona unserer Kern-Kunden. Wenn ein Moodboard erstellt wurde, kann dieses zur Übermittlung genutzt werden. So gelingt es, die Gestaltungsexperten in das gemeinsame Boot zu holen.

Das konstituierte Team ist mit dem Instrument und der Beteiligung in dem gesamten bisherigen Prozess bestens vorbereitet. Das Team startet idealerweise mit einer

Phase der Teamfindung. Danach können dann alle bisherigen Markendesign-Beispiele zusammengetragen werden, um sich einen Überblick zu verschaffen. Die Aufgabe besteht darin, am Ende ein Briefing für die grafische Umsetzung zu formulieren. Hier geht es darum, die Eigenschaften der Unternehmensmarke und insbesondere die Veränderungswünsche herauszuarbeiten. Je strukturierter und vollständiger dieser Briefing-Prozess ist, desto besser kann der Designspezialist später die Vorgaben umsetzen.

Für den kreativen Prozess selbst gibt es unterschiedliche Techniken. Am Anfang ist es sehr sinnvoll, mit der Visualisierung von Archetypus und Persona zu starten. Damit versetzt sich die Gruppe in die Akteure hinein. Kreativtechniken nutzen häufig Perspektivwechsel, die die Beteiligten in ganz andere Sphären, Traumwelten oder Märchen führen. Von dort aus entsprechender Entfernung lassen sich eher Begriffe und bildliche Visionen auf höherer Abstraktionsstufe finden. So bietet sich beispielsweise eine Zeitreise an, bei der gefragt wird: Wie werden Unternehmen und Persona in fünf oder zehn Jahren agieren? Auch ein Ortswechsel bringt mehr Ideen. So können sich die Teilnehmenden etwa gedanklich in eine Raumkapsel begeben, um aus dem All, also aus großer Entfernung, auf das Unternehmen und die Persona zu blicken.

Hensel beschreibt diese Ausweitung des gedanklichen Raumes für das Unternehmen O2[182]: Was ist die Perspektive des Telefonierens? Des miteinander Kommunizierens? Es ist Teil des selbstverständlichen modernen Lebens, es gehört zum Leben, wie der Sauerstoff zum Leben gehört. Solche Erweiterungen führen zu Namensfindungen, die erst mit einer gedanklichen Öffnung möglich werden. Heute ist O2 eine der stärksten Marken, weil sie auf unsere Lebensgrundlagen Sauerstoff und Wasser, visualisiert als aufsteigende Blasen im Wasser, zurückgreift.

Kreativprozesse durchlaufen immer zwei Phasen:

- Phase Nr. 1: Ziel dieser Phase ist es, viele und ganz ungewöhnliche Ideen und Ansätze zu sammeln. Um die Kreativität nicht zu stören, darf hier nicht bewertet und beurteilt werden.
- Phase Nr. 2: Erst hier geht es um die Bewertung der Ideen. Dieser Schritt muss strikt getrennt werden von der Ideenfindung. Es werden Kriterien entwickelt, die zur Beurteilung der Ideen herangezogen werden. Auf Basis dieser Kriterien wird eine Bewertung vorgenommen und am Schluss gemeinsam entschieden, ob das Ergebnis von allen Beteiligten geteilt wird.

Es lohnt sich, die ausgewählten Ideen zu visualisieren. Dafür sollten sowohl Papier als auch elektronische Medien zur Verfügung stehen. Danach geht es darum, die

182 Vgl. Hensel (2015), S. 97.

Visualisierungen systematisch auszuwerten. »Wer sich zu früh in eine vermeintliche Designlösung verliebt, wird die Recherche auch immer nur dahin treiben, worauf am Ende die eigene Idee passt. Solange die eigene Meinung noch offen ist, ist es leichter, einen analysierenden Blick beizubehalten: Worin besteht eine Diskrepanz zwischen dem, was das Unternehmen ausmacht und dem, wie es sich nach außen darstellt.«[183]

Anschließend folgt der Vergleich mit dem Design des härtesten Wettbewerbers. Wie tritt dieser offline und online auf? Es bietet sich an, Informationen dazu bereits im Vorfeld bereitzuhalten. In einem weiteren Schritt werden die eigenen aktuellen Gestaltungsmittel zum Vergleich herangezogen. Die bei diesen Steps zu beantwortenden Fragen lauten:

- Wie agieren wir heute? Welcher der neuen Vorschläge bringt eine organische Weiterentwicklung zur Verbesserung unseres Auftritts in die gewünschte Richtung?
- Wie tritt der Wettbewerber auf? Welche der neuen Ideen schafft mehr Differenzierung zu diesem mit Blick auf unsere Positionierung?

Für den Kreativprozess wäre es ungünstig, mit dem Status quo zu beginnen, da dann die Gedanken der Gruppe darauf ausgerichtet sind. Besser ist es, sich erst genau davon zu lösen. So gelingt es, offener für neue Ideen zu werden.

Um alle drei Dimensionen zu visualisieren (Gegenwart – Wettbewerb – Zukunft), bieten sich drei Bildschirme an, die eine parallele Ansicht erlauben. Mit Blick auf die Visualisierungen von Archetypus und Persona des Kern-Kunden lassen sich so die folgenden zentralen Fragen beantworten:

- Inhalt: Entsprechen alle Umsetzungen unserem Typus, der als Gestalt dahinter von uns fixiert wurde? Ist es damit eine einheitliche Linie, die einen klaren Charakter widerspiegelt?
- Differenzierung: Heben wir uns damit positiv vom Wettbewerb ab oder sollte unser Auftritt zur Differenzierung noch geschärft werden?
- Medienübergreifend: Gibt es eine einheitliche Linie oder existieren Unstetigkeiten? Passen die Elemente offline und online zusammen oder gibt es Abweichungen, die zur Irritation führen?
- Aktualität: Ist der Auftritt aus der Sicht der Kern-Kunden zeitgemäß und sind wir in unserer Neugestaltung so modern, dass das voraussichtlich in fünf Jahren immer noch gilt?

Was sollte ein Markenzeichen leisten?[184]

- Es sollte an erster Stelle die kreative Leitidee wiedergeben.
- Es sollte auffallen und sich im Markenumfeld behaupten können.

183 Hensel (2015), S. 62.
184 In Anlehnung an Lefelmann, Fabian, Bildsprache (Fotografie), in: Hensel (2015), S. 120.

- Es sollte einzigartig in Idee und Umsetzung sein.
- Es sollte gut lesbar sein. Die Typografie beeinflusst die Lesefähigkeit in hohem Maße. Die Lesefähigkeit sollte überprüft werden.
- Es sollte einfach und zeitlos sein. Die Position und Varianten sollten klar bestimmt sein, dabei auch in definierten Maßen Flexibilität erlauben.
- Es sollte reduzierbar und skalierbar sein. Es soll funktionieren als Favicon und in größeren Umgebungen.
- Es sollte in Bewegung, animiert eingesetzt werden können.

Es ist wichtig, von Anfang an im Auge zu haben, dass das Markenzeichen in allen Umgebungen und Medien gut eingesetzt werden kann. Die Entwicklung startet deshalb auch häufig mit der kleinsten Einheit (Favicon) und wird dann für verschiedene Anwendungen (größer, in Bewegung) weiter skizziert. »Dafür sind erste ganz rohe Skizzen hilfreich, die zeigen, wie sich diese kreative Leitidee auf unterschiedliche Inhalte und Medien übertragen lässt. Durch diese Methode entwickelt das Team sehr schnell ein Gefühl dafür, ob sich die Leitidee dazu eignet, auf das zukünftige Design übertragen zu werden und inwiefern sich verschiedene Touchpoints damit bespielen lassen.«[185]

Im Mittelpunkt des Corporate Design steht sicherlich das Logo. Der angebissene Apfel, ein Stern, vier Ringe, drei Streifen – all diese simplen reduzierten Symbole haben eine fantastische Wirkung: Sie geben dem Unternehmen Bildliches, das sich besser merken lässt. Sie setzen damit Anker für die Marke im Kopf der Kunden und sind in jedem Fall das Budget wert, das sie verschlingen. Eine Wort-Bild-Marke hat einen Vorteil gegenüber einen reinen Wort-Marke.

Der Weg bis zur letzten Umsetzung in jedem Medium ist lang. Insofern stellt sich die Frage, wann das Unternehmen mit neuem Design startet. Auch dafür ist ein kluges Vorgehen entscheidend. Management agiert auch immer im Spannungsverhältnis der Erwartung auf schnelle Umsetzung und der Notwendigkeit für gute Vorbereitung.

Sicherlich müssen Grundlagenarbeiten erst erstellt werden: das Logo, das Symbol, der Slogan. Mit diesen Grundelementen kann intern begonnen werden. Sobald die Basis-Elemente verabschiedet sind, der Design-Entwicklungs-Prozess begonnen hat, kann dieser Status gefeiert werden: Wir heben die Elemente aus der Taufe. So wird intern die Erwartung aufgenommen. Dieser Event kann besonders gut herausstellen, wie damit die Differenzierung zum Wettbewerb gelingt. Die Planspiele bieten dafür die Grundlage. Das Ergebnis ist die implizite Vermittlung, dass die Gemeinschaft den

185 Hensel (2015), S. 99.

Wettbewerb im Auge hat und ihm Paroli bietet. Das ist ein wesentliches Element für die Identifikation.

Darüber hinaus wird das weitere Vorgehen klar dargelegt, auch die Beteiligung für die verschiedenen Aufgaben. Auf dem Weg zurück in die Abteilungen, den wir hier gehen, können die Abteilungsvertreter jetzt zu Markenbotschaftern werden. Anknüpfungspunkt bildet der Beitrag, der in der Abteilung zu Beginn des Prozesses formuliert wurde. Jetzt wird er überprüft. Damit lässt sich der fixierte Schwerpunkt wieder in alle Bereiche tragen.

Mit dieser Grundlage können im nächsten Schritt die Markenbotschafter auch bei der Gestaltungsumsetzung helfen. Sie tragen Sorge dafür, die in jeder Abteilung erforderlichen Umsetzungen zu erfassen und deren Neuausrichtung vorzunehmen. Dann haben die Umsetzungen einen persönlichen Begleiter in alle Teile der Organisation.

In diesem Stadium – die Kern-Elemente sind neu vorgestellt, werden aber erst später eingeführt – gibt es typischerweise Unsicherheit, weil das Neue noch nicht da ist, das Alte gleichzeitig aber nicht mehr respektiert wird. In einer transparenten und dynamischen Umwelt wiegt der Vorteil, den Prozess zu verdeutlichen, höher als die Perfektion im Detail. Jeder kennt den Verlauf, weiß, was wann kommt, kann das aus Beteiligung erklären. Die Kommunikation ist geordnet.

Die jetzt wichtigste noch offene Umsetzung liegt in der Verdichtung des Versprechens zu einem Slogan. Er sollte konsequent auf den Punkt bringen, was der Kunde von der Zusammenarbeit mit dem Unternehmen hat. Bei der Slogan-Entwicklung sind zwei Gefahren zu vermeiden:

- Wir sprechen über uns anstatt über das, was der Kunde von unserer Leistung hat. Beispiel: Wir managen Energie. Was heißt das?
- Wir suchen einen wohlklingenden Claim ohne Bezug zu dem, worum es geht. Bespiel: Leistung aus Leidenschaft. Was heißt das?

Gut geeignet sind Slogans, die das zentrale Versprechen genau auf den Punkt bringen. Kommen wir zurück auf den BMW-Slogan »Freude am Fahren«. Dies ist ein Versprechen an den Kunden, was ihn erwartet. Oder: »Wände zum Wohlfühlen« vom Tapetenhersteller Erfurt. Das Unternehmen bündelt seine Aktivitäten, um das Versprechen immer wieder einzulösen. Das ist auch nach innen eine herausfordernde Leitschnur.

Es ist erfahrungsgemäß jedes Mal schwierig, das Versprechen auf den Punkt zu bringen. Auch in diesem Bereich kann die Belegschaft mithelfen, indem alle sich gemeinsam auf die Suche nach einer Antwort auf folgende Frage machen: Wie lässt sich unser Versprechen kurz so auf den Punkt bringen, dass unser Kunde weiß, was er von unserer Leistung hat?

Die gemeinsame Herausarbeitung des Kundennutzens schafft Identifikation. Als Basis für den Austausch bietet sich wiederum das Social Intranet an. Wie bei allen Beteiligungen müssen auch hier die Spielregeln von vornherein klar sein. Die Slogan-Vorschläge bedürfen einer juristischen Überprüfung, vor allem hinsichtlich der Frage, ob ähnliche Statements bereits genutzt werden. Zudem ist das Auswahlverfahren festzulegen.

3.10.3 Variation des Auftritts in den Medien

Oft stellt sich die Frage: Soll in allen Medien der Auftritt identisch sein? Die Beobachtung lehrt, dass die Umsetzungen dazu in den Unternehmen durchaus unterschiedlich sind. Ausgangspunkt für die Beantwortung der Frage ist auch hier wie so oft die Zielgruppe: Welche Medien nutzt sie bevorzugt? Welche Erwartungen hat sie an einen Auftritt des Unternehmens in diesen Medien? So unterschiedlich hier die Ergebnisse je nach Zielgruppe auch sein können, eines bleibt jedoch immer gleich: Das Unternehmen muss in allen Medien wiedererkennbar sein.

Die Ausführung ist unterschiedlich je nach dem Schwerpunkt der Kundengruppe und nach der Erwartung, wie ein Unternehmen in den unterschiedlichen Medien auftritt. Die Steuerung erfolgt über den Archetypus mithilfe der Identity Card.

Da sich das emotionale Erlebnis online und offline unterscheidet, da zudem die Erfahrung mit den Medien Unterschiede geprägt hat, sind diese Nuancierungen zu beachten. Und die Beurteilung des Medieneinsatzes beginnt immer bei der Zielgruppe.

Der Weg in die Umsetzung erfordert, mehr und mehr in Details einzusteigen. Es ist geschickt, diesen wieder transparent und unter Beteiligung zu gehen. Am Ende zählt, was funktioniert. Und da ist ein kollektiver Ansatz zielführender.

»Mir geht es nicht darum, digitale Marketingmaßnahmen umzusetzen. Ich möchte Marketing für eine digitale Welt machen.«[186] Dieser integrierte Ansatz, wie ihn Michael Willeke von Coca-Cola beschreibt, erfordert ein Vorgehen, das eine Mischung aus Charakteristik und Medientypik darstellt. »Die Welt der Verbraucher ist ›phygital‹ und so hybrid muss auch das Marketing sein.«[187] Die Identity Card ist unser Instrument zur Beherrschung.

186 Michael Willeke, Marketing Direktor Coca-Cola im Interview: Campillo-Lundbeck, Santiago, »Marketing kann Impulse für das Unternehmen setzen, in: Horizont 31/2019, S. 9.

187 Ebenda.

3.10.4 Lernen am Praxisbeispiel

Genau das ist auch die Überlegung von Vera Sturm, der Direktorin Strategische Markenführung der zukünftigen Pallon E. Gemeinsam mit dem Klausur-Team klärt sie die Frage, ob Pallon E Submarken braucht. Man kommt zur Überzeugung, dass diese notwendig sind. Insbesondere die umfassenden Energie-Lösungen als schärfste Waffe im Wettbewerb sollen so eine zusätzliche Eigenständigkeit erhalten.

Damit gibt es drei Sparten, drei Submarken: eine für Gas, eine für Strom, eine für Energiemanagement. Jede Sparte wird geführt durch einen Produktmanager. Das Team entscheidet sich für englischsprachige Begriffe, da das Unternehmen zukünftig international operieren möchte:

Pallon Gas   Pallon Power   Pallon Optimix

Das Team zieht den Produktmanager von Pallon Optimix hinzu, damit er informiert ist und sofort damit beginnt, das Spezialangebot zu erarbeiten. Alle wissen: Wir müssen erst die Leistung schaffen, bevor wir in die Kommunikation gehen.

Zwei Vertreter der Markenagentur werden zur nächsten Sitzung des Klausur-Teams hinzugezogen. Der Start erfolgt mit erneuter Orientierung auf die Persona der Kern-Kunden und die Antwort des Unternehmens in Gestalt der Identity Card. Damit wird noch einmal der Archetypus des Magiers als Charakter betont.

Nun geht es um die Logo- und Symbolgestaltung. Um im Bild des herausgearbeiteten Archetyps zu bleiben, werden von den Agenturvertretern unterschiedliche Symbole für Magie aufgerufen. Bisher verwendet das Unternehmen ein Band als Symbol. Jetzt fällt die Wahl auf Ballons, entsprechend des Namens Pallon. Es sind nicht einfach Luftballons, sondern Ballons, die mit violettem Licht gefüllt zu sein scheinen und daher magisch wirken. Violett ist einerseits die Farbe der Kardinäle, andererseits die Farbe der Mystik. Sie passt bestens zum Archetyp Magier. Und sie schafft einen Unterschied in der Branche, vor allem auch zum härtesten Wettbewerber.

Das mystisch wirkende violette Licht soll die Bildwelten bestimmen und eine visuelle Linie bilden. Für Überschriften wird eine in allen Medien gut lesbare eigene Schrift kreiert, die ebenfalls einen Hauch Mystik aufweist. Als Schrift für Fließtexte wird die »Giorgia« ausgewählt. Diese soll mit Start des neuen Auftritts auf allen Rechnern als Standardschrift eingestellt werden.

Allein der zentrale Slogan fehlt noch. Die Geschäftsführung schreibt alle Mitarbeiter an, um Sloganvorschläge zu erbitten. Für die Ausschreibung gibt es erneut klare Spielregeln; für den besten Vorschlag wird ein Preis ausgelobt.

Es wird eine Startveranstaltung geplant. Die Dekoration der Räume mit violett leuchtenden Ballons ergibt sich von selbst. In der beeindruckenden Veranstaltung werden der neue Name und die Schreibweise, das Logo, aus der Taufe gehoben. Der Mitarbeiter, der den Siegernamen vorgeschlagen hat, wird geehrt und erhält seinen Preis. Dann wird auch der Siegerslogan gekürt: »Ihre magischen Energielösungen« hat sowohl bei der Geschäftsführung als auch bei den Mitarbeitern das Rennen gemacht.

Auf der Veranstaltung wird auch das weitere Vorgehen dargestellt. Der offizielle Starttermin wird in drei Monaten sein. Am Morgen nach der Veranstaltung werden die Mitarbeiter nach Hochfahren ihres Rechners einen Startbildschirm sehen mit violett leuchtendem Ballon.

3.11 Schritt Nr. 5: Infiltrieren der Corporate Identity

Die zentralen Elemente des zukünftigen Auftritts sind aus der Taufe gehoben. Nun geht es immer weiter ins Detail: Es geht um Bilder, um Sprache, um Symbole und um einen Slogan. Das sind die Zugänge zum Kundengehirn, die in einen Zusammenhang zu bringen sind. Sie bilden die Pfeiler des assoziativen Netzwerks der Marke. Der Gesamtrahmen für die zentralen Elemente soll nun geregelt werden. Unser Charakter dringt in alle Bereiche, die wir gestalten. Wir wollen von der internen Vorbereitung zum Einsatz in allen unseren Medien kommen. Dabei dürfen wir nicht stolpern, sondern wollen von Anfang an modern und professionell sein.

3.11.1 Bildwelten

Die größte Aufmerksamkeit sollte den Bildern, der Bildauffassung und der Bildlinie über verschiedene Werbemittel hinweg gelten. Der Archetypus leitet die Vorstellungswelt; die Bildvorschrift wird daraus abgeleitet. Bilder bleiben nachhaltig im Gedächtnis, was Neurowissenschaftler belegt haben. Bilder sprechen eine universelle Sprache. »Bilder erzählen uns Geschichten, vermitteln Emotionen und haben die Kraft, Markenwerte auf intuitive Weise über Sprachgrenzen hinweg zu transportieren. Bildwelten können uns informelle Zugänge zur Mission der Marke verschaffen und abstrakten Produkten oder Dienstleistungen ein »Gesicht« geben.«[188] Jeder CI-Manager sollte sich

188 Lefelmann, Fabian, Bildsprache (Fotografie), in: Hensel (2015), S. 106.

also mit der Wirkung von Bildern intensiv auseinandersetzen und sie ganz bewusst für seine Zwecke nutzen.

Es gilt, auf der entsprechenden internen Plattform gutes und typisches Bildmaterial zu sammeln, um es später dann zur Verfügung stellen zu können. Wer auf unternehmenseigene Fotos und Grafiken zurückgreifen kann, ist hier klar im Vorteil. Sie sind meist ohne Genehmigung von Dritten frei verwertbar und weisen zudem die notwendige Individualität auf.

Viele Unternehmen verwenden aus Kostengründen Stockfotos. Damit kann jedoch keine Unverwechselbarkeit erreicht werden. Erst mit einer eigenen Bildlinie ist das möglich. Wenn aus Budgetgründen keine andere Möglichkeit gegeben ist, »... können Möglichkeiten der Bildbearbeitung geprüft werden, mit deren Hilfe eine Vereinheitlichung des formalen Bildausdrucks ein Stück weit erreicht werden kann. Einheitliche Farbräume, die Wahl von Ausschnitt und Anschnitt oder der Einsatz von Freistellern können ein visuell einheitliches Auftreten ermöglichen.«[189]

Die gefundene Linie gilt es fortzusetzen im Bereich der Bewegtbilder. Videos sind im heutigen Auftritt von Unternehmen eine Notwendigkeit und ein Treiber für die Wirksamkeit.[190] Auch dafür lässt sich der passende einheitliche Stil formulieren. Videoproduktion ist leicht; es wird daher viel in Eigenregie erstellt. Allerdings sollte man sich dann immer auch kritisch fragen, ob der Eindruck, der damit vermittelt wird, zur Zielgruppe und zum Unternehmensimage passt.

»Wir sind beim Bewegtbildangebot ein Spätstarter, haben uns für den hochwertigen Weg entschieden und lassen professionell produzieren. Dadurch können wir unser Material als Footage für TV-Sender anbieten ... Wenn es um Spielbilder – selbst vom Trainingslager – geht, dürfen wir nicht weit abfallen vom Produktionsniveau von Sky, sonst schaltet der Kunde ab.«[191] Die Aussage des Marketing-Vorstands der Fußballclub-Marke Eintracht Frankfurt sollte jeder CI-Manager berücksichtigen. Es ist so leicht, schnell einmal etwas zu filmen und hochzuladen. Der Kunde setzt schlichtweg voraus: Ein professionelles Unternehmen hat professionelle Bildwelten.

189 Ebenda, S. 108 f.

190 Vgl. www.hamburgmediaschool.com/forschung.

191 Hellmann, Axel im Interview in: Zimmer, Jochen, Vorkötter, Uwe, Tradition ist ein wichtiges Gut, Horizont 32/2017, S. 42.

3.11.2 Website-Gestaltung

Der zentrale Hub für die Netzaktivitäten und ein interner wie externer Anker ist für die meisten Unternehmen die Online-Plattform oder Website, auf welche die anderen Präsenzen zuarbeiten und verlinken. Deren Überarbeitung sollte ein Schwerpunkt sein, wenn es um die Neuaufstellung der Corporate Identity geht. Mit dem Startschuss zum neuen Auftritt muss die Online-Präsenz professionell überarbeitet und hochgeladen sein.

Wer die Zielgruppe und deren Wünsche genau kennt, weiß auch um die Anforderungen, die sich hier stellen. Dabei bildet die aktuelle Site den Ausgangspunkt, der auf seine Qualität aus Usersicht überprüft wird.[192] Enthält sie die Inhalte, welche die Zielgruppe erwartet? Ist sie so aufgebaut, dass sich die Nutzer leicht zurechtfinden? Um das zu ermitteln, schlägt die NNGroup vier Schritte vor:[193]

1. **Discover, entdecke:** Häufig gehen wir von uns selbst aus, wenn es um die Beurteilung von Dingen geht. Unser Denken übertragen wir gerne auf andere. Doch leider verhält es sich nicht so. Deshalb geht es darum, zuerst die Ansichten und Vorstellungen der User zu ermitteln. Hier kann mit den internen Kollegen begonnen werden, so einmal den Experten aus der IT, zum anderen aber auch mit weiteren Anwendern. Darüber hinaus werden Kunden gebeten, für eine Untersuchung und Formulierung von Anforderungen zur Verfügung zu stehen. Auch hier gilt die Zielgruppenorientierung.
2. **Explore, erkunde:** In diesem Schritt werden systematisch Marktforschungsmethoden eingesetzt, um eine Aufgaben-, eine Design-, eine Wettbewerber-Analyse und ein Mapping des Kundenwegs zu erhalten. Die fünf A der Customer Journey (siehe hierzu näher Kapitel 2.3) werden der Reihe nach geprüft.
3. **Test, teste:** Nun geht es ans Testen der Usability, beispielsweise mittels Beobachtung oder Eyetracking. Wer eine verbundene Testgruppe gebildet hat, stellt die neue Version zunächst dieser zur Verfügung. Die Website wird auf Übersichtlichkeit und emotionale Wirkungen überprüft, etwa mit einem Assoziationstest.
4. **Listen, höre zu:** Nach dem Hochladen geht es um das Beobachten der Reaktionen im Netz, die über das Online-Dashboard erfasst werden: Wo wird was zur Nutzung unserer Website gesagt?

Wichtig ist, wie so oft, auch bei Websites der erste Eindruck. Er bleibt. Die sichtbare Fläche nach dem Aufruf der Site sollte einen möglichst zielgruppenoptimierten positiven Eindruck machen. Beobachtungen ergeben, dass eigentlich recht selten weiter nach unten gescrollt wird.[194]

192 Vgl. ebenda.
193 Vgl. www.nngroup.com/articeles/ux-research-cheat-sheet/.
194 Vgl. Fessenden, Therese, Scolling and Attention, in: www.nngroup.com/articeles/scrolling-and-attention/ on April 15, 2018.

Typisch ist auch hier, dass Spezialisten hinzugezogen werden. Wer kommt als Spezialist in Frage? Sicher nur Fachleute, die sich auf eine kundenorientierte Gestaltung verstehen. Besonders wichtig ist die User-Ausrichtung. Gerade im Webdesign ist die Blickrichtung auf eine Persona durchaus verbreitet. Wer so zielgruppenorientiert arbeitet, der benötigt als weitere Information die Charakteristik entsprechend unseres Archetypus. Wir sollten die emotionale Seite unbedingt bedenken. Entscheidend ist das zentrale Bild, da es zuerst zur Dekodierung dient, worum es hier geht. Dieses sollte unbedingt in der Zielgruppe geprüft werden: Welche Assoziationen werden mit dem Auftritt verbunden?[195] Damit wird der Markeneindruck geschaffen. Als zweiten Prüfpunkt geht es darum, wie sich ein Nutzer bewegt; die Website hat auch eine Funktion: den Besucher mit der erwarteten Information zu versorgen. Deshalb gilt es zu prüfen, ob er findet, was er sucht. Ist der Einstieg in die spezielle Thematik leicht? Hier kommt es auf die »Call to Action«-Elemente und ihre Anordnung an.

Dabei ist die Entwicklung am besten wieder von der kleinsten Einheit aus vorzunehmen: Viele User gehen mobil ins Netz; so muss die Gestaltung auch auf dem Smartphone passen oder sich anpassen. Das führt auch zur Anforderung der Reduktion der Inhalte. Nicht nur die zur Verfügung stehende Fläche ist klein, auch die Ladezeit sollte sehr kurz sein. Die Aufmerksamkeitsspanne ist gering.

> Das Ziel und die Userwünsche bestimmen konsequent und reduziert auf den Punkt das Vorgehen.

Natürlich muss die Website auch gefunden werden. Suchmaschinenoptimierung ist daher sehr wichtig. Denn nur über Suchmaschinen oder Hinführungen aus anderen Medien kann es Traffic auf der Website geben. Meist steht diese Aufgabe im Pflichtenheft für die Spezialagentur. Der Suchmaschinen-Gigant Google hat zudem für kleine und mittelständische Unternehmen die »Google Zukunftswerkstatt« eingerichtet, die bei der Suchmaschinenoptimierung hilft, auch mit Terminen vor Ort.

3.11.3 Soziale Medien

Nicht nur die eigene Website, sondern auch die Sozialen Medien sind für die Markenarbeit besonders interessant, da mit den persönlichen Informationen über die Nutzer, die man via Facebook, XING & Co. erhält, die unterschiedlichen Zielgruppen sehr gezielt angesprochen werden können. Eine derartige Aussteuerung, ein derartiges Targeting, gibt es nur in den Sozialen Medien.

195 Vgl. www.nngroup.com.

Zudem kann eine positive Reaktion in den Sozialen Medien manches Mal mehr wert sein als jede noch so professionell gestaltete Anzeige. Als Marke in den Sozialen Medien eine Rolle zu spielen, bedeutet Teil des sozialen Systems zu sein. »Eine Studie von Nielsen aus dem Jahr 2013 belegt, dass rund 80 % der User Inhalten und Empfehlungen von Freunden und rund 64 % den Empfehlungen fremder User vertrauen, während nur rund ein Viertel der User das klassische Online-Banner oder Werbeanzeigen in sozialen Netzwerken für glaubwürdig hält.«[196] Die Art des Vorgehens sollte sich anpassen: weg vom Anzeigendenken, hin zur Erzählung, die geteilt wird.

Erst einmal haben Unternehmen nicht viel Spielraum, wenn es darum geht, den eigenen Social-Media-Auftritt in den jeweiligen Portalen zu gestalten. Sie müssen sich an die Vorgaben der Plattform-Betreiber halten.

Letztlich teilt sich die Startseite in aller Regel in vier Bereiche auf: das Key Visual/Titelbild, die Leiste mit dem Inhaltsverzeichnis, über dem das Unternehmenslogo platziert ist, die chronologische Informationsleiste oder Chronik/Pinnwand und die Ergebnis- wie Aktionsleiste; hier ist in aller Regel das Impressum untergebracht, das bei kommerziellen Seiten im deutschsprachigen Raum – Deutschland, Schweiz, Österreich – Pflicht ist. Dieses sei am Beispiel Facebook schematisch dargestellt:

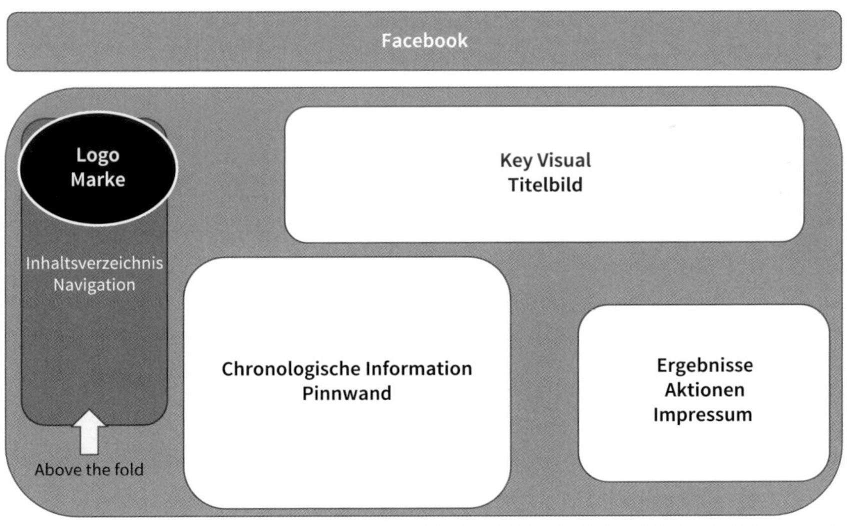

Facebook Site

196 Ebenda, S. 265.

Ein Account auf den Social-Media-Portalen ist schnell und einfach eingerichtet. Ungleich schwerer ist es, Traffic auf der Seite zu erzeugen. Wie gelingt es aber, möglichst viele User als Freunde und Follower zu gewinnen?

Unternehmen wie A = Apple, B = BMW, C = Coca-Cola haben es leicht. Sie erzeugen an sich das Interesse vieler Besucher.[197] Damit zeigt sich der Vorteil einer starken Marke; sie erzeugt Traffic. Andere Marken, die noch nicht so stark sind, müssen andere Wege finden, das Interesse zu wecken.

Erst einmal kommt es auch hier darauf an, eine markentypische Gestaltung im abgesteckten Rahmen zu finden. Es geht ja darum, die Erwartungen der Besucher zu treffen. Die haben sich geändert: Die Online-Medien sind weniger statisch, verlangt wird Dynamik. Und die beginnt mit der Gestaltung.

Ein Beispiel für eine gelungene Dynamisierung ist die Neuausrichtung des Bosch-Markenauftritts.[198] Die bisherigen Markenelemente – die rote Bosch-Wortmarke, der Slogan »Technik fürs Leben« sowie das Symbol – wurden beibehalten. Den Anforderungen der digitalen Medien sowie der Entwicklung in Richtung Lebendigkeit wird durch eine sogenannte Supergraphic Rechnung getragen, die mit geraden, sich überschneidenden und geschwungenen Linien Beweglichkeit in die verschiedenen Auftritte bringt. Sie wird eingesetzt in Printmedien, auf Produktverpackungen und eben in den digitalen Medien.

Supergraphic von Bosch (Copyright: Robert Bosch GmbH)

Bosch hat damit seinen Markenauftritt aufgefrischt und bewahrt gleichzeitig jedoch die Kontinuität. So ist die Hintergrundgestaltung zu einem zeitgemäßen Markenelement

197 Vgl. www.facebook.com/apple/, www.facebook.com/BMW/, de-de.facebook.com/Coca-Cola/.
198 Vgl. im Folgenden www.ci-portal.de/neuer-markenauftritt-von-bosch/.

geworden, das wiedererkennbar und eben doch verschiedentlich einsetzbar ist. Das Farbspektrum wird heute im Web jeweils als oben begrenzende Linie verwendet. Auch in Grafiken wird der Farbverlauf genutzt.[199] Es wird den Anwendern eine Supergrafik zur Verfügung gestellt; im einzelnen Einsatz können unterschiedliche Ausschnitte eingesetzt werden. Insofern gibt es eine Quelle – die Grafik – mit variablen Nutzungen – passende Ausschnitte. Die Gestaltung hat Flexibilität für die verschiedenen Medien erhalten, gleichzeitig jedoch einen Zusammenhang bewahrt.

Noch mehr Flexibilität hat Audi in den Markenauftritt gebracht. »Wir haben ein komplexes Regelwerk durch einfache Prinzipien abgelöst, die digital und analog funktionieren«, so die Leiterin Brand Identity und User Interface, Simone Labonte. Dafür hat Audi seinen Markenauftritt in kleinste Teile zerlegt, die auf verschiedene Oberflächen skalierbar sind. Aus einem Baukasten, dem so bezeichneten Graphical User Interface Kit, darf sich jeder bedienen. Neu ist ein Prinzip, das bestimmt, wie die Marke mit dem Anwender interagiert. Es geht darum, »die Prinzipien zu verstehen statt blind einem strengen Regelwerk zu folgen«, so Labonte. »Das Logo soll weniger Stempel und Absender sein, sondern Teil des Contents. Uns ist lieber, jemand lädt sich ein Logo runter, dafür aber das richtige, als dass er versucht, ein Logo nachzubilden und es dann falsch macht.«[200] Damit ist angesprochen, womit heute jedes CI-Management konfrontiert ist: die Nutzung von Markenelementen nach eigenem Gusto durch verschiedene User. Audi hat eine geschickte Lösung gewählt, den Zugang zu Markenelementen leicht zu machen, damit die offiziellen Elemente genutzt werden. Das hat Vorteile, aber auch einen Nachteil: Es ist damit für User sehr leicht, den Anschein einer Markenbotschaft zu erwecken oder in fragwürdiger Weise mit den Elementen umzugehen. Um diesem Risiko entgegenzuwirken, bedarf es einer aktiven Moderation der Marke seitens des CI-Managements.

Damit ist die gestalterische Voraussetzung geschaffen. Dann zeigt das Nielsen-Ergebnis: Marken sollten auf Geschichten setzen, die erzählt werden, die mit Videos umgesetzt werden. Ungewöhnliches wird geliked und geteilt. Aus Unternehmensperspektive kommt es darauf an, dass die Erzählung zur Marke passt und auf deren Charakter einzahlt. Eine große Gefahr aus Markensicht liegt darin, interessante Storys zu liefern, die überhaupt nicht mit der Marke verbunden werden.

Nur präsent zu sein, reicht eben nicht; Soziale Medien müssen dauerhaft bespielt werden, damit die User nicht das Interesse verlieren. Das Unternehmen sollte ständig etwas liefern und Austausch bieten. Eine Kampagne, eine Aktion ist nicht ausreichend, sie sollte immer in einer Fortsetzung münden. Das will organisiert sein.

199 Vgl. www.bosch.com.
200 Ebenda.

Auch in den virtuellen Medien geht es um Emotionalisierung. Obendrein will das Publikum unterhalten werden. Das eine fördert ohne Zweifel das andere. Während Emotion etwa mit einem Bild geweckt werden kann, benötigt Unterhaltung eine Ausweitung zu einer Episode. Soziale Medien sind auf keinen Fall statisch, sie sind immer dynamisch – oder uninteressant.

3.11.4 Typografie

Einen wichtigen Anker für das Erinnern der Marke setzt der zentrale Claim. Der Slogan oder Claim – synonym verwendet – führt uns zur Typografie. Wie soll er geschrieben werden? Welche Schriftart soll verwendet werden? Viele Unternehmen lassen eigene Schriften für sich entwickeln. Wer diesen Aufwand nicht auf sich nehmen möchte, sollte trotzdem nicht darauf verzichten, sich auf bestimmte Schriftarten festzulegen. Charakteristik entsteht durch den Eindruck von Einheitlichkeit – bei aller Flexibilität. Auch hier kann variiert werden, je nach Textstruktur – Überschrift versus Fließtext –, je nach Medium – Print versus Video versus online. Wichtig ist, dass daraus ein Wiedererkennungseffekt abgeleitet werden kann.

Auch für das Wording, den Sprachstil, sollten Regelungen festgelegt werden. Im Web wird verbreitet das »Du« genutzt. Unternehmen wie Ikea haben damit kein Problem. Deutsche Maschinenbauer dagegen ein großes. Auch hier spielt wieder die Zielgruppe die entscheidende Rolle.

Die Anforderungen sollten in einem Design-Handbuch oder Brand Style Guide festgehalten werden, um eine einheitliche Linie, einen klaren Charakter auszubilden, der Grundlage für Wiedererkennbarkeit und Beziehung darstellt.

3.11.5 Klangdesign

Je mehr Sinne angesprochen werden, desto größer ist die Wirkung des Markendesigns auf die Zielgruppe und desto wirkungsvoller ist der Charakteraufbau. Insofern sollte der CI-Manager sich nicht nur mit der Visualisierung und dem Text beschäftigen. Vor allem mit Klangdesign können Unterschiede zwischen Marken geschaffen werden. Führend sind hier sicherlich die Premium-Automobilanbieter.[201] Auch die fünf Töne der Deutschen Telekom zeigen, welche Wirkung mit Klang erzielt werden kann. Auch Duft – bekanntes Beispiel ist hier Singapore Airlines – kann einen enormen Wiedererkennungseffekt haben. Wir hatten gesehen, dass Riechen unmittelbare Wirkung hat.

201 Ebenda.

Die Weiterentwicklung der Sprachassistenten wird bald zur Frage einer geeigneten Stimme führen: Welche Stimme, männlich – weiblich, hoch – tief, passt zu uns, wenn die Chatbots oder die Smart Speaker mit unseren Kunden sprechen? »Voice Commerce gilt als der nächste große Trend.«[202]

Auch die Haptik spielt eine große Rolle für das Erlebnis. Ein Werbemittel auf festem Papier wirkt anders als auf dünnem Papier. Und das Kunden-Gehirn schließt: Wertige oder weniger wertige Marke. Alle Sinne zusammen lassen das assoziative Marken-Gedächtnis entstehen.

3.11.6 Social Media Guidelines

Damit ist der formale Auftritt geschaffen. Der inhaltliche Aspekt ist noch bedeutender. Ein Großteil der Mitarbeiter ist privat in den Sozialen Medien unterwegs. Oft gibt es einen ungezwungenen Umgang mit Bildern privater Ereignisse: Urlaubs- oder Party-Bilder werden an die Freunde verteilt. Wer gleiches Verhalten als Repräsentant des Unternehmens vornimmt, kann Wellen auslösen – etwa durch Bilder von Feiern mit Kollegen. Ein achtsamer Umgang ist geboten. Dafür werden verbreitet Social Media Guidelines erstellt. Früh bekannt geworden sind die zehn Ratschläge im Daimler-Konzern[203] aus dem Jahre 2010:

- **Es geht immer um Konversation:** Gespräch, keine Einbahnstraßenkommunikation.
- **Achten Sie auf Qualität**: qualitativ hochwertige Inhalte als Basis langfristiger Konversationen.
- **Seien Sie ehrlich**: keine Falschaussagen oder auch nur Weglassungen, Offenlegung von Quellen.
- **Bleiben Sie höflich**: respektvoller Umgang, keine Provokationen und Beleidigungen.
- **Berichtigen Sie eigene Fehler**: Fehler passieren, eigene Fehler oder Irrtümer zugeben und zeitnah berichtigen.
- **Seien Sie auch als Privatperson professionell**: auch privat nur Dinge schreiben, die nicht peinlich sind; man bleibt Mitarbeiter.
- **Trennen Sie Meinungen und Fakten**: hinweisen, ob es die persönliche oder die Unternehmensmeinung ist.
- **Seien Sie ganz Sie selbst**: authentisch bleiben; zu den Interessen des Unternehmens stehen.

202 Mattauch, Christiane, Die Marke spricht, in: absatzwirtschaft 3/2019, S. 35.
203 Entnommen: www.business-wissen.de/artikel/social-media-social-media-guidelines-fuer-mitarbeiter-mit-beispielen/.

- **Behandeln Sie Vertrauliches vertraulich:** sorgsamer Umgang mit Firmeninformationen, keine vertraulichen Informationen verbreiten.
- **Achten Sie das Gesetz:** keine verleumderischen, beleidigenden oder anderweitig rechtswidrigen Inhalte und keine Inhalte ohne entsprechende Urheberverweise oder Copyrights ins Netz stellen.

Das sind unbedingt beherzigenswerte Tipps. Deren Einhaltung korrespondiert sicher mit dem Maß an Identifikation. So kann die Formulierung beginnen. Die Tipps sind allgemein gefasst, der tägliche Umgang vermittelt weitere Erfahrungen. Zudem ist das Terrain der Social Media so sehr in Bewegung, dass auch die Regeln für den Umgang in Bewegung bleiben sollten.

Vorbild für die Weiterentwicklung ist ein kontinuierlicher Verbesserungsprozess, speziell das Deming-Rad (plan – do- check – act).[204] Übertragen auf die Social Media-Guidelines lässt sich das so umsetzen: Am besten wird ein Team gebildet, das regelmäßig seine Erfahrungen austauscht. Dieses setzt sich zusammen aus den verantwortlichen Kommunikatoren in den verschiedenen Medien. Das Team kann durchaus auch immer wieder erweitert werden um Ratgeber: Experten oder auch verbundene Kunden.

Jeder einzelne Verantwortliche ist aufgefordert, über seine Erfahrungen zu berichten, Vorschläge für die Verfeinerung der Richtlinien zur Diskussion zu stellen. Das Team bestimmt, welche Regeln neu ausprobiert werden. Bei der nächsten turnusmäßigen Sitzung werden die Erfahrungen ausgewertet und die Richtlinien ergänzt oder modifiziert. Dieser Mechanismus führt zur ständigen Überprüfung, Weiterentwicklung und Anpassung an die Dynamik des Bereichs.

Da alle Aktivitäten online im öffentlichen Raum passieren, haben die Handlungen eines jeden Einzelnen Auswirkungen. Mit der Beauftragung für das Management von Social Media Accounts geht einher, einen Handlungsrahmen zu geben und diesen aktiv mit weiterzuentwickeln. Zusätzlich weisen die Richtlinien »die Mitarbeiter auf die rechtlichen Konsequenzen eines schweren Regelverstoßes hin. Jedem Mitarbeiter muss klar sein, dass geschäftsschädigende Äußerungen wie Beleidigungen, Behauptungen und Kommentare, die den Betriebsfrieden gefährden, im Social Web nichts zu suchen haben.«[205] So weist etwa Daimler mit den Social Media Guidelines auch auf die Einhaltung geltender Rechtsvorschriften und Regelungen hin, die im Interesse des Konzerns, aber auch im Eigeninteresse der Mitarbeiter liegen. Die Vorschriften und Regelungen sind in den

---

204 Vgl. etwa Kudernatsch, Daniela, Die Methode PDCA-Zyklus am Beispiel erklärt, in: www.business-wissen.de/artikel/qualitaetsmanagement-die-methode-pdca-zyklus-am-beispiel-erklaert/.

205 Grabs, Bannour et al., (2018), S. 541.

Arbeitsverträgen des Unternehmens, in einer Verhaltensrichtlinie (Integrity Code) sowie in Richtlinien zum Umgang mit Informationen festgelegt.[206]

3.11.7 Design-Baukasten

Um den Design-Baukasten systematisch erstellen zu können, bietet sich die folgende Übersicht an, die die wesentlichen stilprägenden Designelemente enthält:[207]

Elemente:	Anwendungen:
Markenzeichen	Stellung / Variation / Submarken
Symbol	Stellung / Bewegung / Maskottchen
Slogan	Stellung / Schreibweise / Icons
Sprache	Sprachstil, Sie- oder Du-Ansprache, Stimme der Marke
Typografie	Schrift/ Hausschrift? (Text, Überschrift, verschiedene Medien)
Farbe	Primär-/ Sekundärfarben, Farbspektrum
Bildsprache	Perspektive/Stimmung/Illustration/Anschnitt/Rahmen, Verwendung Stockmaterial
Filmstil	Realität versus Fantasie/Animation
Melodie	Jingle, Sounddesign
Duft	Generell eigener Duft oder für bestimmte Einsätze wie Messen spezielle Beduftungen
Haptik	Griffigkeit von Medien
Fashion	Sichtbarkeit Mitarbeiter
Raum	Store, Kundenzentrum, Eingang Hauptverwaltung, weitere Räume
Kontakt	Begrüßung, Besprechungsräume, Unterlagen, Visitenkarten
Co-Branding	Regeln für Verbindung mit anderen Marken

Mittels Brand Management Software können die Design-Elemente zentral im Intranet zur Verfügung gestellt und verwaltet sowie mit Zugangs- und Verwendungsrechten versehen werden.

206 Vgl. www.business-wissen.de/artikel/social-media-social-media-guidelines-fuer-mitarbeiter-mit-beispielen/.

207 In Anlehnung an Hensel (2015), S. 106.

3.11.8 Journey Card

Damit haben wir zwar die Elemente, wir haben aber noch keinen roten Faden. Erst wenn diese in einen Zusammenhang miteinander gebracht werden, ist die Verarbeitung zu einem assoziativen Netzwerk möglich, das die Grundlage für das Image im Kopf der Kunden schafft. Eine Journey-Karte ordnet die verschiedenen Stufen des Kunden-Entscheidungsprozesses, die Anforderungen der Stufe und die genutzten Medien, und zwar orientiert an der Customer Journey. Kommunikation ist zu differenzieren. Unterschiedliche Bedürfnisstufen benötigen jeweils andere Botschaften und Medien.

Touchpoint	User Experience	Medien	Unser Status
Aware	Bekanntheit	• Alle Werbemaßnahmen und Unterlagen • Vorträge	
Appeal	Bevorzugung	• Alle Events und Veranstaltungen • Emotionale Aufladungen • Positive Berichte von Kunden	
Ask	Austausch, Information	• Webauftritt, Telefon (Hotline), Beratungsgespräch, Chat • Bewertungen/ Empfehlungen	
Act	Auswahl, Kauf	• Verkaufsgespräch, Vertrag, Warenkorb im Netz • Individualisierung • Bezahlung/Lieferung	
Activation	Erlebnis	• Nach-Kauf-Maßnahmen, Following Social Media, Service Design, Communitys	

All dies zahlt ein auf das Ziel, ein stimmiges Erlebnis für Kunden zu schaffen und damit eine tragfähige Grundlage für die Kundenbeziehung. In der Rubrik »Unser Status« werden die vorbereiteten Maßnahmen aufgenommen, um zu sehen, was schon da ist und was noch fehlt. Diese Rubrik kann nur mit bester Kenntnis der Zielgruppe ausgefüllt werden. Zentral ist die Information, welche Medien von dieser typischerweise genutzt werden. Die Medienleiste ist hier beispielhaft gefüllt; nehmen Sie mit zunehmender Erkundung Ihrer Kunden eine genaue Angabe vor. Hier entscheidet sich die tatsächliche Erreichbarkeit der Kunden. Wir werden uns noch mit dem Inhalt der Statusleiste beschäftigen (siehe Kapitel 3.12).

Digitale Markenführung umfasst alle Markenaktivitäten im digitalen Raum. Der ist weit und groß. »Mittlerweile zählen zu den digitalen Medien auch digitale Schauräume, dreidimensionale Plakate, weitere interaktive Angebote im Stadtraum wie digitale Litfaßsäulen und digitale Schaufenster.«[208] Das Corporate Identity Management hat angesichts dieser Vielfalt die Aufgabe, eine Bestandsaufnahme durchzuführen, welche Medien heute eingesetzt werden, und eine Entscheidung zu treffen, welche Medien zukünftig einbezogen werden. Sinnvoll ist hier ein schrittweises Vorgehen mit Spiegelung des Kunden- und Wettbewerbsverhaltens.

3.11.9 Content Management

Nur wer etwas zu sagen hat, ist interessant, kann unterhalten. Deshalb ist die Frage des richtigen Contents von höchster Priorität. Sie steht im Zentrum der Kommunikation mit den Kunden.

Das Content Management startet sofort parallel zu der Entwicklung der anderen Maßnahmen. Inhalte gibt es in verschiedensten Bereichen für unterschiedliche Anwendungen. Es sollte ein interdisziplinäres Content-Team dafür eingerichtet werden, eben unter der Moderation des Koordinators. Um die Verschränkung mit der Gestaltungsentwicklung zu erreichen, empfiehlt es sich, die Markenagentur beim Content-Aufbau einzubeziehen. Authentische Themen kommen aus der Mitte des Unternehmens. Insofern ist zu überlegen, wer aus dem Unternehmen beteiligt ist. Content entsteht überall im Unternehmen; wichtig ist seine zentrale Speicherung und Steuerung. Die Kunst der Moderation des Koordinators liegt darin, die Kundenbrille aufzusetzen: Was ist für Kunden wirklich von Interesse?

In einer Welt explodierender Medienkanäle und Botschaften bleibt eine Marke nur dann dauerhaft in den Köpfen der Kunden, wenn sie konsistent agiert. Die größte Sorge für den CI-Manager muss darin bestehen, die Geschlossenheit des Unternehmenscharakters über alle Maßnahmen hinweg zu gewährleisten. Das gelingt durch folgende Maßnahmen.

1. Das gemeinsame Versprechen, das im Unternehmen entwickelt wurde, das idealerweise mit dem Slogan auf den Punkt gebracht wird, stellt die Gesamtausrichtung her. Es steht über den Einzelmaßnahmen und hat damit eine generelle koordinierende Wirkung.
2. Auf der Ebene der jeweiligen Maßnahmen bedarf es einer abgestuften gedanklichen Ordnung. Ein Redaktionsplan, der erfasst, was, wann in welchem Medium veröffentlicht wird, schafft hier Struktur unter einem Motto. Um im Rahmen einer Kampagne eine Koordination zu schaffen, bietet sich ein einheitliches Motto an,

208 Herbst, Dieter Georg, Musiolik, Thomas Heinrich, Wo die Marke am stärksten wirkt: Unterschiede zwischen online und offline aus der Sicht des Praktikers, in: Briesemeister (2016), S. 158.

das alle Ausspielungen in den Kanälen verbindet. Dieses ist gleichsam ein Kapitel, das in sich geschlossen ist und einzahlt auf das zentrale Versprechen. So verwendet beispielsweise »Deutsche Lufthansa« jeweils ein Kampagnen-Motto, um eine inhaltliche Struktur vorzugeben: Von August 2004 bis Anfang 2012 lautete das Motto: »Alles für diesen Moment«.[209] Danach startete »Nonstop you«.[210] Unter der Leitlinie wurde in den unterschiedlichen Medien eine Bildsprache geschaffen, die immer wieder schöne Momente im Zusammenhang mit dem Fliegen zeigt, anschließend kamen die Fluggäste in den Mittelpunkt. Ein Redaktionsplan, der erfasst, was, wann in welchem Medium veröffentlicht wird, schafft hier Struktur unter dem Motto. Das Motto kann ausgebaut werden um ergänzende Aktionen.

BEISPIEL

Die Fotografin Alice Moitié erhielt von Mercedes den Auftrag, eine Umsetzung der »Grow up«-Kampagne mit künstlerischen Bildern in einer für die nachwachsende Generation adäquaten Art zu schaffen. »Mit den Grow up-Motiven wollte Mercedes-Benz das Lebensgefühl einer neuen Generation zeigen und nicht das Auto in den Mittelpunkt stellen, sondern die Menschen, die sich für dieses Auto entscheiden.«[211]

Ein geschickt gewähltes Motto schafft die Verbindung der so weit auseinanderlaufenden Medien mit der Unterstreichung des Markencharakters.

3. Die beteiligten interdisziplinär besetzten Teams, die für die Umsetzung der Maßnahmen verantwortlich sind, stehen im permanenten Austausch miteinander, gelenkt durch das Motto.
4. Die Aktivitäten werden zentral via Social Intranet und Social CRM-System gesteuert. So können die Aktivitäten für die Umsetzung unter dem Motto mit unternehmensweiter Beteiligung erfolgen.

Wer eine Marke gestalten will, sollte Assoziationen zur Marke passend aufbauen. Das kann nur gelingen mit einem gezielten Vorgehen und wird nicht durch Zufälligkeiten erreicht. Ad hoc zu handeln führt zu Fehlern. Manches Mal werden Veränderungen von außen als Argument genommen, auf eine gezielte Planung zu verzichten und spontan zu reagieren. Überhaupt ist der Modus der digitalen Welt die Agilität. Dieser Ansatz wird oft falsch verstanden. Er darf nicht mit Trial and Error verwechselt werden. Vielmehr werden die dezentralen Aufgaben von Teams zusammengebunden durch ein Motto, und jedes Team hat den Auftrag, eigenständig in seiner Umsetzung besonders wirksam zu agieren.

209 Vgl. www.lufthansa.com/de.
210 Vgl. www.lufthansa.com/de.
211 Mydlach, Iris, Wow, dachte ich. Coole Idee, in: Mercedes-Benz Magazin 3 – 2017, S. 44.

3.11.10 Die richtigen Medien

Das Repertoire des CI-Managements wird gerne eingeteilt in drei Media-Bereiche:[212]

1. **Owned Media:** Hierzu zählen sämtliche Präsenzen des Unternehmens: die Hauptverwaltung, Hinweisschilder, die eigene Beteiligung des Unternehmens im Web, beginnend mit der Website, fortgesetzt etwa durch Blogs, Newsletter sowie Socia-Media-Präsenzen. Diese Medien kann das Unternehmen kontrollieren und gezielt bespielen.
2. **Paid Media:** Dazu zählen alle Medien, bei denen man zahlen muss, um in ihnen auf die Marke aufmerksam zu machen und Traffic für die eigenen Präsenzen bis hin zum Kauf zu erzeugen. Auch die Bannerwerbung, Social-Media-Anzeigen etwa auf Facebook und Suchmaschinenwerbung wie Google AdWords zählen dazu.
3. **Earned Media:** Hierzu zählen Empfehlungen im Freundeskreis, Einlassungen von Usern wie Zustimmungen, Likes, positive Bewertungen, aber auch Widersprüche, Missfallensäußerungen, negative Bewertungen. Die erarbeiteten Kommentare in der realen und virtuellen Welt gelten als die glaubwürdigsten, da ein Kunde diese aus freien Stücken äußert. Sie sind damit von größter Bedeutung für das CI-Management. Zudem ergibt sich damit oft der Effekt der viralen Verbreitung. Durch genaue Beobachtung kann gelernt werden, welche Gruppen wie aktiv sind und was diese Aktiven besonders bewegt. So können die Inhalte darauf ausgerichtet werden. Dem CI-Management kommt dabei die Aufgabe zu, die Aktivitäten der User zu lenken.

Manche Unternehmen lassen Prominente für sich sprechen. So ist es für Marc Pritchard der Weg geworden, für bestimmte Marken mit Partnerschaften zu den Kunden zu gelangen. »Wenn man hört, dass sieben von zehn Konsumenten sagen, dass Werbung sie nervt, weil sie die Unterhaltung stört, und 40 Prozent der Frauen sagen, dass sie sich in der Werbung nicht zutreffend dargestellt finden, muss uns klar sein, dass es wirklich höchste Zeit ist, Kreativität und damit die Werbung zu verändern.«[213] Er versteht die Zeichen der Zeit so, dass er Wege abseits von typischer Werbung zu suchen hat. Bei Procter & Gamble sind es dann Partnerschaften mit Prominenten.

Auch User mit vielen Followern, die sogenannten Influencer, werden dafür engagiert, sich positiv über Unternehmen oder Produkte zu äußern. Das kann, muss aber nicht funktionieren. Gerade Unternehmen, die sich an relativ junge Kunden wenden, haben teilweise positive Erfahrungen gemacht. »Vor allem die oft gleichaltrigen YouTuber sind für die Jugendlichen wichtige Entwicklungshelfer. Sie nehmen die Funktion einer großen Schwester oder eines großen Bruders ein. Sie sind eben nicht die vollkom-

212 In Anlehnung an Forrester: www.forrester.com.
213 Marc Pritchard im Interview: Schmidt, Eva-Maria, »Eine Milliarde Dollar weniger«, in: Horizont 27/2019, S. 10.

menen Siegertypen, sondern sie geben sich nahbar, ansprechbar und sie offenbaren ihre eigenen Schwächen. Dadurch befreien sie die Jugendlichen von dem lähmenden Perfektionszwang.«[214] Deren Ratschläge werden als Hinweise von Gleichaltrigen angenommen. Es ist ein alternativer Weg, ganz bestimmte Zielgruppen zu erreichen. Darin steckt allerdings eine Gefahr, dass es nicht glaubwürdig ist, besonders wenn sich der Influencer in der angeschlossenen Gruppe verbrennt. Interessant kann dann eine Entwicklung werden, sich eigene Influencer zu schaffen, und zwar als virtuelle Models. Diese können nicht über die Stränge schlagen; sie sind Kunstfiguren. Es stellt einen großen Aufwand dar und ist deshalb noch selten. Wer eine Maßnahmen-Alternative sucht, die er beherrscht und die gleichzeitig die Bedingungen nachwachsender Zielgruppen erfüllt; hier gibt es eine Lösung.[215]

Die Online-Strategie im Rahmen des CI-Managements stellt eine besondere Anforderung dar: Es gilt, die Bedingungen und Usancen des virtuellen Raums zu beherrschen, dabei die Marke und ihr zentrales Versprechen umzusetzen. Wer sich die Möglichkeiten vor Augen führt, wer die Vielfalt der Medien bedenkt, der wird erschlagen durch die Komplexität dieser Aufgabe. Die Antwort im Management kann immer nur sein: Strukturierung.

Die Strukturierung, um die Aufgabe zu beherrschen, beginnt notwendig mit einer Konzentration auf den Markenkern: Wofür steht unsere Marke? Erst mit dieser Grundlage sollte die Online-Strategie formuliert werden; sie beinhaltet den generellen Online-Ansatz für die Zielgruppen, setzt deren Erwartungen in einer Linie um. Erst jetzt werden die Medien festgelegt: Welche Medien nutzt unsere Zielgruppe, in welchen Medien ist unsere Linie besonders wirkungsvoll umzusetzen? Je nach Schwerpunkt – das können etwa sein Austausch, Service, Teilen von Bildwelten – empfehlen sich unterschiedliche Soziale Medien: Austausch erfolgt eher über ein Blog und schnelle Information über Twitter, vielleicht WhatsApp-Gruppen, Service eher über Facebook, Bildwelten eher über Instagram und Pinterest.

Konsequent geht das Management aus von der zentralen Botschaft, formuliert einen Schwerpunkt, am besten unter einem Motto, wählt die Medien, welche die Zielgruppe nutzt, und unter diesen die geeigneten für die Botschaft. Dieses Vorgehen entspricht dem Fächer von JESS3: Er setzt die Markengeschichte in den Mittelpunkt, um dann mit Blick auf die Ziel-Kunden die Strategie zu entwickeln und dazu passend die Medien einzusetzen.[216]

214 Aus: www.rheingold.marktforschungde/helden-der-teenager/
215 Vgl. Unckrich, Bärbel, Die Roboter sind da, in: Horizont 36/2018, S. 30.
216 Vgl. www.jess3.com/projects/social-media-brandsphere.

Earned Media ist für das CI-Management von größter Bedeutung. Dahinter steckt die Verselbstständigung der Einlassungen zur Marke. So positiv das sein kann, so problematisch kann die Viralität werden: Es ist wie das Stille-Post-Spiel – wir dürfen gespannt sein, was am Ende herauskommt. Damit es keine Überraschung wird, hat das CI-Management die Aufgabe, die Aktivitäten der User zu lenken. Passiv heißt das, durch geschickte Fragen oder Einlassungen den Diskussionsverlauf beeinflussen. Aktiv passiert das durch angebotene Formate zur Beteiligung. Wer hier selbst etwas schafft, bestimmt die Route.

Jede Mitwirkungsoption ist von dem Fahrplan abhängig. Die User werden der Struktur folgen, wenn das ein plausibler Weg ist. Die User werden rebellieren, wenn er als Gängelung empfunden wird. Hier beginnt die Kunst der Moderation: einen Ablauf zu kreieren, der einlädt zu Postings, der aber gleichzeitig eine Ordnung schafft. Voraussetzung dafür ist wieder beste Kundenkenntnis. Darüber hinaus ist zu beobachten, wie die Reaktion erfolgt, um nötige Anpassungen schnell vorzunehmen.

3.11.11 News Room

Die Aufstellung des Unternehmens für einen überzeugenden charakteristischen Auftritt steht. Im Unternehmen herrscht Transparenz durch Beteiligung. Der Gong zum Gang in den Markt kann geläutet werden. Die Live-Schaltung erfolgt. Die Verbreitung soll zügig vorgenommen werden.

Eine wichtige Gruppe, die regelmäßig im Netz recherchiert, sind Journalisten und Blogger. Damit am Tag der Live-Schaltung die Neuausrichtung so schnell wie möglich verbreitet wird, bietet sich ein News Room an, der frei verwendbares Bild- und Textmaterial zur Veröffentlichung enthält.

Am Tag des Rollouts werden alle mit dem Unternehmen verbundenen Journalisten und Blogger über die Neuerung informiert. Gleichzeitig erhalten sie den Zugangscode zum News Room. Der Code liegt auch in der Telefonzentrale bereit, um diesen allen anrufenden Journalisten zur Verfügung stellen zu können. Damit ist der Weg zur ersten viralen Verbreitung der Neuigkeiten sichergestellt.

So ist die Neujustierung des Unternehmensauftritts nun aus dem Unternehmen herausgetreten. Die Mitarbeiter verwenden die neuen Marken-Elemente. Die Start-Geschichten laufen in den Sozialen Medien. Und die Journalisten berichten über die Veränderung des Unternehmens.

3.11.12 Lernen am Praxisbeispiel

Auch Vera Sturm, die Direktorin Strategische Markenführung von Pallon E., steht jetzt vor der Herausforderung, die Neuerungen umzusetzen. Die Ankündigung, die getroffen wurde, dass die neue Marke in drei Monaten startet, muss nun auch erfüllt werden. Sie hat eine Markenagentur engagiert, die sowohl Online- wie auch Offline-Kompetenz hat. Die Identity Card bildet die Grundlage für die emotionale Ausrichtung, die Journey Card hilft, die Stufen des Kundenwegs zu berücksichtigen.

Die Agentur involviert in die Mittelerarbeitung insbesondere den Vertrieb, indem sie Workshops mit diesem veranstaltet, um deren Erfahrungen und Anforderungen zu ermitteln. Bisher hatte das Unternehmen keine eigene Plattform für den Design-Guide. Die Agentur führt die Plattform Frontify ein, auf der die einzelnen Design-Elemente abgelegt werden.

Im Fokus steht die Neugestaltung der Website. Diese wird mit Hochdruck vorbereitet. Teil der Site wird ein News Room, der für die Pressearbeit genutzt werden soll.

Die Gestaltungsvorschläge werden mit einem Marktforschungsinstitut mithilfe von Eyetracking und anschließenden Befragungen (indirekte Befragungstechnik und Assoziationsermittlung) überprüft und optimiert.

Vera Sturm ruft die gewählten Abteilungsvertreter zusammen. Sie ernennt diese zu Markenbotschaftern. Sie sollen in dem Prozess der Ausbringung der neuen Gestaltung eine zentrale Rolle spielen. Über sie werden die Anforderungen aller Abteilungen zusammengetragen.

Darüber hinaus informiert sie die Abteilungsvertreter über die Bedeutung des Content Managements. Zusammen erarbeiten sie ein Startmotto: »Magische Momente mit Energie im Unternehmen«.

Die Grundlage für die Ausspielung der Inhalte ist ein Redaktionsplan. Sie bildet zwei Teams zur Content-Entwicklung, eben die beiden Gruppen, die sich schon bewährt haben in der Verdichtung des zentralen Versprechens. Diese führen Workshops durch, um kreative Ideen für Inhalte unter dem Motto zu erarbeiten.

Sie geht in die Abteilungen, um auch dort nach möglichen Themen zur Kommunikation an die Zielgruppen zu suchen. Diese werden wieder in die Teams der Markenbotschafter als Impuls eingespielt. Am Ende setzen sich die beiden Teams zusammen und verdichten den so gewonnenen Content in einem Redaktionsplan:

- Was wird in den ersten Monaten nach dem Rollout des neuen Auftritts eingesetzt?
- Was ist Reserve, die gegebenenfalls später genutzt werden kann?
- Was eignet sich nicht?

Am Tag des Rollouts leuchtet wieder der blaue Ballon auf dem Bildschirm eines jeden Mitarbeiters. Sobald dieser angeklickt wird, erscheint die neue Website. Die Markenbotschafter verteilen in den Abteilungen ein Startkit, das neue Folder zum Unternehmen und seinen Leistungen enthält, aber auch Veilchen-Sirup mit interessanten Rezepten für »magische« Cocktails. Ein vergleichbares Päckchen erhalten alle relevanten Journalisten mit dem zusätzlichen Hinweis auf den neuen News Room und einem Zugangscode zu diesem.

Pallon E. ist den Schritt in den Markt gegangen.

3.12 Schritt Nr. 6: Internalisieren der Corporate Identity

Der CI-Prozess hat nun schon einen weiten Weg hinter sich: die interne Überzeugung, das Auftragsverständnis, das Verhalten sind koordiniert. Wesentliche Gestaltungselemente sind darauf aufbauend konsequent entwickelt worden. Um keinen Blindflug zu starten, ist die Wirksamkeit der Maßnahmen in der Zielgruppe vorab geprüft worden. Eigentlich sollte alles bestens justiert sein. Voller Zuversicht sind die Maßnahmen live geschaltet worden.

3.12.1 Kundenresonanz messen

Die Erfahrung lehrt allerdings, dass trotz bester Vorbereitung immer wieder Unvorhersehbares passiert. Gerade in diesem Stadium ist es enorm wichtig, die Resonanz der Kunden zu erfassen. Der Kunde ist König, vor allem im Online-Bereich. Er entscheidet, wann er etwas aufruft und vor allem wegklickt. Durch die Digitalisierung ist die Analyse, wie der Kunde reagiert, noch wichtiger, aber auch schneller möglich geworden.

Die Marke als zentraler wirtschaftlicher Faktor muss systematisch weiterentwickelt werden. Das darf nicht dem Zufall überlassen werden, es muss gesteuert werden. Ein Marken-Steuerboard muss her. Dieses zeigt die Resonanz bei den Zielkunden und ist für den CI-Manager das zentrale Instrument für die Lenkung der Aktivitäten. Dabei schafft die Digitalisierung auch Möglichkeiten, die Führung der Marke zu unterstützen. Das Dashboard sollte unsere Steuerungszentrale sein. Doch mit welchen Größen nehmen wir die Lenkung vor?

Erinnern wir uns an den anfänglich hergeleiteten Gesamtansatz: Durch eine innere Überzeugung gelingt es, Vertrauen und Kompetenz bei den Kunden zu erzielen, was dazu führt, dass diese die Leistungen der Marke bevorzugt kaufen. Das ist der Wirkungszusammenhang.

Schauen wir uns dazu unser Wirkungsquadrat noch einmal an.

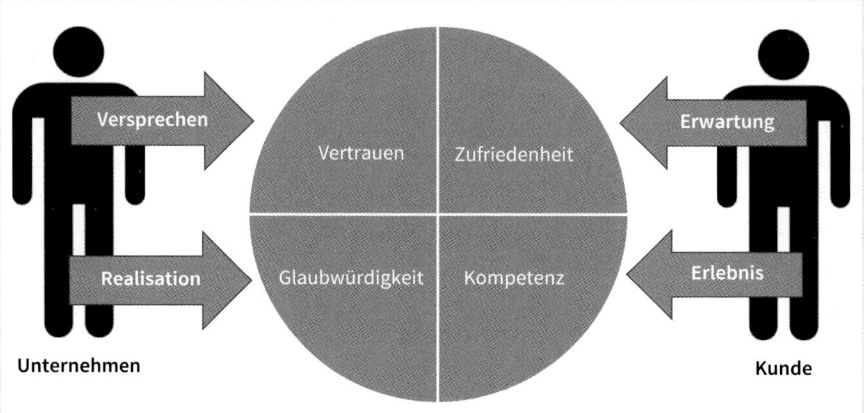

Wirkungsquadrat

Daraus können wir drei Bereiche bilden:

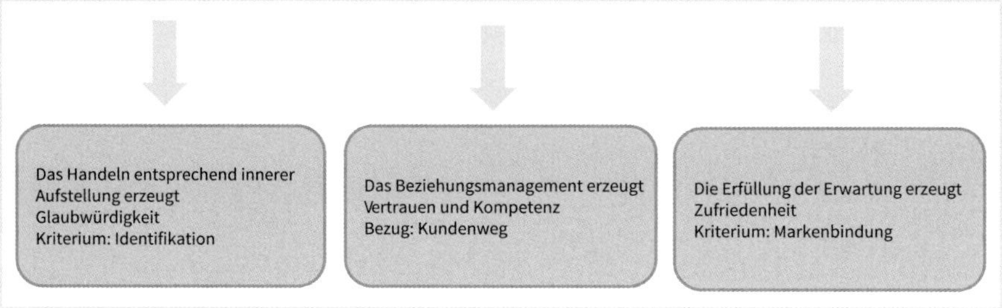

Wenn diese Bereiche also die Teile des Markenaufbaus darstellen, sollten wir sie zur Grundlage unserer Steuerung machen:

1. Die Überzeugung im Unternehmen = Identifikation der Mitarbeiter.
2. Alle Kontakte zwischen Unternehmen und Kunden, die Customer Journey, schaffen den Bezug für den Bereich des Austauschs. Die Customer Journey mit den 5 A bildet unsere Struktur.
3. Die Einstellung der Kunden: eine lebendige Beziehung zwischen Kunden und Unternehmen schafft Bindung an die Marke.

Alle drei Bereiche gilt es zu beachten und nachzuhalten. Ideal ist ein Controlling-Ansatz, der sie miteinander verbindet. Diesen wollen wir herleiten.

Prinzipiell werden die Dimensionen der Markenmessung unterteilt in verhaltensorientierte und ökonomische Zielgrößen. Dabei besteht Übereinkunft, dass die Verhaltensgrößen den ökonomischen Größen vorausgehen, es einen kausalen Zusammenhang der Art gibt: Wenn die Marke in hohem Maße geschätzt wird, dann wird sie beim Kauf präferiert. Der zeitliche Unterschied – erst Anerkennung der Marke, später dann Kauf der Marke – führt zur Schwierigkeit, den Zusammenhang mathematisch auszudrücken. Wir hatten dieses Prinzip schon mit dem Anfangsbeispiel demonstriert: Für diejenigen, die Miele als Anbieter der besten Haushaltsgeräte ansehen, ist die Entscheidung beim Kauf einer Waschmaschine schon gefallen.

Zudem gibt es Unwägbarkeiten. So steht die Marke beispielsweise auch mal nicht zur Verfügung, weil sie ausverkauft ist, oder die Wettbewerbsmarke attackiert mit einem spektakulären Preis. Das ist für unseren Ansatz erst einmal nicht wichtig. Solche Umstände sind jeweils kurze zeitliche Verzerrungen. Für die Konzeption des Steuerboards für den langfristigen Markenaufbau sind sie deshalb nicht relevant. Erst wenn es um die Interpretation der Ergebnisse geht, können damit Schwankungen erklärt werden.

Wir hatten in der Marktforschung drei unterschiedliche Bereiche identifiziert. Für das Gesamtbild greifen wir auf das gesamte Repertoire zurück: Schnellste Resonanz erhalten wir im Netz. Darin steckt aber eine mögliche Verzerrung, deshalb flankieren wir die Ergebnisse mit Befragungen – der einfachste Weg führt hierzu über den Vertriebs-Innen- und Außendienst. Zusätzlich ermitteln wir die veränderten Inhalte im Kopf unserer Kern-Kunden in zeitlichem Abstand – die Maßnahmen müssen erst Wirkung entfaltet haben – mittels qualitativer Marktforschung. Damit haben wir die Instrumente der Beobachtung: Sie liefern einerseits die schnelle Information zur unmittelbaren Handlung, sie liefern andererseits im zeitlichen Verlauf die erzielten Veränderungen.

Traditionell führen wir Pretests und Posttests durch, also Messungen vorher – ex ante, Messungen nachher – ex post. Die Digitalisierung ermöglicht nun, da mit jedem Anklicken einer Information ein Zählpixel diese Aktion erfasst, auch gleichzeitige Ergebnisse – ex eodem. Wir sollten uns nur die Aussagekraft immer deutlich vor Augen führen.

Das Marken-Steuerboard greift zurück auf folgende Dimensionen:

Verfahren:	quantitativ	digital	qualitativ
Zeit:	ex ante	ex eodem	ex post

Das Corporate Identity Management sollte die Steuerung mittels relevanter KPI (Key Performance Indicators) durchführen. Darunter werden Kenngrößen verstanden, die für die Aktivitäten – hier die Marken-Aktivitäten – wesentliche Steuerungs-Pegel darstellen.

Wir haben drei Bereiche bestimmt. Wir benötigen nun Indikatoren, die uns die Identifikation der Mitarbeiter, die Ausprägung der 5 A in der Zielgruppe und den Grad der Markenbindung aufzeigen. Die Indikatoren dafür sind unsere Key Performance Indicators, die wir verfolgen.

Von Anfang an haben wir die Auffassung vertreten, dass das Bild der Marke in den Köpfen der Kunden entsteht aus den Kontaktpunkten mit der Marke. Im Bereich der Medien sind das ganz zwangslos nebeneinander die genutzten Offline- und Online-Medien; wir sehen diesen integrierten Ansatz und nutzen deshalb alle zur Verfügung stehenden Kategorien. Die einzelnen A-Stufen der Customer Journey bilden handhabbare Stufen zum Erfolg. Dabei ist es beispielsweise unerheblich, ob die Markenbekanntheit offline oder online entstanden ist; Voraussetzung für den weiteren Kundenweg ist die Markenbekanntheit an sich. Verbreitet fehlt meist die einschließende Sicht von Offline- und Online-Aktivitäten, obwohl doch Handeln auf die ungeteilte Einstellung des Kunden zurückgeht.[217]

Wir haben unsere Überlegungen aufgebaut auf der Anerkennung in der Kern-Zielgruppe. Zunächst haben wir diese anhand der Absatzzahlen ermittelt. Damit wir hier immer aktuell sind, erfolgt eine regelmäßige Überprüfung. Wir fokussieren auf die Kunden mit den höchsten Deckungsbeiträgen. Dann rufen wir die Persona auf, um eine weitergehende Bestimmung der Kern-Zielgruppen als Grundlage zu verwenden, ihre Beweg-Gründe zu verstehen. Als Nächstes folgt die Frage, in welchen Medien die Zielgruppe aktiv ist. Auch diesen Punkt haben wir immer wieder betont. Für alle weiteren Aktivitäten ist Voraussetzung zu wissen, welche Medien die Zielgruppe nutzt. Das gilt es ebenfalls regelmäßig zu prüfen; gerade die Mediennutzung ist höchst veränderlich.

Welche Social-Media-Kanäle die Zielgruppe bevorzugt nutzt und welche nicht und welche Content-Arten beliebt sind, lässt sich etwa über »Brand Monitoring«-Tools wie keyhole.co herausfinden.[218]

Traditionell wird für das Vorgehen im Offline-Bereich die Zielgruppe bestimmt, um dann zu ermitteln, welche gemeinsamen Einstellungen die Gruppe teilt. So gelangt das Management zur Grundlage für eine psychologischen Positionierung. Dem sind in den Online-Medien Grenzen gesetzt. Im Netz wird der Gedankengang gedreht: Gleiche Interessen definieren eine in ihrer Einstellung gemeinsame Gruppe. Wichtig ist, diese Gemeinsamkeiten zu kennen, um sie als Filter nutzen zu können. Im B2B-Bereich können aus den großen Business-Netzwerken XING und LinkedIn wertvolle Informa-

217 Eine große Ausnahme bildet Olwig, Mona, Brand Personalities im digitalen Raum – Einflüsse und Potenziale von Menschen und Marken auf Facebook, in: Dänzler/Heun (2014), S. 435 ff.

218 Vgl. keyhole.co/brand-monitoring/.

tionen zur Zielgruppe gezogen werden, wie beispielsweise die beruflichen Positionen und die Branchen, aus denen sich die Zielgruppe zusammensetzt, einschließlich Unternehmensgröße und Tätigkeitsbereich.[219]

Leiten wir für das Marken-Steuerboard nun Kennziffern zu den drei Bereichen Identifikation, Kundenweg und Markenbindung ab. Beginnen wir mit der Identifikation. Wir sind zu der Erkenntnis gekommen, dass es einen messbaren Zusammenhang zwischen der Identifikation der Mitarbeiter und der Wirkung unserer Maßnahmen im Markt gibt. Konsequent kümmert sich das CI-Management zuerst um die innere Aufstellung. Die jeweiligen Mitarbeitererhebungen werden als Instrument genutzt. Wir hatten eine permanente Feedback-Möglichkeit über das Social Intranet als gute Lösung gesehen. Hier zeigt sich erneut der Vorteil der Systemausstattung. Das ist sicher wieder notwendig ein Gemeinschaftsprojekt mit dem Personalbereich.[220] Typischerweise wird dieser Aspekt nicht Bestandteil des Dashboards.

Aus Sicht des CI-Managements lässt sich das Ergebnis im Markt feststellen. Wenn wir sagen, an den Ergebnissen ist das Erreichte zu erkennen, dann kann angenommen werden, wenn unser Unternehmen durch Engagement der Mitarbeiter auffällt, sollte das zurückzuführen sein auf ein entsprechendes Commitment. Gerade die Einlassungen der Kunden fungieren hier als Spiegel. Die Möglichkeit, Kunden überhaupt überzeugen zu können, beginnt mit Identifikation. Aktiv wird diese durch Mitwirkung erreicht, passiv sollte geprüft werden, wie stark sie ist. Wer sich darum kümmert und Defizite erkennt, kann gezielt Maßnahmen ergreifen.

Wir hatten die Customer Journey zur pragmatischen Struktur in den Mittelpunkt unserer Markenarbeit gestellt, da sie den Fortgang des Kaufentscheidungsprozesses idealtypisch abbildet. Dazu dient die Journey Card, die wir erstellt haben. Jetzt können wir unsere Steuerung danach justieren und entsprechende Indikatoren zur Steuerung ableiten. Die Statusleiste der Journey Card, die wir noch offengelassen hatten, wird mit den Ergebnissen aus den ermittelten Online- und Offline-Ziffern gefüllt. Dadurch ergibt sich eine Steuerung auf Basis des Erreichten, die idealerweise im System eingerichtet wird.

Doch sie funktioniert erst einmal auch als Datei allein. Die Visualisierung, von welcher Stufe an die Resonanz stark abfällt, zeigt, wo besonderer Handlungsbedarf besteht. Ist unsere Marke bekannt in der Zielgruppe, erzeugt sie aber keine Art von Faszination, dann sind das Problem und damit die dringlichste Aufgabe identifiziert. Bei entsprechender Systemunterstützung können Zusammenhänge ermittelt werden, was gerne

219 Hootsuite: So erforschen Sie Ihr Social Media-Publikum, https://blog-assets.hootsuite.com/wp-content/uploads/2016/11/gd_SM_Audience_ResearchChecklist-de-1.pdf.
220 Vgl. Burmann, Halaszovich et al. (2018), S. 264 f.

als künstliche Intelligenz, KI, bezeichnet wird. Dann hilft das richtig eingestellte Dashboard, die Budgets immer effektiver einzusetzen. Das ist der Effekt der Effektivität und Effizienz.

Hier wird die senkrechte Statusleiste in die Waagerechte gedreht:

Aware	Appeal	Ask	Act	Activation
Bekanntheit	Sympathie Zuordnungen	Nachfragen	Kauf	Service Zufriedenheit
• Anteil der Zielgruppe, welche die Marke kennt • Unique User • Interessengebiete / welche Unter-Sites werden besonders angeklickt?	• Assoziationen / Projektionen • Verweilzeiten im Netz • Sämtliche Einlassungen / Sentiments • User generated Content	Sämtlicher Austausch Alle Wege: telefonisch, persönlich, medial	• Kauf • Conversion • Bewertungen / Empfehlungen	• Zufriedenheitsmessungen • Community / Blogs • Beteiligung • Ratings und Reviews

Die klassischen Messgrößen werden im digitalen Zeitalter um Größen des Online-Bereichs ergänzt. Dadurch ist die Steuerung schneller und genauer möglich, was angesichts der immer weiter zunehmenden Kanäle auch von überragender Bedeutung ist. Gehen wir die einzelnen Stufen des Kundenwegs.

Bekanntheit, Aware, als erste Größe misst den Teil der Zielgruppe, der die Marke kennt. Erhoben wird die aktive und die gestützte Bekanntheit. Der Unterschied besteht darin, dass bei der aktiven Bekanntheit nur das Metier genannt wird und schon der Markenname fällt (»Wenn es um Waschmaschinen geht, welche Marken fallen Ihnen ein?«), während bei der gestützten Bekanntheit Markennamen als Hilfestellung aufgeführt werden (»Wenn es um Waschmaschinen geht, ist dann Miele, Siemens, Bosch eine Marke für Waschmaschinen?«). Unser Ziel ist die aktive Bekanntheit.

Im Online-Bereich kann betrachtet werden, wie ein Besucher etwa zur Website der Marke gelangt ist: entweder weil er selbst diese Marke eingegeben hat (das zeugt von aktiver Bekanntheit), oder weil er über einen Suchbegriff zur Site gelangt ist (das spricht für passive Bekanntheit). Die Anzahl der Unique User, also derjenigen, die eine eigene IP-Adresse besitzen und direkt die Site gewählt haben, stellt einen Indikator für aktive Bekanntheit dar. Das Verhalten kann direkt für Rückschlüsse genutzt werden. Wenn der User die Site erreicht hat, können weitere Faktoren analysiert werden: Was erzeugte besonderes Interesse? Welche Untersite etwa wird hauptsächlich aufgesucht?

Für die Stufe »Appeal« werden verbreitet zwei Größen ermittelt: Zunächst geht es um die Sympathie. Das ist eine Größe, die am besten indirekt erhoben wird, indem Reihenfolgen für verschiedene Marken gebildet werden. Welche Tiefe die Sympathie hat, wird erst deutlich, wenn die Zuordnungen gemessen werden: Reiche Verbindungen sprechen für eine tiefe Beziehung; ein Vergleich der Beschreibungen, die für die Zielgruppe wichtig sind, mit den Beschreibungen, die der Marke zugeordnet werden, zeigen zudem den Grad der Übereinstimmung mit den Wünschen. Das lässt sich auszählen. Dieses ist der Kern der Aufgabe des Corporate Identity Managements und damit die zentrale Steuerungsgröße. Sie kann weiter operationalisiert werden analog dem BrandSculpture-Ansatz: sowohl analog wie digital lassen sich Distanzen messen.

Wie groß das Interesse ist, lässt sich auch schon sehr gut im Netz erfassen: Es beginnt mit der Verweildauer. Wo verweilt der User? Die Annahme dahinter lautet: Ansprechende Botschaften führen zur längeren Beschäftigung damit. Manche User beteiligen sich auch mit Posts. Die Äußerungen des Teils der User, die aktiv sind, werden danach unterschieden, wie deren Tonlage ist. Die Social Media Tools ermitteln und ordnen typischerweise »Sentiments« ein. Ein Maß dafür kann sein: Anzahl positive Äußerungen – Anzahl negative Äußerungen.

Wenn sich User darüber hinaus engagieren, etwa indem sie eigenen Content erstellen, dann werden darin Zuordnungen unmittelbar deutlich.

Der Austausch, Ask, erfolgt über alle Kanäle, welche die Zielgruppe einsetzt. Je konsumnäher, desto mehr werden auch die Social-Media-Kanäle genutzt. Eine Auswertung zeigt Punkte der Verständlichkeit oder eben Unverständlichkeit, die für Optimierungen genutzt werden. Welche Fragen werden gestellt, wo entstehen jeweils Bedenken?

Der Kauf, Act, stellt die zentrale ökonomische Zielgröße dar. Klassisch werden Relationen erstellt wie Anzahl Anfragen oder Ausschreibungen und letztlich Anzahl Kaufabschlüsse. Im Online-Bereich wird der User bis zum Bestellformular geführt; der Anteil derjenigen, die am Ende die Bestellung vornehmen, wird direkt ermittelt. Die Relation zu den Interessenten wird in Form der Conversion Rate angegeben: Sie gibt das Verhältnis der Kaufenden zu den Unique Usern der Site an.

Das ist der enge Begriff der Conversion Rate: zu messen, wie viele Besucher am Ende gekauft haben. Sie ist eine Steuerungsgröße für die Wirksamkeit der Maßnahmen: Je besser die Darbietungen, desto höher die Conversion Rate. Im B2B-Bereich erfolgen größere Bestellungen typischerweise persönlich oder schriftlich, nur für C-Teile gibt es Online-Bestellungen. Auf dem Weg vom Interessenten zum Käufer soll dessen zunehmende Kauflust erzielt werden. Er soll angeregt werden, sich mit dem Unternehmen und dessen Leistungen zu beschäftigen. Das lässt sich als Vorverkauf bezeichnen.

Deshalb wird manches Mal auch gemessen, wie hoch der Anteil der Besucher ist, die weitergehende Informationen abgerufen haben. Auch hier wird von Conversion Rate gesprochen. Gemeint ist dann der Anteil derjenigen, die Informationen heruntergeladen haben im Verhältnis zu den Unique Usern.

Im Nachgang eines Kaufs ist entscheidend, wie das unmittelbare Nutzenerlebnis des Kunden ist. Wir haben es hier mit einem zentralen Scharnier zur Zufriedenheit zu tun: Nach Kaufabschluss gibt es die innere Frage des Käufers, ob das richtig war, was er gemacht hat. Verbreitet wird von der Kognitiven Dissonanz des Käufers gesprochen. Dieser Punkt ist ein zentrales Anliegen im Vertriebsmanagement. Hier wird die Weiche zu Zufriedenheit und Loyalität gestellt. Online kann zumindest eine erste Resonanz ermittelt werden: Waren Sie mit dem Kauf zufrieden? Gibt es offene Punkte? Wer sich kümmert, reduziert Dissonanzen. Wer dem Kunden zeigt, was läuft, wer etwa durch Lieferungs-Tracking die Möglichkeit gibt, den Weg zu verfolgen, vermeidet Unsicherheiten.

Das leitet zur wichtigen Phase »Activation«. Wer von Beziehung und Austausch spricht, für den ist gerade diese Phase so entscheidend. Je höher die Zufriedenheit des Kunden ist, desto stärker ist seine Bindung an die Marke, desto höher die Loyalität und die Wiederkaufrate. Doch was beinhaltet Zufriedenheit? Allgemeine Zufriedenheitsmaße bieten keine Handlungsorientierung und helfen deshalb nicht weiter. Sicher werden sie gerne auf den Sites kommuniziert. Das kann nicht genügen.

Es ist es ratsam, die Faktoren, die zur Zufriedenheit führen, in einer Vorstudie zu ermitteln und zur Grundlage von Zufriedenheits-Erhebungen zu machen. Zufriedenheitsfaktoren beinhalten im Zeitalter des digitalen Wandels allgemein auch Dimensionen wie Erreichbarkeit, Austausch- und Servicebereitschaft, aber auch Verantwortung. Es ist zu beobachten, dass in der multi-optionalen Welt gerade ein Bestreben nach Sinn größer wird und dass von Unternehmensmarken soziale Verantwortung erwartet wird. Emotionale Komponenten wie diese spielen in unserer Welt, die geprägt ist von einer Informationsflut, eine immer größere Rolle, wenn es um Kundenzufriedenheit geht. Gerade Unternehmensmarken werden danach beurteilt, ob und welche Haltung sie haben.

Die klassischen Messungen zur Zufriedenheit fußen auf der inneren Bewertung, wie sehr die Erwartungen erfüllt wurden. Entsprechend haben wir in unserem Wirkungsquadrat auf der Kundenseite die Größen »Erwartung« und tatsächliches »Erlebnis«. Es ist eine subjektive Einschätzung und dann für Optimierungen brauchbar, wenn eben die Fragen in Bezug auf die vorher ermittelten typischen Bewertungsfaktoren ausgerichtet sind. Dieses ist eine Statuserhebung zu einem Prozess der Beziehung zwischen Unternehmen und Kunde.

Gerade die Zufriedenheit löst auch Reaktionen im Netz aus: Zufriedenheits- und Unzufriedenheitsbekundungen. Die einfachste Form: »Like«. Besonders interessant ist weitergehendes Engagement. Gerade auch die Beteiligung an Corporate Blogs erfolgt nur und nur so lange, wie der Austausch interessant ist. Intensive Beteiligung spricht für eine nutzenbringende Verbindung. Im Übrigen können aus allgemeinen Einlassungen hier ebenfalls die Sentiments herangezogen werden.

Geht es um die Marken-Attraktivität, können auch Ratings und Reviews ausgewertet werden. Eine Befragung von 3.023 Personen in Deutschland von TomorrowFocusMedia ergab:

- »78 % der Befragten gaben an, sich bei ihrer Kaufentscheidung auf Kundenbewertungen aus dem Internet zu verlassen.
- 74 % haben bereits selber eine Online-Bewertung abgegeben.
- Dabei fallen 78 % der Bewertungen positiv aus.
- Die Top-Themen von Bewertungen sind Urlaub und Reise, Online-Händler sowie Restaurants, Cafès und Bars.«[221]

Der letzte Punkt grenzt die Bedeutung von Bewertungen ein. Es sind bestimmte Branchen und im B2B-Bereich dominieren ohnehin eher Referenzen. Trotzdem kann die Filterwirkung, die Reaktionen im Netz haben, nicht klein geredet werden. Es ist für die Marken-Steuerung von Bedeutung, ein – nicht penetrantes – Management für Ratings und Reviews zu überlegen. Insbesondere die explizit genannten Branchen kommen nicht umhin, da deren Reputation und damit deren Geschäfte davon abhängen. So werden die Bewertungen und Empfehlungen ihrerseits wieder Ausgangsinformationen für potenzielle Käufer. Bewertungen können in zwei Gruppierungen eingeteilt werden:

- Positive Äußerungen: Sie sprechen für eine Markenbindung. Äußern sich Kunden positiv, engagieren sie sich für die Marke; einige werden regelrecht zu Markenbotschaftern. 78 % der Bewertungen fallen positiv aus.
- Ärgerliche Äußerungen, Beschwerden und Kritik: Werden solche Stimmen laut, sollte man frühzeitig reagieren. Das ist zu organisieren; so muss etwa festgelegt werden, wer zu Beginn des Tages das Reporting der Posts sichtet und reagiert.

Beim Thema Kundenbindung ist die unterschiedliche Wirkung von Belohnungen zu beachten. Während Rabatte und Prämien nur kurzfristige Effekte zeigen, hat die Mitgliedschaft in einer besonderen Gruppe offline und online immer die stärkste Bindungswirkung. Deshalb ist es ein gutes Mittel, exklusive Kundengruppen zu formen, die sich persönlich und virtuell treffen. Sie bilden das stärkste Instrument im Kundenbindungs-Management.

221 Kreutzer/ Land (2017), S. 198.

Der zentrale Anspruch des Marken-Managements ist die Etablierung einer Marken-Persönlichkeit in den Köpfen der Kunden. Im Mittelpunkt der Messung in unserer Neujustierung stehen somit die Stufen Appeal und Ask. Ein Anstieg der »Appeal«-Werte sollte mit zeitlichem Verzug einen Anstieg der Käufe nach sich ziehen.

In der qualitativen Marktforschung werden Sympathie und Zuordnungen gemessen. Im Netz können dazu die Einlassungen der User ausgewertet werden. Es kann die Stimmung in sozialen Netzwerken rund um die Marke messen, und zwar gefiltert nach Ort, Sprache und Geschlecht. Das System kann nun ermitteln, ob die Absatzentwicklung damit in späterer Folge beeinflusst wird.

Marken teilen oft in ihrer Wirkung. Man denke nur an das Beispiel Apple-Fans und Apple-Gegner. Für die Markenführung sind die Fans entscheidend. Um herauszufinden, wer zu den treuen Kunden gehört, wird daher oft ein Newsletter offeriert. Diejenigen, welche die Zusendung wünschen, werden aufgrund dieses Merkmals zu treuen Markenfans erklärt. Da die Newsletter-Empfänger bekannt sind, lässt sich auch die Verbindung mit den CRM-Daten herstellen. So kann die Zielgruppe definiert werden als Personen, die den Newsletter beziehen und zu den Kern-Kunden – orientiert am Deckungsbeitrag – gehören.

Aber auch dieses ist nur eine Teilmenge der Kern-Zielgruppe, da viele User Newsletter nicht akzeptieren, völlig unabhängig von ihrer Treue zur Marke. Wir bekommen alle zu viele Zusendungen und verweigern uns. Wichtig ist immer, sich sehr genau bewusst zu sein, welche Aussagekraft einzelne Kennziffern aufweisen.

Darüber hinaus gibt es Faktoren, die nicht ohne weiteres messbar sind, aber ebenfalls Aufschluss über die Markenakzeptanz geben. Das ist vor allem der Austausch der Kunden mit dem Unternehmen. Dieser kann online und offline erfolgen, wobei abseits der Messthematik ganz wichtig ist, dass der Interessent die Kanäle beliebig wählen kann. Erst dadurch ist die Voraussetzung für konstruktiven Austausch geschaffen. Sowohl im Gespräch wie im Online-Chat können spezielle Wünsche und Anregungen erfragt werden. So kann das Angebot individueller zugeschnitten werden.

Business-Netzwerke bieten die Möglichkeit, etwas zur Diskussion zu stellen, also beispielsweise die Neujustierung der Marke zum Thema zu machen. Auf diesem Weg erntet man nicht nur Resonanz zu den Neuerungen, sondern macht diese gleichzeitig bei seinen Kontakten bekannt. Auch zur Beobachtung der Aktionen der Wettbewerber in den sozialen Netzwerken gibt es mittlerweile Tools, die Messgrößen liefern. Buzzsumo beispielsweise analysiert, welche Content-Formate und Social-Media-Kanäle sich für Mitbewerber bewährt haben.[222]

222 Hootsuite, a. a. O.

Eine der wichtigsten Aufgaben des CI-Managements ist auch hier Komplexitätsreduktion. Die dargestellten Größen entlang der Customer Journey stellen eine Übersicht dar, sicher eine unvollständige. Es wird aber schon deutlich, wie verästelt sich Wirkungen zeigen. Wir wollen im Unternehmen wirken. Dafür kommt es auf eine Auswahl an, die in unserem Unternehmen die erwünschten Wirkungen gut abbildet. Die Einrichtung des Marken-Steuerrads ist ein zentraler Blickpunkt. Pro A-Stufe sollten wenige, maximal drei Größen, besser weniger, publiziert werden. Ideal ist es darüber hinaus, Verknüpfungen zu bilden. Damit ist offensichtlich, dass die Stufen einen Zusammenhang haben. Im Zentrum des Marken-Managements müssen Schlüssel-Indikatoren stehen, die Bedeutung haben. Das ist der Weg, intern von einer diffusen Markenorientierung zu einem konkreten Marken-Engagement zu kommen.

3.12.2 Die Persönlichkeit der Marke

Geht es um das Internalisieren der Corporate Identity, sollten wir uns auch intensiv mit der Persönlichkeit der Marke befassen. Denn Kunden sind nur bereit, eine geschäftliche Beziehung einzugehen, wenn der Partner eine Persönlichkeit ist, der man vertrauen kann.[223] Die Indikatoren des Marken-Steuerrads werden immer dann verbessert, wenn die Markenpersönlichkeit wachsendes Vertrauen genießt. Deshalb steht sie hinter allem, hinter dem Erfolg.

Eine Markenpersönlichkeit, der ein Kunde vertrauen kann, zeichnet drei Charakterzüge aus:

- **Sie wird als fähig eingeschätzt (Kompetenz):** Fähigkeit oder Kompetenz sind recht unbestimmte Begriffe. Zunächst bezieht sich Kompetenz auf ein bestimmtes Feld. Nehmen wir das Beispiel Miele. Wir hatten von Kompetenz für Weiße Ware gesprochen. Das ist eine Insider-Sprache. Was sagt der einzelne Kunde? Geräte für den Haushalt? Maschinen für den Haushalt? Auch Staubsauger? Auch Kaffeeautomaten? Das ist keine banale Frage. Richard Thaler hat aufgezeigt, dass Menschen im Kopf gleichsam Schubladen und Konten zur Organisation nutzen.[224] Eine falsche Schublade wird nicht akzeptiert. Eine wichtige Arbeitsgrundlage ist die Ermittlung der Kompetenz-Zuordnung in regelmäßigen Abständen. Dabei ist zu bedenken, dass es sich hier um eine verdichtete, subjektive Einschätzung handelt, die von den Probanden selbst meist nicht weiter erläutert werden kann – eine Herausforderung für diejenigen, die mit den Erhebungen befasst sind.
- **Sie ist wiedererkennbar (Stil):** Viele Untersuchungen zeigen auf, dass Wiedererkennbarkeit, ein einheitlicher und vor allem passender Stil, für die Beurteilung extrem wichtig ist. Die falsche Kleidung bedeutet für Menschen in ihrem sozialen

223 Vgl. Möllering (2006).
224 Vgl. Thaler (2015).

Umfeld ein Hindernis. Für eine Marke gilt das noch mehr. Die archetypische Positionierung schafft den Stil. Sie hat den Vorteil, dass sie erkennbare Muster schafft, die deshalb leichter von der Zielgruppe dekodiert werden können. Gleichzeitig lässt sich damit aber auch der Anforderung nach Flexibilität für unterschiedliche Medien Rechnung tragen: Es ist ein Stil, der auch in angepassten Umsetzungen eine Linie aufweist. Es ist angeraten, in regelmäßigen Abständen zu überprüfen, ob der angestrebte Charakter auch tatsächlich von den Kunden erlebt wird.

- **Sie ermöglicht fruchtbaren Austausch (Umgang):** Aufgrund der Digitalisierung sind Kunden viel näher am Unternehmen; die Distanz hat sich verringert. War früher Kommunikation eine Einbahnstraße, die vom Unternehmen zum Kunden führte, prägt heute der Dialog die geschäftliche Beziehung. Zudem stehen jetzt auch die Kunden untereinander in Verbindung. Dadurch sind die Ansprüche der Kunden allerdings auch gewachsen. Ein Grundmoment hat Daniel Kahneman deutlich gemacht: Menschen suchen nach dem Sinn in Handlungen. Im Austausch geht es sicher einerseits um den Nutzen für den Einzelnen, es zeigt sich aber auch der klare Trend zu übergeordneter Verantwortlichkeit.

All dieses sind zwar Charakterzüge einer Persönlichkeit, aber selbst noch keine Persönlichkeit. Erst Ecken und Kanten formen diese. Für ein Unternehmen heißt dies, dass die Positionierung der Marke und damit ein klar erkennbarer Wesenskern zum Ausdruck kommen müssen, eine Positionierung auf Basis eines Archetypus. Kompetenz, Stil und Umgang sind erst einmal als etwas Allgemeines zu verstehen. Kompetenz, Stil und Umgang in der typischen Art eines Schöpfers oder Magiers oder Fürsorgenden haben etwas Eigenes. Das macht den Unterschied.

Damit kann eine Visualisierung der Inhaltssteuerung für den Marken-Charakter vorgenommen werden:[225]

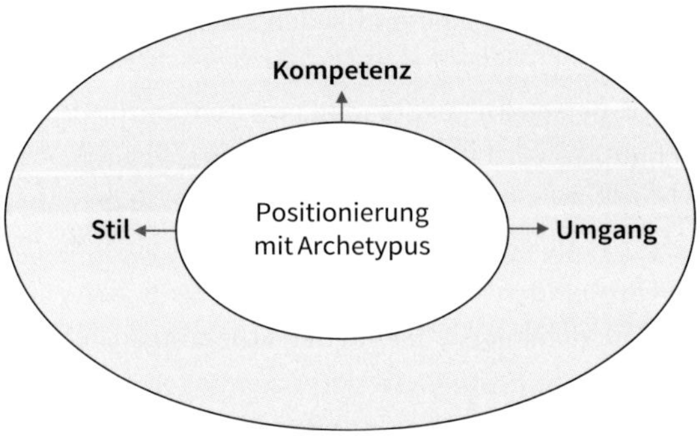

Visualisierung der Inhaltssteuerung

225 In Anlehnung an Möllering, Guido, Grundlagen des Vertrauens: Wissenschaftliche Fundierung eines Alltagsproblems, in: www.mpg.de/451610/forschungsSchwerpunkt, hier Forschungsbericht 2007.

Die Steuerung der Markenpersönlichkeit steht im Zentrum:

- Ex ante, also vorab, werden die geplanten Aktivitäten auf Kompatibilität geprüft; typisch sind qualitative Verfahren, die einerseits klassisch etwa mittels Fokusgruppen, aber auch virtuell mittels Testgruppe durchgeführt werden können.
- Ex eodem, also zeitgleich, werden die Reaktionen im Netz ausgewertet, möglichst mit der Ausrichtung auf die Zielgruppe.
- Ex post wird die Einstellungsentwicklung zur Marke nachgehalten, typischerweise mithilfe qualitativer Marktforschung.

Die Aufgabe der Steuerung ist damit strukturiert. Sie ist zu organisieren, das heißt systemseitig zu integrieren. Die Lenkung und Wirkungsmessung erfolgt durch die KPI der Customer Journey. Alle Indikatoren haben als Bezug die Ziel-Kunden. Die Charakter-Führung erfolgt über Markenpersönlichkeit.

3.12.3 Von Daten zu Kundenwissen

Alles bezieht sich auf die Kunden. Nichts ist für die Geschäftstätigkeit der Zukunft so wichtig wie Kundenwissen. Es geht also darum, Daten zu erheben, Daten zu interpretieren, sie somit zu Informationen werden zu lassen, und relevante Informationen so miteinander zu kombinieren, dass daraus Wissen, speziell Kundenwissen entsteht.

Im digitalen Zeitalter ist eine sehr individuelle Ansprache der Kunden möglich. Sie kann allerdings nur gelingen, wenn die Kunden in ihrer vollen Tiefe bekannt sind. Wer seine Kunden in diesem Maß kennt und mit ihnen daher auch passend kommunizieren kann, hat einen klaren Wettbewerbsvorteil in unserem Zeitalter vielfältiger Medien und des Überangebots. Hier müssen fast alle Unternehmen deutlich zulegen.

Der Anreicherungsprozess[226] lässt sich so darstellen:

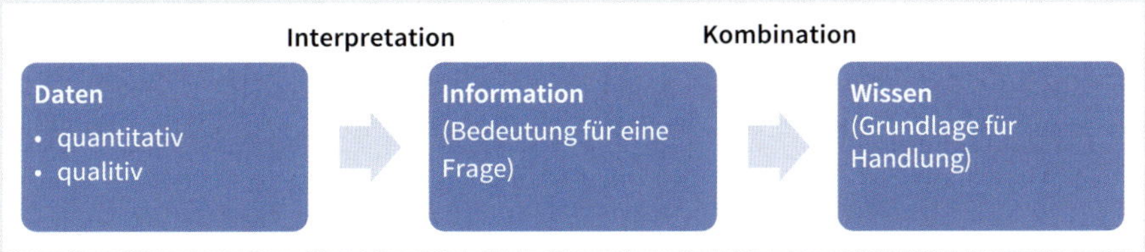

Anreicherungsprozess

Erst auf der Stufe »Wissen« kann man Nutzen aus den verfügbaren Informationen ziehen, die in all den Daten stecken. Viele sagen, Daten seien der zentrale Rohstoff

226 In Anlehnung an: Heckert (2013), S. 14.

der Zukunft. Einverstanden! Rohstoff bekommt jedoch immer erst dann einen Wert, wenn daraus der Stoff destilliert wird, der etwa einen Antrieb ermöglicht. Grundlage für kundenorientiertes Handeln ist das Verstehen der wichtigsten Kunden.

Die Summe des Wissens, die in einem Unternehmen existiert, bildet die organisationale Wissensbasis. Sie ist oft weit verzweigt und schwer bei speziellen Aufgabenstellungen zugänglich. »... eine weitere Herausforderung lauert in der Qualität der Daten: Zwischen 40 und 80 Prozent aller in Unternehmen überhaupt produzierten Daten sind unstrukturiert. ... Bereits 2013 schätzte IDC, dass nur 0,5 Prozent aller Daten überhaupt analysiert werden.«[227] Da gerade das Kundenwissen entscheidend für die Geschäftsgrundlage Corporate Identity ist, kommt es darauf an, diesem mehr Bedeutung zu geben und es weiterzuentwickeln. Wir wollen die aktuellen Kunden in ihrem jetzigen und zukünftigen Umfeld verstehen. So können Managementprozesse angestoßen und zielgerichtet gesteuert werden. Das unterstreicht noch einmal die Notwendigkeit, hier eine Know-how-Einheit mit direktem Zugang zur Unternehmensleitung einzurichten.

Hier liegt der Schlüssel, um die Marken-Persönlichkeit zu führen und damit eine Verbesserung der Indikatoren zu erreichen. Konsequent verstärkt das Corporate Identity Management gerade mit den Möglichkeiten der Systemunterstützung die Wirkung von Maßnahmen im gesamten Unternehmen: auf Basis der Kundenkenntnis diesen als Unternehmen mit dem passenden Markencharakter zu begegnen und so die Erfolgsziffern auf der Customer Journey zu verbessern. Die Markensteuerung wird so stärker fundiert und erzielt damit mehr Wirkung für das Unternehmen.

3.12.4 Systematisch zum Erfolg

Mit dem Go-Live des neuen Designs wird auch der Steuerungsprozess scharf geschaltet. Wie reagieren die Kunden? Auf kurze Sicht geht es hier um das richtige Verständnis, das Erkennen von Problemen, die entstehen, also um das Funktionieren des geplanten Ansatzes. Auf lange Sicht geht es um die Imageentwicklung bei den Kunden. Und genau hier steckt das eigentliche Ziel der Neujustierung: noch attraktiver zu werden für die Kunden, um so Treiber für das Geschäft zu sein.

Deshalb wird zunächst aufmerksam zugehört: Gibt es im Netz Reaktionen? Wie fallen diese aus? Alle Kommunikationsmaßnahmen eines Unternehmens lösen mehr oder weniger Reaktionen im Netz aus. Das interne Steuerungsteam ist gut beraten,

---

227 Holtel, Stefan, Dampfmaschinen für das Denken, in: acquisa 1/2017, S. 33 / IDC = International Data Corporation.

sich mit ihnen auseinanderzusetzen: Wer hat reagiert? Welche Auswirkungen hat die Reaktion? Gibt sie uns einen Hinweis auf Optimierungsnotwendigkeiten? Es ist wichtig, diesen Beurteilungsfilter zwischenzuschalten. Wir hatten gesehen, dass es auf die Interpretation der Aussagekraft ankommt.

Parallel beginnt das Steuerungsteam damit, systematisch Informationen zu generieren. Erste Quelle ist hier die eigene Außendienst-Organisation. Wieder empfiehlt es sich, einen Startschuss mit einem Kick-off zu setzen – wenn es möglich ist auf einer Vertriebstagung. Wenn es sich um eine verzweigte Außenorganisation handelt, kann das Anliegen samt der Fragen auch über eine Intranet-Lösung transportiert werden. Die Vertriebsorganisation kann im Rahmen ihrer Gespräche mit Kunden Fragen stellen

- zum Auffallen: Wir haben unseren Auftritt geändert. Ist Ihnen das aufgefallen oder bisher nicht?
- zur Prägnanz: Ihnen ist der neue Auftritt aufgefallen. Wie beurteilen sie diesen? Passt er zu uns – eher gut, eher weniger gut?
- zum gestützten Eindruck: Ihnen ist der neue Auftritt aufgefallen. Wie bewerten sie diesen? Ist er jetzt dynamischer, härter, sanfter?

Die Zahl der Fragen ist begrenzt, insbesondere für den Vertriebs-Innendienst, die Möglichkeiten der Beurteilung durch die Kunden ebenfalls. Am Rande eines Verkaufs- oder Beratungsgesprächs lassen sich nur ein, zwei Fragen stellen. Machen alle im Vertrieb mit, erhält man ein Ergebnis. In dieser Phase sind schnelle Erkenntnisse wichtig.

Darüber hinaus kommt es zur Einschätzung der Reichweite. Wer befasst sich mit der Änderung? Geschieht das in den bisherigen Foren oder haben sich zusätzliche Gruppen gebildet? Rufen die bisherigen Kunden an oder gibt es neue Interessenten? Alle unmittelbar zu erfassenden Informationen werden zusammengetragen und im Steuerungsteam ausgewertet.

Wir wollen wissen, ob der Charakter so ausgebaut wird, wie wir das beabsichtigt haben, und ob die Wirkung unserer Intention entspricht, das Image in den Köpfen der Kunden so weiterzuentwickeln, dass eine noch größere Übereinstimmung der Marke mit dem Kundenwunsch besteht. Dafür stehen die Verfahren der psychologischen Marktforschung zur Verfügung. Aussagen über Entwicklungen können getroffen werden, wenn Vergleichsmöglichkeiten bestehen. Deshalb besinnen wir uns auf den Ausgangspunkt, den wir ermittelt haben vor Justierung unserer Maßnahmen. Wir nutzen für die Erfassung nachher zwangsläufig ein vergleichbares Setting, wodurch wir die Veränderungen sehen können.

In der Ermittlung leiten uns die Ziele, die wir verfolgen.

Praktisch werden hier meist Fokusgruppen als Instrument genutzt. Es bietet sich an, dieses Projekt gemeinsam mit der Vertriebsorganisation durchzuführen. Die Ausgestaltung des Projekts ist abhängig von folgenden Fragen: Wie groß ist der Kundenkreis? Wie groß ist die Vertriebsorganisation? Welche Ressourcen haben wir in der Marktforschung? Entscheidend ist die Etablierung einer Steuerung im Rahmen der Ressourcen, um gezielt vorzugehen.

Das Zusammenspiel der unterschiedlichen KPI ist so zu organisieren:

a) Nur was in richtiger Weise funktioniert, kann so wirken, wie wir uns das vorstellen; dafür können wir nicht auf Annahmen, dafür müssen wir auf Ermittlungen bauen.
b) Nur wenn wir die richtigen Motive bei unseren Kunden ansprechen, können wir deren Wertschätzung und damit Kaufabsicht erhöhen. Erfolgt das?

Der gedankliche Hintergrund lässt sich so darstellen:

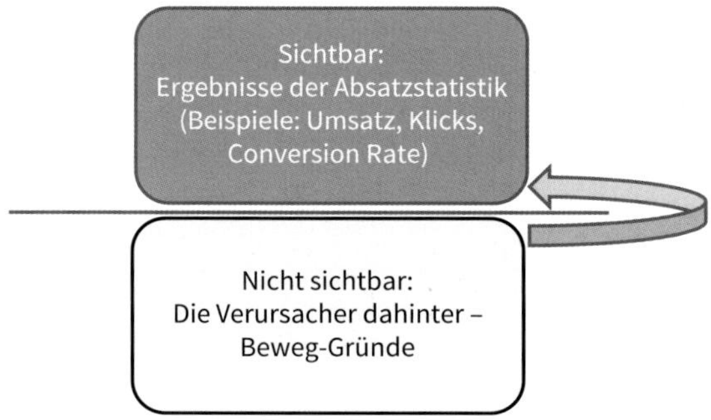

Sichtbares – nicht Sichtbares

Wir betrachten im Geschäftsleben Zahlen. Auch die Marken-Steuerung sollte zahlenorientierter werden, um in diesem Umfeld Anerkennung zu finden. Das Handeln der Kunden wird aber bestimmt durch deren Beweggründe. Sie stehen hinter den Zahlen; über sie können die Zahlen verändert werden. Nur allzu gerne unterstellen wir den Kunden Motive, die in Wirklichkeit nicht ihre, sondern unsere eigenen sind. Das ist keine professionelle Steuerung. Erst wenn wir die wahren Beweggründe der Kunden kennen, können wir Zahlen, die wir erfassen, richtig interpretieren.

Je besser unsere systemseitige Unterstützung ist, desto mehr gelingt es, statistische Auswertungen zu erstellen, die diese Verbindungen aufzeigen. Dadurch wird unser Modell klar verbessert. Das ist der Vorteil der Systemunterstützung: Es kann nach Zusammenhängen gesucht werden, wir finden hier immer mehr Ansätze der KI. Statistisch sind es meist Korrelationsanalysen, die vom System durchgeführt werden. Die Programme werden immer intelligenter in dem Sinne, dass das System multiple Korrelationszusammenhänge ermittelt. Das sind Anwendungen künstlicher Intelligenz, die immer besser darin werden, solche Zusammenhänge aufzuzeigen und damit das Management zu unterstützen. Marken-Management agiert so immer gezielter. Dabei kommt es wieder auf die Interpretation an. Hierfür benötigt das Unternehmen eine Know-how-Zentrale. Das ist die erweiterte Zukunftsperspektive des Corporate Identity Managements.

3.12.5 Lernen am Praxisbeispiel

Die Steuerung ist nun auch Aufgabe von Vera Sturm nach erfolgter Umbenennung des Unternehmens.

Um die Resonanzen auf die Neuerungen im Netz identifizieren zu können, nutzt sie Google Alerts und Google Trends. Das Online-Team wird angehalten, sie täglich und die Geschäftsführung einmal wöchentlich zusammenfassend über die Diskussionen im Netz zu informieren.

Da die Kern-Kunden dem B2B-Bereich angehören, stellt sie die Neuerungen zur Diskussion in ihrer XING-Community. Zudem ruft sie die Vertriebsmitarbeiter zusammen. Im Rahmen der Tagung erteilt sie den Vertrieblern den Auftrag, die Stimmung bei den Kunden zu erfassen. Dazu übergibt sie ihnen einen Fragebogen für die Kunden:

- Hatten Sie die Umbenennung vor unserem Gespräch schon bemerkt? Wenn ja, wie sind Sie darauf aufmerksam geworden?
- Pallon E. ist der neue Name unseres Unternehmens. Was verbinden Sie damit? Ich gebe Ihnen eine Auswahl von Begriffen – welche treffen zu?
  - Männlich – weiblich
  - Eher 30, eher 50 Jahre alt
  - Groß – klein
  - Stark – schwach
  - Innovativ – traditionell
  - Aufgeschlossen – verschlossen
  - Magisch – bodenständig
  - Vertraut – distanziert
  - Vorausschauend – gegenwartsorientiert
  - Speziell – umfassend
- Ich zeige Ihnen eine Übersicht, wie der Name in verschiedenen Medien geschrieben ist; wie gut ist er lesbar?
  - Im Print?
  - Im Web?
  - Auf dem Smartphone?

Mit dem Vertrieb werden darüber hinaus Fokusgruppen im Zwei-Monats-Rhythmus vereinbart.

Die Schnellermittlung durch den Vertrieb zeigt, dass die erste Resonanz auf die Umbenennung bei den Kunden ausgesprochen positiv ausfällt, wird doch damit endlich zum Ausdruck gebracht, was das Unternehmen macht.

3.13 Schritt Nr. 7: Corporate Identity inkorporieren

Bislang war die Neujustierung der Corporate Identity eine weitgehend interne Angelegenheit. Nun steht an, die Neuausrichtung für Kunden zur vollen Wirkung zu bringen: Das Unternehmen plant seine erste große Kampagne unter dem neuen Auftritt.

Eine Frage kommt auf: Soll die Neugestaltung erst jetzt Teil einer Kampagne und damit forciert werden? Ist es nicht besser, gleich mit einer Kampagne zu starten und so das neue Design augenfällig einzuführen? Es gibt natürlich auch hier, wie so oft, viele Wege, die nach Rom führen. Schon der erste Schritt nach draußen mit neuem Logo ist durchaus kampagnenfähig. Insbesondere bei Neueinführungen bleibt ohnehin nur die Möglichkeit, das Neue deutlich zu machen. Das schrittweise Vorgehen – erst die Präsenzen wie Website und allgemeine Werbemittel überarbeiten, um dann mit Verzögerung die erste große Werbekampagne zu starten – beinhaltet allerdings den Vorzug, dass jetzt mögliche Ungenauigkeiten oder notwendige Lückenschließungen behoben sind. Das schafft eine bessere Grundlage.

Wie eine Person besitzt die Marke einen Charakter, der idealerweise einem Archetypus entspricht. Dessen Art leitet uns. So lässt sich eine erkennbare und leicht zu dekodierende Linie schaffen. Ausgangspunkt sind unsere Kern-Kunden. Sie kennen uns schon; die wichtigste Aufgabe auf der Customer Journey ist mithin »Appeal«: die emotionale Aufladung des Neuen oder Veränderten, um es zu etwas Vertrautem zu machen.

Zuerst wollen wir erreichen, dass unsere wichtigsten Partner auch weiterhin loyal zum Unternehmen stehen. Sie sind unsere ökonomische Grundlage und deshalb der Mittelpunkt der Kampagnen-Entwicklung zum Neustart. Alle weiteren Zielgruppen und deren Wünsche werden später als konzentrische Kreise um diesen Kern herum entwickelt.

Jede Kampagne beginnt mit klarer Zielgruppendefinition, der Persona-Erstellung und der Verbildlichung über ein Moodboard. Entscheidend für die erfolgreiche weitere Planung ist die Kenntnis darüber, welche Medien die Zielkunden nutzen. Idealerweise sind sie bereits in der Identity Card aufgeführt. Sie wie auch die Customer Journey sollten wir zu diesem Zeitpunkt bereits erstellt haben. Da wir jetzt jedoch mit einer neuen Aufgabe und anderen Dienstleistern starten, ist es wichtig, die gemeinsame Grundlage zusammen noch zu vertiefen. Zudem sprechen wir oft nur eine Teilgruppe an; dann können die Kenntnisse noch weiter spezifiziert werden.

3.13.1 Kampagnenkern identifizieren

Jetzt stellt sich die zielführende Frage: Welcher Punkt unserer Soll-Positionierung weicht aus der Perspektive der Zielgruppe besonders stark von der Ist-Positionierung ab? Diesen Aspekt sollten wir zum Kern unserer anstehenden Kampagne machen.

Wichtig ist, dass sich das Management einen klaren Aspekt vornimmt, der in der Kampagne pointiert und dessen Entwicklung in der Zielgruppe beobachtet wird, weil er wichtig für sie ist. Nur so kann der Markencharakter gezielt entwickelt werden.

Im Mittelpunkt einer Kampagne sollte immer das stehen, was für die Kunden einen klaren Mehrwert hat, was sich für sie lohnt. Das ist in jedem Unternehmen natürlich etwas anderes. Dieser Kern ist zuerst herauszuarbeiten. Am Anfang steht das Ziel, das in der Zielgruppe erreicht werden soll. Das ist gleichzeitig die Grundlage für die spätere Messung.

Dann geht es um eine wirkungsvolle Umsetzung des Ziels. Gemeinsam sollte allen Kampagnen-Konzepten ein Erlebnisansatz sein, der einen Verlauf mit einem Spannungsbogen beinhaltet. Eine alleinstehende Aktion wird heutzutage angesichts des Informations-Overflows meist nicht mehr wahrgenommen.

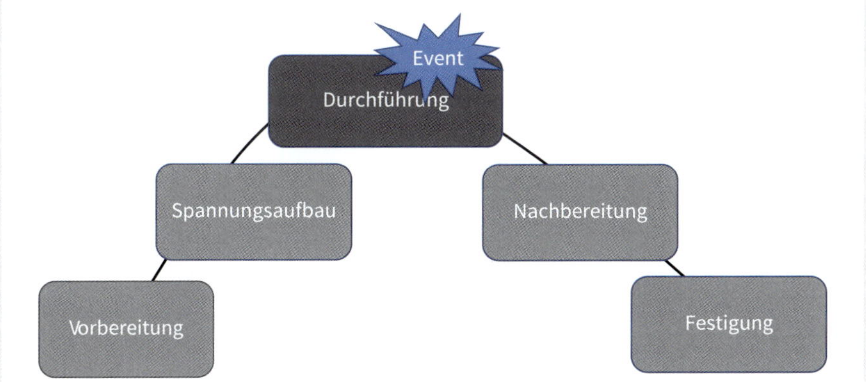

Ablauf-Struktur am Beispiel eines Expertenkongresses, der das Ziel hat, eine Experten-Community zu etablieren

Wir erkennen fünf Phasen: Von der Vorbereitung über den Spannungsaufbau zur Durchführung, um danach die Wirkung zu vertiefen durch Nachbereitung und Festigung.

Das beste Ergebnis ist die Etablierung eines Formats für eine dauerhafte Beziehung zur Zielgruppe.

Der Erfolg hängt von mehreren Faktoren ab:

- Das zentrale Ereignis muss Bedeutung für die Zielgruppe haben.
- Die Zielgruppe muss in geeigneter Weise über die passenden Medien hin- und weitergeführt werden.
- Das dauerhafte Format muss für die Zielgruppe einen Mehrwert bieten.

Wie lassen sich Kampagnen nun am besten gestalten? Idealerweise wird ein Motto gewählt, welches einerseits einen interessanten roten Faden bietet und andererseits so ausgerichtet ist, dass es dabei hilft, die Charakterwerte der Unternehmensmarke zu vertiefen. Diese Technik ist uns bereits begegnet. Lassen Sie uns zur Veranschaulichung zum Beispiel der Lufthansa-Kampagne zurückkommen. Unter dem Motto »Alles für diesen Moment« hat man darin eine Bildsprache geschaffen, die immer wieder schöne Momente im Zusammenhang mit dem Fliegen zeigt. Das Motto bildet ebenso für den Einsatz von Bewegtbildern die Route für Geschichten in der Welt des Fliegens. Es ist genauso die verbindende Linie für alle Sozialen Medien, in denen über Momente aus der Flugwelt erzählt wird. Jedes Medium hat zwar seinen eigenen Stil und setzt seine eigenen Impulse, die Verbindung zu einem Mosaik der schönen Momente ergibt jedoch ein stimmiges Gesamtbild. »Alles für diesen Moment« verdeutlicht die Besonderheit des Fliegens mit der Lufthansa, die damit Vertrauen als Grundwert und Wertschätzung als Emotionswert ausbildet.

3.13.2 Filme und Videos

YouTube, Twitter & Co. haben dafür gesorgt, dass Videos mittlerweile die Kampagnen dominieren. Kein Wunder, denn mit ihnen lassen sich Emotionen besonders gut transportieren. Ein Bild sagt mehr als tausend Worte, ungleich intensiver ist die Wirkung von bewegten Bildern. Doch welche Filme sind besonders wirksam? Genau mit diesem Thema hat sich der Marketing-Experte Keith Quesenberry beschäftigt und Commercials im Umfeld des Super-Bowl-Finales untersucht – der zweifellos teuersten Werbezeit weltweit. Er stellte fest, dass besonders wirksame Werbefilme immer den gleichen Spannungsbogen aufweisen, nämlich den der Drama-Pyramide aus fünf Akten von Gustav Freytag:[228] »Die Super Bowl Werbe-Ratings waren höher für Commercials, die einer vollständigen fünf Akte – Geschichte folgen und je mehr Akte die Geschichten hatten, desto höher waren die Ratings.«[229]

228 Vgl. www.postcontrolmarketing.com.
229 Vgl. Rupp (2016), S. 44 ff.

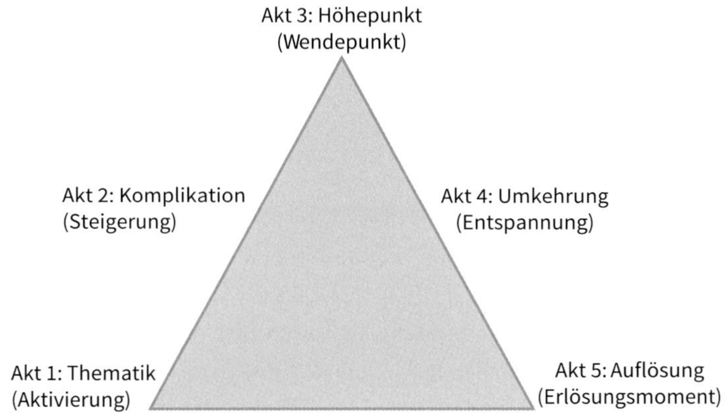

Drama-Pyramide

Große Wirkung hatte in Deutschland der Spot »Der Läufer«, mit dem das Unternehmen Aral im Jahre 1991 eine neue Werbelinie startete. Viele kennen ihn heute noch, bester Wirksamkeitsbeweis. Folgt der Spot diesem Schema? Lässt sich so sein Erfolg erklären? Füllen wir seinen Inhalt in das Schema, so ergibt sich Folgendes:

- Akt 1: Der Protagonist hat Pech gehabt. Er ist wegen Kraftstoffmangels mit seinem Auto liegen geblieben; er nimmt den blauen Benzinkanister, der leider leer ist, aus dem Kofferraum. = Aktivierung durch Mitfühlen.
- Akt 2: Eine Tankstelle ist weit und breit nicht in Sicht. Der Protagonist macht sich auf einen langen, langen Weg, eine Tankstelle zu suchen; er läuft, begleitet durch den fröhlich-dynamischen Song »I'm walking« durch eine Landschaft von Wiesen mit Kühen und Feldern. = Komplikation und Steigerung durch offene Lösung.
- Akt 3: Nach einer Weile gelangt der Mann zu einer freien Tankstelle. Der Zuschauer denkt, dass der Mann nun am Ziel ist. Doch dann die Überraschung: Er läuft weiter, ohne sich dort Benzin zu holen. = Höhepunkt mit unerwarteter Wendung.
- Akt 4: Der Protagonist setzt unverdrossen seinen Weg fort. = Innere Entspannung, weil er das Richtige gemacht hat.
- Akt 5: Der Mann sieht das Markenzeichen einer Aral-Tankstelle. Er ist am Ziel angekommen. = Der Moment der Erlösung.

Dies zeigt: Das Fünf-Akte-Schema wird hier voll und ganz bestätigt. Viele weitere Commercials in dem gleichen Stil wurden in der Zeit bis 1998 gedreht und eingesetzt. Die vorab gemessenen Aktivierungskurven waren teilweise sogar ausgeprägter als bei dem ersten Werbefilm, dem »Läufer«. Doch keiner schafft diese Erinnerungswerte. Keiner folgt so klar der Pyramidenstruktur. Das Fünf-Akte-Schema wird voll und ganz bestätigt.

3.13.3 Kampagnengestaltung

Für die Neujustierung einer Unternehmensmarke reicht ein Video natürlich nicht aus. Es braucht eine Kampagne, bei der eine Vielzahl von Medien eingesetzt wird. Doch welche Medien sollten bespielt werden? Den Ausgangspunkt zur Beantwortung dieser Frage bildet immer unsere spezielle Zielgruppen-Journey: Welche Medien nutzt unsere Zielgruppe wofür?

Typisch sind zwei unterschiedliche Herangehensweisen für den Medieneinsatz:
1. Jedes Medium erhält seine eigene kleine Geschichte. Wer auf die Facebook-Site der Lufthansa geht, sieht in einem Film der Reihe nach den Flug über verschiedene Destinationen. Wer auf die Instagram-Site der Lufthansa geht, sieht schöne Fotos unterschiedlicher Destinationen. Ein Thema, jeweils ähnlich, aber medientypisch exekutiert.[230]
2. Die eingesetzten Medien erhalten aufbauende oder ergänzende Geschichten. Der Ansatz wird als verbunden erlebt, weil es gerade um die Verlinkung und Weiterführung geht.
3. Wer auf die Twitter-Site der Lufthansa geht, erfährt Aktuelles: 9. Juli 2019: »Erhöhtes Passagieraufkommen zum Ferienbeginn: Damit die Flugreise in die Ferien besonders entspannt verläuft, wird eine frühzeitige Anreise zum Flughafen empfohlen. #Lufthansa.[231] Eine ganz eigene Botschaft, Fürsorge, erst einmal ohne Zusammenhang zu den anderen Sozialen Medien.

Die Vorgabe für einen wirkungsvollen Weg geben die Zielgruppe und das Medium: Im Beispiel Lufthansa wird ein zentrales Thema bespielt, das in jedem Medium, gegebenenfalls mit Redundanzen, unterschiedlich abgehandelt wird. Der Kunde kann unterschiedliche Wege einschlagen, trotzdem bleibt für ihn ein thematischer Zusammenhang erkennbar. Das Medium Twitter löst ganz andere Erwartungen aus.

Die Verbindung der Medien kann auch mittels einer gedanklichen Klammer vorgenommen werden. Die Deutsche Telekom führte als Grundlage für die verschiedenen Markendarstellungen 2014 die »Familie Heins« ein. Diese Familie und deren alltägliche Geschichten bildeten über mehrere Jahre bis 2017 die thematische Klammer, die sich über alle Medien spannte: klassische Commercials, Spezialthemen in den Sozialen Medien.

Durch eine Geschichtslinie wie etwa der Schaffung einer Familie erzeugt die Deutsche Telekom ein Band, das einen Ordnungsrahmen für die unterschiedlichen Impulse

230 Vgl. www.de-de.facebook.com/lufthansa und www.instagram.com/lufthansa.
231 Twitter.com/lufthansa_de.

beim Betrachter schafft. »Die Logik der Kampagne machte einen klaren Unterschied zwischen Markenkommunikation und Vertriebskommunikation. In den TV-Spots und Onlinefilmen setzte die Telekom ihre Fernsehfamilie – oder ausgewählte Mitglieder – ein, um das jeweilige Kampagnenthema auf eine humorvolle Weise erlebbar zu machen. Die Werbemittel, die dann konkret zum Kauf motivieren sollen, griffen das Thema auf, ohne aber die Familie Heins zu zeigen.«[232] Jeder Schritt ist in sich verständlich, man erfährt immer mehr von der lustigen Familie. Es funktioniert auch, wenn man nicht alle Episoden gesehen hat, ja, gar nicht realisiert, dass es sich um eine Reihe handelt.

Generell ist es wichtig, in einer Kampagne einen Zusammenhang herzustellen und einen Modus zu finden, der einen roten Faden vorgibt. Wer ein klares Ziel formuliert hat, kann in die Ideenentwicklung einsteigen. Es ist unstrittig, dass eine ungewöhnliche Idee der stärkste Wirkungstreiber ist. Je ungewöhnlicher und neuer etwas ist, desto besser bleibt es bei den Kunden in Erinnerung. Verbreitet werden Agenturen eingeschaltet, um Ungewöhnliches zu schaffen.

Eine gute Kampagne trägt zur Markenanerkennung in der Kern-Zielgruppe bei. Dieses ist wiederum ein entscheidender Treiber für die Wirtschaftlichkeit des Unternehmens, jetzt und in Zukunft. Alle großen Aufgaben im Unternehmen starten mit der internen Aufstellung dafür. Wer gute Ergebnisse erzielen will, sollte mit der Auswahl des für dieses Projekt wirklich geeigneten Projektleiters beginnen. Dieser hat zuoberst die Aufgabe, das passende Team zusammenzustellen und den Auswahlprozess für die geeigneten Berater zu steuern.

3.13.3.1 Agenturauswahl

Bevor jedoch eine Agentur eingeschaltet wird, sollte der Auftrag an diese intern geklärt werden, beispielsweise in einem Workshop, in dem die Ziele und die großen Schritte der Kampagne definiert werden. Es kommt darauf an, einen genauen Kriterienkatalog zu erstellen, was geleistet werden soll. Wann gilt das Projekt als erfolgreich, was muss dafür erreicht werden? Mit Festlegungen dieser Art lässt sich eine gute Vorrecherche durchführen.

Aus der Long List möglicher Dienstleister wird nach den gemeinsam verabredeten Kriterien eine Short List erstellt. Hier ist es in aller Regel ratsam, sich auf zwei, maximal drei Spezialisten für die einzelne Aufgabe zu verständigen. Das Briefing und den Auftrag an die Agentur möglichst genau schriftlich zu formulieren, ist Pflicht bei so

232 Campillo-Lundbeck, Santiago, Die Realität der Marke, in: Horizont 42/2017 vom 19. Oktober 2017, S. 12.

wichtigen Projekten. Dies kann nur geleistet werden, wenn das Team die gewünschten Ziele klar vor Augen hat. Die Beauftragung der Agentur darf nicht dazu führen, dass die Themensetzung ausschließlich den Spezialisten übertragen wird.

Wenn ein Leistungspartner ausgewählt wird, dann sollte das mit Anspruch geschehen. Wichtig für ein anständiges Verfahren bei der Einbeziehung mehrerer Agenturen, einem Pitch, ist die Vorab-Regelung, wie die jeweiligen Ideen weiter genutzt werden dürfen, um die wichtigen Fragen zu Urheber- und Verwertungsrechten zu klären.

Wenn mehrere Dienstleister hinzugezogen werden, sollte das CI Management deren Koordination übernehmen, um eine Wiedererkennbarkeit des Archetypus und damit des Charakters der Marke sicherzustellen. Ein Unternehmen hat angesichts der Informationsflut nur eine Chance seitens seiner Kunden wahrgenommen und wiedererkannt zu werden und damit seine Marke zu stärken, wenn es mit einem einheitlichen Stil auftritt.

Die Auswahl der passenden Agentur und eine gute Zusammenarbeit mit dieser sind durchaus entscheidende Faktoren für gute Resultate. Perchthold und Sutton haben fünf Hauptgründe extrahiert, die dafür maßgeblich sind, warum ein Kunde *nicht* die Leistung erhält, die er erwartet:[233]

- Die Berater arbeiten am falschen Problem: Ist die Aufgabenstellung intern nicht hinreichend geklärt und nach außen an die Agentur kommuniziert worden, besteht das Risiko, dass der Dienstleister eine Kampagne am Problem und Thema vorbei entwickelt.
- Der falsche Spezialist wurde für das anstehende Problem engagiert: Zu gerne wird etwa die Werbeagentur gefragt, mit der seit Jahren zusammengearbeitet wird, ob sie nicht auch die Markengestaltung übernehmen könne – unabhängig davon, ob sie dafür qualifiziert ist oder nicht.
- Die beauftragten Berater haben nicht die notwendigen Fähigkeiten und Erfahrungen für die Aufgabe: Oft engagiert sich die erste Reihe in der Beratung für die Akquise des Auftrags. Sobald dieser jedoch an Land gezogen ist, macht die zweite Reihe die Arbeit. Und vielfach versteht sich die Agentur selbst als Koordinator von Freelancern, ist aber selbst nicht wirklich Spezialist.
- Die Berater werden nicht richtig gesteuert oder ihnen wird kein Spielraum gelassen: Die Zusammenarbeit setzt die Bereitschaft und den Willen voraus, die Kenntnisse der Berater auch zu nutzen und aktiv in den Prozess einbeziehen zu wollen.
- Die Zusammenarbeit läuft nicht gut und im Laufe der Zeit nimmt das Engagement der Berater ab: Es ist eine wichtige Aufgabe des Projektleiters, eine effektive Zusammenarbeit herzustellen und die Freude der Beteiligten an der Arbeit zu

233 Vgl. zum Folgenden: Perchthold/Sutton (2010), S. 181.

erhalten; die Moderation kann zu kleinlich oder unstrukturiert laufen, was jeweils zu einer Art innerer Kündigung bei den Beteiligten führt und damit zu Demotivation.

Die Aufgabe zusammen mit der Agentur lautet schlicht, die neue Marke oder die überarbeitete Marke in die Köpfe der Kunden zu bringen. Dafür bedarf es einer originellen Idee, die gleichzeitig zur Marke passt. Gerade der erste Eindruck setzt Maßstäbe. Je nach Aufgabe kann sich das Team auch Impulse durch besonders gelungene Etablierungen holen. Jährlich veranstaltet das Management Forum der Handelsblatt Media Group einen Marken-Award.[234] Dabei gibt es fünf unterschiedliche Kategorien: Beste Neue Marke, Beste Markendehnung, Bester Marken-Relaunch, Beste Digitale Markenführung und – dem erwähnten Haltungsthema geschuldet – Beste Nachhaltigkeitsstrategie. Holen Sie sich Impulse durch die Sieger und Nominierten der letzten Jahre für Ihre Aufgabe. Alle Wirksamkeitsstudien ordnen der kreativen Idee die höchste Wirkung zu. Seien Sie anspruchsvoll, Ihre Kunden sind es auch.

3.13.3.2 Medienauswahl

Alle Planung und die beste Idee helfen am Ende natürlich nichts, wenn die Kampagne nicht bei unserer Zielgruppe ankommt. Das tut sie jedoch nur, wenn sie an das Medienverhalten der Zielgruppe angepasst ist. Angesichts der Vielzahl der Medien ist das eine echte Herausforderung. Kunden ziehen ganz selbstverständlich für unterschiedliche Fragestellungen die jeweils für sie geeigneten Medien zurate. Unsere Grundlage ist die Journey Card, in der wir zusammengetragen haben, welche Medien unsere Kunden für die einzelnen Stufen nutzen.

Sie stellt die geeignete Basis für einen integrierten Ansatz dar. »Die Herausforderung ist letztlich, wie ich analoge Markenerlebnisse schaffe, die digitale Strahlkraft haben. Und natürlich auch umgekehrt: Wie ich meine Markenerlebnisse aus den digitalen Kanälen in die reale Welt verlängern kann.«[235] Gehen wir die Kategorien der Reihe nach durch, ohne dabei die Verbindung zu vergessen.

Klassische Werbemaßnahmen setzen Medien wie Zeitungen, Zeitschriften, Hörfunk, Fernsehen, Kino als Trägermedium ein, um zu den Kunden zu gelangen: TV-Spot im Fernsehen, Audio-Spot im Radio, Anzeigen in Print-Titeln.

234 Vgl. marken-award.de/kategorien.

235 Michael Willeke, Marketing Direktor Coca-Cola im Interview: Campillo-Lundbeck, Santiago, »Marketing kann Impulse für das Unternehmen setzen, in: Horizont 31/2019, S. 9.

Um zu den Zielpersonen zu gelangen, werden jeweils die Medien gewählt, welche die Zielgruppe nutzt. Die Wirkung von Werbemaßnahmen hängt davon ab, welche Aufmerksamkeit die Inhalte erzeugen können – Stichwort: starke Idee – sowie von der Wahl der passenden Medien. Die Wahl der Medien orientiert sich an den Kontaktchancen und dem Umfeld.

Die Kenngrößen sind typischerweise Reichweite und Anzahl der Kontakte in der Zielgruppe. Es kommt jedoch noch eine weitere Kenngröße dazu: die emotionale Aufladung bzw. Aktivierung. Denn nur wenn sie die Emotionen anspricht, ist eine Botschaft für das Kundengehirn interessant. Mit Emotion wird Verarbeitung erreicht; ohne gelingt das nicht.

Die Aufgabe der Auswahl und Belegung der geeigneten Medien erscheint oft zweidimensional:

(Reichweite x Anzahl Kontakte) in der Zielgruppe = Gross Rating Points

Die so ermittelte Brutto-Reichweite wird gerne für die Auswahl der Medien verwendet.

Im Offline-Bereich stellen Verlage und Rundfunkanstalten seit vielen Jahren ein bewährtes Instrumentarium für die Ermittlung der Kennwerte zur Verfügung. Sie haben sich auf die Allensbacher Werbeträgeranalyse (AWA) verständigt, die von allen Beteiligten als Grundlage verwendet wird, wenn es um die Auswahl von Buchungsplätzen geht.[236] Es ist sicher eine Leistung für die Übersicht der Werbetreibenden, dass sich alle klassischen Medien auf eine Erhebung verständigen konnten.

Tatsächlich ist dieses so ermittelte Wirkungsquadrat erst einmal eine theoretische Größe. Wir haben immer wieder betont, dass nur das, was eine emotionale Aufladung enthält, für das Kundengehirn eine Rolle spielt. Zudem wissen wir alle, dass Botschaften in bestimmten Medien als glaubwürdiger eingeschätzt werden. Gerade die Neurowissenschaften haben auch diesen Umstand unterstrichen.

»Wir haben uns die Medienkanäle ganz genau dahingehend angeschaut, ob sie uns einen tatsächlichen Effekt für unsere Marke bringen können. Ein Ergebnis ist zum Beispiel, dass wir deutlich stärker auf Outdoor gehen, gerade weil wir wissen, dass junge Zielgruppen sehr mobil sind. Und wir haben sehr darauf geachtet, dass wir in Premiumumfeldern schalten und kontextuelle Platzierungen schaffen.«[237] Man kann

236 Vgl. www.ifd-allensbach.de/awa.

237 Michael Willeke, Marketing Direktor Coca-Cola im Interview: Campillo-Lundbeck, Santiago, »Marketing kann Impulse für das Unternehmen setzen, in: Horizont 31/2019, S. 9.

nachvollziehen, wie Michael Willeke in unserem Sprachgebrauch seine Journey Card bildet. Je besser diese erstellt wird, desto wirkungsvoller kann das Budget eingesetzt werden.

Mediaauswahl ist eben nicht nur eine Frage von Kontakten überhaupt, sondern Auswahl geeigneter Kontakte. Das müssen wir nun in unsere Überlegungen einbeziehen. Wir tragen dem Rechnung durch die Bestimmung eines Aktivierungswertes, der die so ermittelte Brutto-Reichweite vergrößert oder verkleinert. Der Aktivierungswert ist ebenfalls zweidimensional:

(Emotionale Aufladung der Botschaft x Umfeld des Botschaftskontakts) in der Zielgruppe = Aktivierungswert

Während die Angaben für die Brutto-Reichweite also leicht aus der AWA zur Verfügung stehen, ist es für den Aktivierungswert komplizierter. Wie lassen sich quantitative und qualitative Werte – Gross Rating Points und Aktivierungswert – miteinander verbinden? In solchen Fällen werden meist Rating-Skalen zur Übersetzung der qualitativen Größen in Zahlen genutzt. Das ist auch hier empfehlenswert.

Für die emotionale Aufladung werden am besten Werte ermittelt – über apparative Verfahren, dann kann mit dem Messinstitut eine Benchmark genutzt werden – oder geschätzt – auf Basis von Kundenforschung.

Das Optimum ist eine messbare emotionale Aufladung. Auf einer Rating-Skala sollten die Ergebnisse zwischen 0 und 1 variieren – 0 = keine Aufladung, 1 = ideale Aufladung. Die Forschung hat gezeigt, dass nicht etwa das Maximum an emotionaler Aufladung, sondern eine mittlere Aufladung ideal ist. Auch das entspricht unserer Intuition: zu dick Aufgetragenes stößt uns ab.

Ganz anders ist es für die zweite Seite der emotionalen Aufladung, die Sympathie. Sie sollte optimal ausgeprägt sein. Hier lassen sich Reihenfolgen für verschiedene Motive durch die Probanden bilden. Dadurch wird eine Abstufung erreicht.

Die Verbindung zur emotionalen Aufladung ist eine Multiplikation; das Maximum ist 1 x 1 = 1. Das wäre damit eine volle Nutzung der Brutto-Reichweite. Tatsächlich wird das Maximum nie erreicht. Es gilt aber, möglichst hohe Werte zu erzielen. Das muss unser Anspruch sein.

Der Zusammenhang der emotionalen Aufladung lässt sich so veranschaulichen:

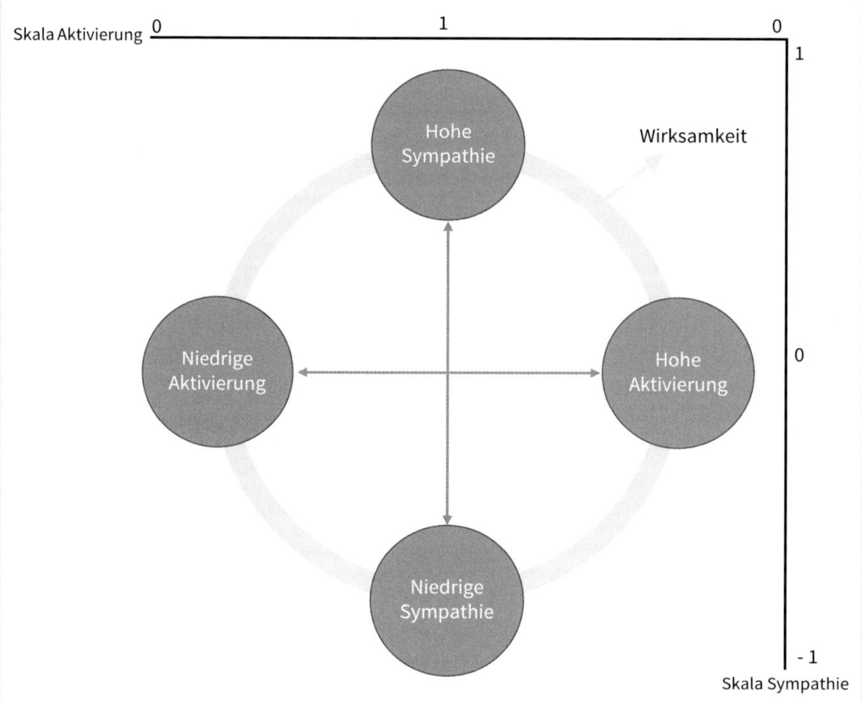

Emotionale Aufladung – Zusammenhang

Die Qualität des Umfeldes für die Botschaft kann ebenfalls nur ausgehend von der Zielgruppe bestimmt werden. Dazu eignet sich die Größe Affinität. Das ist ein Maß, welches angibt, wie hoch der Anteil der Zielgruppe an der Mediennutzergruppe ist. Eine Affinität von 100 besagt, dass die Zielgruppe den gleichen Anteil an der Leserschaft wie an der Bevölkerung hat. Werte über 100 zeigen, dass hier der Zielgruppen-Anteil höher ist, während Werte unter 100 aussagen, dass der Zielgruppen-Anteil niedriger als in der Bevölkerung ist. Ein deutliches Beispiel bildet die Zeitschrift »Der Spiegel«. Die Leserschaft ist überwiegend männlich. Während in der Gesamtbevölkerung der Anteil der Männer 49 % beträgt, beläuft er sich bei Spiegel-Lesern auf 73 %.[238] Der Anteil der männlichen Leser ist also eineinhalb Mal so groß, wenn man ihn mit dem Bevölkerungsschnitt vergleicht; der Affinitätsindex beträgt 150. Wer Männer mit seiner Botschaft erreichen will, mag gut fahren mit einer Anzeige im Spiegel, wer Frauen erreichen will, wählt besser ein anderes Medium.

238 Vgl. Schröder, Jens, Auftakt zur MEEDIA-Serie »Leser-Check«: Wer liest den Spiegel? Das Magazin in der detaillierten MA-Analyse, in: www.meedia.de/2019/01/24/auftakt-zur-meedia-serie-leser-check-wer-liest-den-spiegel-das-magazin-in-der-detaillierten-ma-analyse/.

Unsere Zielgruppenbestimmung wird spezieller sein. Dann kann zudem davon ausgegangen werden, dass Botschaften in Medien, in denen diese Gruppe einen überproportionalen Anteil stellt, für diese auch glaubwürdiger sind. Es ist der quantifizierbare Weg, das Medienumfeld zu berücksichtigen, das nachweislich einen großen Einfluss hat.

Beide Werte – der Wert für die emotionale Aufladung und der Wert der Affinität (als Anteilswert) – werden miteinander multipliziert, um den Aktivierungswert zu erhalten.

Wenn wir aus der Multiplikation zur emotionalen Aufladung etwa 0,8 x 0,8 = 0,64 erhalten haben, dann multiplizieren wir diesen Wert mit der Affinität des Mediums. Nehmen wir dazu beispielsweise den Wert 1,5. Die Multiplikation 0,64 x 1,5 = 0,96 bildet den Aktivierungswert. Die Brutto-Reichweite multipliziert mit dem Aktivierungswert ergibt die »Qualitative Reichweite«. Wir werden sie auch im Online-Bereich herleiten, um uns eine Vergleichsmöglichkeit für die Wirkungsstärke in den verschiedenen Medien zu schaffen.

Die Kriterien für klassische Medien – Fernsehen, Zeitschriften, Radio – sind in der folgenden Übersicht zusammengefasst.

Kriterien für klassische Medien	
Quantitative Reichweite	Anteil der Zielgruppe, die mit dem Mediaplan erreicht wird
Affinität	Übereinstimmung von Zielgruppe und Mediennutzern
Kontaktanzahl	Häufigkeit, mit der ein Zielgruppenmitglied durch Werbeimpulse im Rahmen des Mediaplans erreicht wird
Räumliche Reichweite	Regionale Abdeckung von Medium und Zielgruppe
GRPs (Gross Rating Points)	Quantitative Reichweite x Kontaktanzahl; oft für TV verwendet
TKP = Tausend-Kontakte-Preis	Angabe für einen Mediaplan, wie viel der Kontakt zu 1.000 Zielgruppen-Mitgliedern kostet
Qualitative Reichweite	Gross Rating Points x Aktivierungswert

So schön linear, wie die Planungsunterlagen es suggerieren, ist der klassische Bereich allerdings nicht mehr. Die Technik erlaubt die Nutzung der Medien, wann immer ein Kunde das möchte. Das gilt besonders für den Filmbereich. Hier wird immer mehr Wert darauf gelegt, den Kunden zur rechten Zeit am rechten Ort zu treffen. Genau das ist Ansatz des Denkens junger Kunden. Sie wollen Angebote nutzen, wann immer sie Lust darauf haben, und nicht, wann die Programmplanung des Anbieters ihnen das vorgibt. Das führt zu Streaming-Diensten, bei denen das Angebot genutzt werden kann, wann immer der Zuschauer das möchte. »Das goldene lineare TV-Zeitalter, in dem die großen

Kabelgesellschaften mit festen Sendeplätzen immense Werbeeinnahmen einfuhren, geht unwiderruflich zu Ende. Die Zukunft des Fernsehens gehört zeit- und plattformunabhängigen Streaming-Anbietern, wie Netflix, Amazon, ...Apple, Facebook und Twitter.«[239] Diese Entwicklung ist bei der Mediaplanung zu berücksichtigen.

Klassische Medien werden von den Kunden genutzt oder abonniert wegen ihres Inhaltes oder einfach als Zeitvertreib. Nach wie vor ist die Fernsehnutzung in der Gesamtbevölkerung mit über 200 Minuten pro Tag hoch und das führende Medium.[240] Allerdings steigt der Anteil der Internetnutzung mit abnehmendem Alter und übertrifft in der Gruppe der 14- bis 29-Jährigen die Fernsehnutzung.[241] Auch die Streaming-Dienste wie Netflix oder Amazon Prime erhalten immer mehr Zulauf vor allem bei der jüngeren Bevölkerung.

Hier sind andere Wege zu wählen: »... Content bringen wir als Video digital raus, damit ihn Konsumenten finden, wenn sie nach den Marken und Darstellern suchen. ... Damit folgen wir den Nutzern, die wir verstärkt auf diesen Plattformen erreichen können.«[242]

3.13.4 Online Medien

Die Steuerungsmöglichkeiten sollten eigentlich gerade durch den digitalen Wandel sehr viel besser und sehr viel günstiger möglich sein. Im Bereich der Ausspielung von Online-Werbung wünschen sich Unternehmen eine einheitliche Lösung wie die AWA im klassischen Bereich. Aus technischer Sicht ist das heutzutage leicht möglich. Man müsste sich nur auf Maßgrößen verständigen können. Doch die großen Anbieter Google oder Facebook verweigern sich – zumindest bisher – gemeinsamen Ansätzen und Arbeitskreisen. Sie bieten selbst eine differenzierte Auszählung von Zielgruppen, allerdings mit Kennziffern allein bezogen auf das eigene Universum. Die Transparenz ist dabei ungenügend, die eigenen Daten werden als Betriebsgeheimnis gesehen. Über die Angaben im Online-Bereich ist schon manches Mal diskutiert worden. Wir hatten unter den Risiken auch das Thema »AdFraud«, also Betrug bei den Angaben über Werbeausspielungen im Netz erwähnt.

So schön und eindeutig, wie die Registrierung der digitalen Impulse über Zählpixel zu sein scheint, so katastrophal ist die Wirklichkeit der Werbeausbringung. Es gibt schlicht zu viele Beteiligte: »Da sind zunächst die Media- und Digitalagenturen und die

239 Jacobsen, Nils, TV und der digitale Paradigmenwechsel, in: absatzwirtschaft Sonderausgabe dmexco 2017, S. 24.
240 Vgl. AGF (Arbeitsgemeinschaft Fernsehforschung).
241 Vgl. ARD-ZDF-Onlinestudie.
242 Marc Pritchard im Interview: Schmidt, Eva-Maria, »Eine Milliarde Dollar weniger«, in: Horizont 27/2019, S. 10.

meist ebenfalls von ihnen betriebenen Agency Trading Desks. Hinzu kommen die Einkaufsplattformen für das Werbeinventar, die sogenannten Demand-Side-Plattformen (DSP), sowie deren Pendant auf der Vertriebsseite, die so genannten Supply-Side-Plattformen (SSP). Außerdem wären da noch Data-Management-Plattformen (DMP), die interne Kunden- und CRM-Daten des Werbungtreibenden aggregieren und mit der DSP verbinden.«[243]

Die technische Organisation ist damit schon undurchsichtig. Darüber hinaus kann es auch im Online-Bereich nicht darum gehen, überhaupt irgendwo sichtbar zu sein, vielmehr kommt es auf den richtigen Werbeträger zur richtigen Zeit in richtiger Qualität an.

Die Struktur des Online-Werbekanals lässt sich so darstellen:

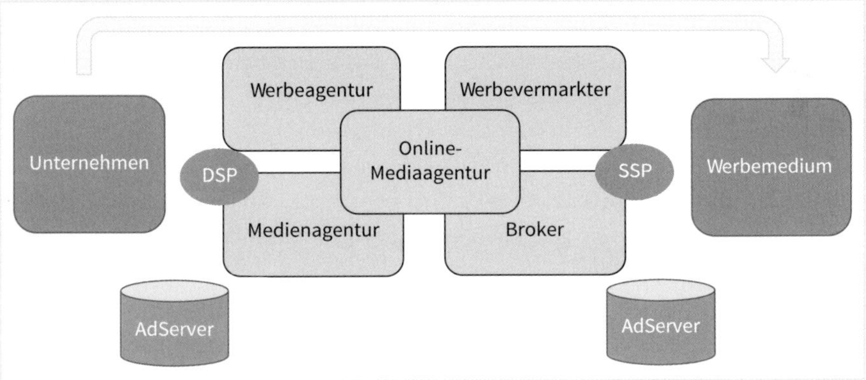

Online-Werbekanal – Struktur

Wenn die Werbebuchung über eine vom Unternehmen beauftragte Mediaagentur erfolgt, unter Umständen eine spezielle Online-Mediaagentur, kauft diese die Werbeplätze; sie ergattert meist die besten Plätze.

Eine Mediaagentur wird aber aus Kostengründen nur selten eingeschaltet, insbesondere kaum im Bereich der mittelständischen Wirtschaft. Ein beliebter, weil scheinbar günstigerer Weg führt über Werbevermarkter. Diese Vermarkter – das kann die Vermarktungseinheit des Werbemediums sein oder ein separater eigenständiger Vermarkter – bieten Werbeplätze an und das Unternehmen schließt ab; das sind die zweitbesten Plätze. Restplätze werden oft von Brokern zu günstigen Konditionen angeboten. Manches Mal werden dann Pools gebildet, um so eine Mischung aus besseren und weniger günstigen Platzierungen anzubieten. Oft weiß dann der Werbetreibende gar nicht, wo seine Werbung geschaltet wird. Genau das darf aber nicht passieren.

243 O. V., Am Ende steht ein neuer Anfang, in: SAP XM Magazin, a. a. O., S. 5.

Über die Zählpixel ist die Erfassung möglich, wo die Werbung gesehen oder wo sogar darauf reagiert wurde. Diesen Umstand haben sich Bezahlmodelle zu Eigen gemacht: Ein Werbungtreibender zahlt nur dann, wenn auch eine nachweisbare Leistung erbracht wurde. Das soll Vertrauen schaffen, weil nur bei nachweisbarer Wirkung bezahlt wird. Die Leistung ist Definitions- und Verhandlungssache: Man unterscheidet als Abrechnungseinheiten Costs per View, per Click und per Sale: wenn die Site mit der Werbung angeklickt wurde, wenn die Werbung selbst angeklickt wurde oder wenn etwas verkauft wurde (im Affiliate Marketing, also der Nutzung anderer Sites).

Das klingt seriöser, als es tatsächlich ist. Nehmen wir eine Videoausspielung: Ein View ist nicht notwendig ein Wirkungsimpuls. Bei Google ist nicht klar definiert, was als Aufruf gewertet wird. Es reichen wenige Sekunden. Bei Facebook ist definiert: Videos, die mehr als drei Sekunden laufen, werden gezählt. Damit beinhalten die Views der beiden großen Unternehmen auch kürzeste Ausspielungen, wenn jemand das Element nicht schnell genug weggeklickt hat. Auch sind die Raten miteinander nicht vergleichbar, da sie unterschiedliche Messvorgaben haben. Die Zahlen im Online-Bereich sind durchweg aufgebläht. Verbreitet wird bei Ad Impressions gewertet, wenn mindestens 50 % der Einspielung mindestens eine Sekunde lang sichtbar war. Wenn bedacht wird, dass die gesamte Ad mehr als zwei Sekunden sichtbar sein sollte, um wirksam sein zu können, wird deutlich, welch großer Anteil in den Angaben einfach zu hoch angegeben wird.

Zudem spielt das Umfeld hier als Rahmensetzung für das eigene Image eine noch größere Rolle als im klassischen Bereich. Die Bedeutung aufgrund der intuitiven Verbindung bestätigen die Neurowissenschaften. Die Gefahr unpassender Umfelder darf nicht akzeptiert werden. Es geht um die Brand Safety, also den Schutz der Integrität der Marke.

»Was die Berücksichtigung des Umfelds von Werbung betrifft, geht es leider mit großen Schritten rückwärts. Unternehmen wie RTL oder Springer produzieren mit hohen Kosten Content, den sie dann durch Werbeeinnahmen refinanzieren. Facebook und Google dagegen sind technische Plattformen, die überhaupt keinen Content herstellen, null. Das ist alles User-generated Content und jede Menge Katzen-Videos.«[244] Was antwortet der Facebook-Manager auf diese freche Einlassung? »Global stammt rund ein Drittel der Inhalte im Feed von professionellen Publishern wie zum Beispiel Axel Springer, Celebrities und anderem Public Content.«[245] Offen bleibt hier, welchen Inhalts die anderen zwei Drittel sind …

Die Diskussionen haben Wirkungen. »Das User-Verhalten auf Facebook hat sich verän-

244 Matthias Dang, IP Deutschland, im Roundtable-Gespräch: Scharrer, Jürgen, Ein Spiel, viele Regeln, in: Horizont 12/2017, S. 11 (IP Deutschland ist eine 100 %-ige Tochter von RTL Television).

245 Jin Choi, Facebook, im Roundtable-Gespräch, ebenda.

dert, es wird dort sehr viel weniger mit Brand-Inhalten interagiert als auf Instagram. Und Interaktion ist im Marketing nun mal ein sehr hohes Gut. Als Reichweiten- und Servicekanal bleibt Facebook aber sicher wichtig.«[246] Auch hier scheint eine Art Journey Card durch. Und die bedarf im Online-Bereich ständiger Analyse, da die Veränderungen permanent laufen.

Im Online-Bereich lauern zudem viele Gefahren für unpassende Ausspielungen. Deshalb haben wir für den klassischen Bereich einen Aktivierungswert als Korrektur eingeführt. Das sollten wir für Werbung im Netz ebenfalls machen. Übertragen auf die Online-Medien ergibt sich zunächst ebenfalls die Aktivierung als erforderlich Größe. Gerade auf dem schnellen virtuellen Gang durch die genutzten Medien hat nur eine ansprechende Idee überhaupt eine Chance, beachtet und nicht sofort weggeklickt zu werden. Besonders ungewöhnliche Ideen haben das Potenzial, weiterverbreitet zu werden. Insofern ist der Aktivierungswert von höchster Bedeutung. Leider ist bei den verbreitet zu beobachtenden Bannern oder Videos die kreative Leistung gering. Auch hier können wir die Skala von 0 bis 1, also von gar nicht bis sehr aktivierend nutzen.

Für die Buchung von Platzierungen im Netz kann tendenziell gesagt werden: Je günstiger, desto problematischer.

Mehr und mehr ist die Buchung von Platzierungen im Netz auf automatisch und günstig ausgerichtet. Es gibt im DSP- (Demand Side = Angebot von Werbeplätzen) und im SSP-Bereich (Supply Side = Nachfrage nach Werbeplätzen) jeweils AdServer, also Plattformen mit spezieller Software, die geeignet sind,

- die benötigten Werbeplätze in den digitalen Medien zu suchen,
- die angebotenen Werbeplätze im Online-Bereich zu offerieren.

Da es sich um einen technischen Austausch handelt, kann in Sekundenbruchteilen eine Übereinstimmung von Wunsch und Angebot ermittelt werden. Hier wird von Real-Time-Bidding, einer Live-Auktion, gesprochen.

Wenn die Systeme sich austauschen können, kann die Mediaauswahl sehr kurzfristig entsprechend der aktuellen Bedingungen vorgenommen werden. Das ist natürlich ein Traum. Alle sehen dieses Vorgehen als *die* Zukunft an. Auch Zeitschriften-Titel haben sich darauf eingerichtet und ermöglichen die direkte Buchung. Bisher bieten die Publisher allerdings auf diesem Wege meist nicht ihre besten Plätze an. Noch wird eher Rest-Inventar geboten.

246 Sagra Al-Dujaili, Strategy und Brand bei Otto, im Interview: Scharrer, Jürgen, Facebook? Besser auf Instagram!, in: Horizont 30/2019, S. 15.

Das Ziel des CI-Managements sollte sein, wirksame Werbemaßnahmen zu ergreifen. Das erfordert jedoch die passende Platzierung. »Positive Assoziationen, die durch das Programm ausgelöst werden, führen dazu, dass die Werbung bewusst oder unbewusst positiver wahrgenommen wird. Forschungsergebnisse zu Priming-Effekten zeigten, dass diese Einfluss auf Behalten, Bewerten und sogar Verhalten haben können.«[247]

Hat das Umfeld mit dem Werbeanliegen nichts zu tun, ist die Wirkung gering. Bestehen Verbindungen zwischen dem Werbeumfeld und der Werbeaussage, ist das förderlich. Da wir für unsere Zielgruppe deren Medien ermittelt und idealerweise in der Journey Card auch zugeordnet haben, können wir als weiteren Faktor die Passgenauigkeit des Umfelds einstufen von 0 (= nicht passend) bis 1 (= dort sucht die Zielgruppe nach diesem Inhalt). Damit haben wir den vergleichbaren Aktivierungswert.

(Emotionale Aufladung der Botschaft x Umfeld des Botschaftskontakts) in der Zielgruppe = Aktivierungswert

Und so lässt sich auch hier eine qualitative Reichweite ermitteln, indem die Unique Impressions als Ausgangspunkt genommen werden, die zunächst reduziert werden auf die User aus der Zielgruppe durch einfache Multiplikation mit dem Zielgruppenanteil. Wer noch strenger ist, führt noch einen Korrekturfaktor ein, der in etwa alle Ausspielungen unter zwei Sekunden und unvollständig herausrechnet. Die so korrigierten Impressions werden mit dem Aktivierungswert multipliziert. Im Ergebnis wird das CI-Management gelenkt auf die Ausspielung interessanter Botschaften an geeigneten Orten.

Die Kriterien für Online-Medien sind in der folgenden Übersicht zusammengefasst.

Übliche Kennziffern im Online-Bereich	
Ad Impressions oder Ad Views	Sichtkontakte eines Nutzers mit einer Werbebotschaft (Achtung: oft nur wenige Sekunden, nicht notwendig voll ausgespielt)
Unique Impressions	Anzahl der Geräte, auf denen eine Werbebotschaft gesehen wurde
Clickrate (CTR = Click Through Rate)	Hier wird gemessen, welcher Anteil von den Nutzern das Werbeelement anklickt und dadurch auf die Site des Werbungtreibenden gelangt.
Conversion Rate	Anteil der Nutzer, die eine gewünschte Aktion ausführen. Die Aktion kann etwa der Kauf eines Produkts, die Bestellung von Informationsmaterial oder die Teilnahme an einem Gewinnspiel sein.

247 Engel, Dirk, Das Umfeld macht den Unterschied, in: www.horizont.net/planung-analyse/nachrichten/Online-Special-Werbewirkung-Das-Umgeld-macht-den-Unterschied-167729 vom 19. Juni 2018.

Übliche Kennziffern im Online-Bereich	
Spezielle Conversions	Quote interessanter Conversions, beispielsweise Abo Newsletter, Newsletter Besteller – Abmelder, Blog Subscriber
Costs per Click (CpC) Costs per View (CpV) Costs per Sale (CpS)	Bezahlform, bei welcher der Werbungtreibende zahlt, wenn ein Nutzer ein Banner (Click) oder eine Werbung gesehen (View) oder ein Kauf über eine andere Site angebahnt wurde (Sale)
Qualitative Größen	Sentiment-Index Aber auch: Anzahl und Auswertung Comments
Qualitative Reichweite	Unique Impressions x Zielgruppenanteil x Aktivierungswert

3.13.5 Orchestrierung der Maßnahmen

Die erste Reaktion auf Maßnahmen des Unternehmens wird immer durch die Beobachtung der Einlassungen im Netz über das Social Media Dashboard erkennbar. Am Ende ist immer nur Wirkung erreicht, wenn dieses auch in der qualitativen Marktforschung erkennbar ist: im Kopf der Kunden ist die Marke ausgebaut worden. Das muss der Grundansatz bleiben.

Ein Social Media Monitoring Tool wertet auch die Tonalität (Sentiment) aus. Typischerweise wird in drei Gruppen eingeteilt: positiv, neutral, negativ. Durch Subtraktion »Positiv« minus »Negativ« wird ein Index gebildet. Qualitativ erfolgt gerne eine Ergänzung um die Betrachtung der Kommentare.

Der Weg der User ist komplex: Wenn sie unterwegs sind, dann können passende Sites einen Hinweis auf eine andere Website geben, die der Nutzer dann anklickt, um von dort wiederum weitergeleitet zu werden. Auch die Brücke zwischen klassisch und virtuell wird geschlagen: QR-Codes führen zur Landing Page, Anzeigen beinhalten die Social-Media-Symbole. Das ist bei der Auswahl der Medien zu berücksichtigen. Netzeffekte können verstärken. Insgesamt sind wir konfrontiert mit einer Fülle von Werbeträgern, aus der die ideale Kombination für die anstehende Kampagne und die spezielle Zielgruppe herauszusuchen ist.

Mittlerweile haben alle Print-Titel Online-Präsenzen. Ende 2018 waren die Sites mit der höchsten Anzahl an Unique Usern: 1. Bild.de, 2. Chefkoch.de, 3. Fokus Online, 4. Spiegel Online. Diese vier hatten jeweils mehr als 20 Mio. Unique User.[248] Darüber hinaus ist die Zahl der Online-Publikationen gewachsen, denn im Netz lässt sich einfacher und

248 Vgl. o. V., Digitale Ausstrahlung, in: absatzwirtschaft 3/2019, S. 74; die Zahlen beziehen sich auf den Zeitraum 12/2018.

kostengünstiger veröffentlichen. Werbungtreibende können in diesen Medien Anzeigen oder Spots schalten, als Banner oder In-Text-Werbung. Die Click-Through-Raten (Anteil angeklickter Banner im Verhältnis zu ausgespielten) sind jedoch marginal.[249] Aufmerksamkeit mittels Werbung ist im Online-Bereich aufgrund der Informationsflut noch schwieriger zu erzielen als im Offline-Bereich.

Die Social-Media-Kanäle werden von den Nutzern hauptsächlich zum Austausch von Informationen genutzt. Wenn ein Unternehmen in diesen News-Strom miteinbezogen wird, sind seine Botschaften Teil des Austauschs. Das wird als Web Feed bezeichnet. Facebook als derzeit bedeutendster Social-Media-Kanal spricht von Newsfeed. Facebook hat im Jahre 2018 die Regeln geändert, um wieder stärker persönlichen Austausch zu fördern. Die organische Reichweite ist für Marken dadurch sehr gering, denn Facebook ist daran interessiert, »Paid Posts« auszuspielen. Konkret heißt das, ein Anbieter kann sich Reichweite kaufen.

Wer nicht nach Reichweite, sondern nach dem Aufbau engagierter Gruppen sucht, geht notwendig andere Wege. Mithilfe von Messaging Diensten wie WhatsApp kann eine Community aufgebaut und gepflegt werden. Die Verbreitung von UnternehmensNews und Kampagnen wird damit einfacher und kann sehr schnell erfolgen. Der virale Effekt dessen ist groß, denn die Nachrichten werden schnell an die Kontakte der Kontakte weiterverbreitet. Ziel und Zielgruppe bestimmen eben das Vorgehen: Reichweite für Aware oder Engagement für Appeal.

Der Widerwille vieler User gegen Werbeunterbrechungen hat zur Suche nach Formen geführt, die nicht gleich als Werbung erkennbar sind. Die Grenzen zwischen Information und Werbung verwischen vor allem Online immer mehr. Eines von vielen Beispielen sind Influencer, die in ihren Blogs oder auf Instagram mehr oder minder mittelbar Werbung für Produkte machen. Gerne wird in diesem Zusammenhang auch von Native Advertising gesprochen. Ein Unternehmen ist vor die Frage gestellt, wie es die Regeln für sich auslegt. Auf jeden Fall gibt es gesetzliche Regelungen, was als Anzeige zu kennzeichnen ist. Die Datenschutz-Grundverordnung gibt weitere klare Grenzen vor, so insbesondere, wenn private Endkunden und deren personenbezogene Daten involviert sind. Auch Newsletter und Push-Nachrichten unterliegen Beschränkungen, vor allem, wenn Privatpersonen die Empfänger sind.

Unabhängig davon ist ein Unternehmen angehalten, seine Vertrauensposition zu stärken. Die Zulässigkeit muss daher oberstes Prinzip sein und im Zweifel immer eher konservativ ausgelegt werden, wenn es darum geht, als vertrauenswürdiger, seriöser Geschäftspartner wahrgenommen zu werden. Selbst Penetranz ist keine vertrauens-

249 Vgl. Kreutzer/Land (2017), S. 11.

In einer Welt der Informationsflut besteht nur dann die Chance, dass die Unternehmensmarke in Erinnerung bleibt, wenn sie konsistent agiert und damit einen einheitlichen Charakter spiegelt. Die größte Sorge für den CI-Manager muss also darin bestehen, die Geschlossenheit des Unternehmenscharakters über alle Maßnahmen zu gewährleisten. Mit den Kriterien an eine erfolgreiche Markenkampagne hat sich ein Gremium beschäftigt, dass für Kampagnen, die diese Anforderungen erfüllen und nachweislich wirksam waren, den Effie-Award verleiht. Seit dem Jahr 2017 gibt es auch eine Kategorie »Brand Campaign«.[260] Die erste Auszeichnung in Gold erhielt »Du lebst. Erinnerst Du Dich? Ein Weckruf an die Heimwerkerseele.« – eine Kampagne des Unternehmens »Hornbach«, entwickelt und koordiniert mit der Werbeagentur »Heimat«.[261] Sie verkörperte nach Ansicht der Juroren die folgenden Elemente einer erfolgreichen Markenkampagne:

- Die kreative Leitidee, die einzahlt auf den Charakter, den Archetypus des »Kämpfers«. Die verschiedenen Kampagneneinheiten verfolgen über mehrere Jahre diese Linie, bilden gleichzeitig jeweils unter einer neuen Überschrift eigene Einheiten dazu.
- Die Umsetzung. In diesem Fall war es ein Multi-Kanalansatz, gesteuert von Mediaplus, Gruppe für innovative Media.
- Die professionelle Exekution der Elemente, hier die Audioeffekte in den Loft Tonstudios in Berlin.

Das Ergebnis der Kampagne: Es gibt viele Heimwerkermärkte, aber nur einen Hornbach. Und hier schließt sich der Bogen: In der Studie von KantarMillwardbrown bildete die Hornbach-Kampagne für Deutschland ein besonderes Beispiel für die Wirkung einer starken Idee, umgesetzt über verschiedene Medien: 60 sec TV, 20 sec YouTube, Website, Outdoor 1 und Outdoor 2.

Gerade in dem an sich in Deutschland überbesetzten Heimwerker-Markt ist die Alleinstellung der Marke extrem wichtig. Die anerkannteste Marke hat hier immer den Vorteil der ersten Wahl. Natürlich kommt es auch auf das Erlebnis vor Ort an, die dort geleistete Beratung, den dort erbrachten Service. Die Kontaktpunkte sollten in ihrer Gesamtheit ein stimmiges Bild abgeben. Das Unternehmen Hornbach ist kein Marktführer, dafür hat es nicht genug Filialen; Wettbewerber haben teilweise eine deutlich höhere Anzahl. Allerdings ist die Produktivität der Märkte im Vergleich zu denen der Mitbewerber besonders hoch. Genau das ist unser Ziel.

Jedes Unternehmen kann sich und seine Kampagne für den Effie-Award bewerben.

260 Vgl. www.gwa-effie.de.

261 Vgl. ebenda Preisverleihung.

Die hierfür notwendigen Informationen lassen sich wunderbar für die Arbeit an Kampagnen im Unternehmen nutzen:[262]

1. Aufgabenstellung: Marktsituation, Markensituation
2. Unsere Marke: Charakter, Eigenschaften, Zuordnungen heute und morgen
3. Zielsetzung im Überblick: Definition der Ziele, KPI, Unternehmensziele, Marketingziele
4. Strategie: Zielgruppen, Insights, strategischer Hebel, Lösungsansatz (kreativ und medial), Umsetzung
5. Ergebnisse im Überblick (Schritt im längeren Rennen): KPI, Unternehmensziele, Marketingziele (Vergleich Ziel – Ergebnis)
6. Ergebnisse im Detail (Kampagnen-bezogen) – basierend auf den Zielen: Effektivitätsnachweis, ROI, Marktleistung, Wirkung
7. Tweet – der eine kurze Satz: Das wurde erreicht.

Diesen Kriterien sollte jede Markenkampagne folgen. Zunächst sind die ersten vier Punkte zu behandeln. Sie sind erforderlich für die Formulierung des Konzepts. Sie können als Grundlage für das Briefing der hinzugezogenen Leistungspartner genutzt werden und leiten zu einer zielgerichteten Vorgehensweise.

Die Ergebnisse der letzten drei Punkte teilen sich auf in die gemessenen Ergebnisse der Kampagne und die Ergebnisse für die Marke im längeren Rennen. Die Ergebnisse von Hornbach zeigen einerseits die höchsten Sympathie- und Zufriedenheitswerte[263], andererseits hat das Unternehmen Marktanteil hinzugewonnen. Die Vorgehensweise, interessanter Partner für die Zielgruppe zu werden, der bevorzugt wird, was sich im Ergebnis niederschlägt, wird absolut bestätigt.

Effektive Markenführung heißt, im Sinne des Unternehmenserfolgs zu wirken. Das muss ganz zwangsläufig die Leitschnur für das Corporate Identity Management sein. Dafür bedarf es klarer Ausrichtung und guter Struktur. Anders lässt sich das so vielschichtige Terrain nicht beherrschen. Kompetenzen in Kommunikation und Mediaplanung, die zudem orientiert sind an der emotionalen Wirkung auf den Menschen, sind für einen ökonomischen Einsatz der Maßnahmen dringlicher denn je.

Die digitale Transformation hat das Kampagnen-Management deutlich anspruchsvoller werden lassen, und zwar in folgenden Bereichen:

- Inhaltlich: Heute geht es darum, Regie für eine Erlebniskommunikation über verschiedene Medien zu führen.

262 Vgl. www.gwa-effie.de effie-case_beschreibung. Punkt 2 ergänzt.

263 Vgl. www.servicebarometer.net/kundenmonitor/de/serviceprofile: Serviceprofil Bau- und Heimwerkermärkte 2017, Globus und Hornbach sind Kundenzufriedenheitschampions.

- Hinsichtlich des Wirkungsansatzes: Heute geht es um die Orchestrierung der geeigneten Medien.
- In der Umsetzung und Bewältigung: Der Austausch mit Kunden, im Team und mit Dienstleistern will organisiert sein.

Im Zentrum der Umsetzung der Neujustierung der Corporate Identity steht sicherlich die Kampagnenentwicklung. Sie bringt den Neuansatz zum Fliegen. Dabei sind Know-how und Ressourcen auf einem neuen Level gefordert. Und mit der Fortentwicklung der digitalen Transformation wird dieses Niveau sicher noch weiter steigen. Corporate Identity Management ist entscheidend für die Zukunft des Unternehmens.

3.13.7 Lernen am Praxisbeispiel

Schauen wir nun wieder auf Vera Sturm. Wie geht sie den Schritt Nr. 7 an? Sie sieht sich anhand der Persona-Darstellung zunächst die Kern-Zielgruppe, also die mittelständischen Unternehmen, gemeinsam mit ihrem Team noch einmal näher an.

Zielgruppen-Persona:		
	**Demografische Beschreibung**	**Rolle und Grenzen**
	• Die überwiegende Mehrheit sind verantwortliche Ingenieure für die Infrastruktur und den Betrieb des Unternehmens. • Sie sind im Durchschnitt etwa 50 Jahre alt und männlich. • Das Internet nutzen sie professionell, darüber hinaus gehen sie gerne zu Fachtagungen. • Mit Kollegen bilden sie WhatsApp-Gruppen.	Sie sehen sich in einer besonderen Rolle: Sie sind die Verantwortlichen für das Funktionieren des Unternehmens. Sie übernehmen gerne Verantwortung, ja, manches Mal haben sie den Eindruck, dass die anderen im Unternehmen ihre zentrale Rolle gar nicht so deutlich sehen.
	Eigenes Wunschbild	**Gruppe / Erwartungen**
	Sie sehen sich als die Ermöglicher: Nur durch sie läuft der Laden. Das ist durchaus eine Aufgabe, die ihren Vorstellungen nach Wirksamkeit entspricht. Ein Unternehmens-Partner auf Augenhöhe kann zur Verwirklichung beitragen, durch gemeinsame Lösungen und einen fachlichen Austausch.	Wenn etwas nicht läuft, sind die Kolleginnen und Kollegen sofort bei den verantwortlichen Managern. Dann gilt es, schnell Abhilfe zu schaffen. Das soll aber möglichst gar nicht passieren; es soll alles immer laufen. Dann wird die Aufgabe allerdings kaum wahrgenommen.

Zusätzlich führt sie sich die Ausgangslage in der Branche noch einmal vor Augen, die per Marktforschung ermittelt wurde: Die Branche ist in Bewegung; viele Entwicklungen für unabhängige Energieversorgung sowie ein immer ausgefeilteres Management des Energieverbrauchs beherrschen die Szene. Die typischen Anwender sind Ingenieure, die in ihren Unternehmen an Weiterentwicklungen interessiert sind.

Diese Kerngruppe soll dauerhaft lernen, dass Pallon E. der beste Partner für sie im Energie-Management ist. Folgerichtig kommt die Idee auf, ein Expertenforum zu etablieren.

Die Kernidee lautet: Wenn wir die Entscheider von unserem Know-how überzeugt haben, wird sich die Kompetenz-Zuordnung schnell verbreiten.

Die Kampagnenidee: Die überschaubare Gruppe der Anwendungs-Ingenieure in den Kern-Unternehmen wird zu einem Start-Event eingeladen. Dort lässt sich ein besonderer Zirkel von Experten aus der Zielgruppe bilden, der anschließend per Online-Expertenforum im Austausch untereinander und mit dem Unternehmen bleibt. Was aber könnte die Ingenieure dazu bewegen, zu einer solchen Veranstaltung zu kommen? Das Team hat auch eine Antwort auf diese Frage: eine hochwertige, exklusive Veranstaltung, die den Teilnehmern die Chance für besonderen Erkenntnisgewinn bietet.

Ausgehend von diesen Ideen überlegt das Team, welche Dienstleister benötigt werden.

- Für die Veranstaltung selbst beauftragt man am besten eine Veranstaltungsagentur.
- Für die Gestaltung des Spannungsbogens – zur Veranstaltung führen, Interesse wecken – und die Nachbereitung – Veranstaltungsbericht und Start des Online-Expertenforums – eine klassische Werbeagentur, die in allen üblichen Medien – offline wie online – zuhause ist.

Die Einladungen sollen persönlich über die Vertriebsorganisation erfolgen. Der anschließende Austausch mit den Eingeladenen soll ebenfalls persönlich gehalten sein, gestützt über das CRM-System.

Das Team formuliert auf dieser Grundlage ein Briefing als Grundlage für die Beauftragung der beiden Dienstleister. Wesentliche Stichworte sind:

1. Verdeutlichung der Zielgruppe (Persona)
2. Weg zu den Kunden: magische Momente schaffen

Zielgruppe sind die verantwortlichen Ingenieure aus der metallverarbeitenden Industrie mittlerer Größe im Bundesland: das sind 51 Betriebe mit 50 bis 249 Beschäftigten und 21 Betriebe mit 250 bis 299 Beschäftigten. Die folgenden Erfolgskriterien werden festgelegt: Die Einladung soll so ausgestaltet sein, dass mindestens 50 % der Zielgruppe die Veranstaltung besuchen. Mit der Veranstaltung soll erreicht werden, dass 75 % der Teilnehmer anschließend Pallon E. als Spezialisten für vollständige Energielösungen bezeichnen. Nach der Veranstaltung sollen 25 % der Teilnehmer am Expertenforum teilnehmen. Die Anzahl soll im Laufe der Zeit wachsen, weil sich das Forum als echte Experten-Plattform etabliert. Die Neujustierung erleichtert den Vertrieb: Innerhalb eines Jahres soll der Vertrieb 10 % mehr Abschlüsse für umfassende Energiemanagement-Lösungen verzeichnen können.

Die Kernidee, die das Team zusammen mit den Agenturen erarbeitet: Die erste deutsche Astronautin landet als Botschafterin aus dem All und bringt den zuständigen Landesminister und einen lokalen Entertainer mit. An dem Beispiel einer Rakete wird ganzheitliches Energie-Management spielerisch und unterhaltsam entwickelt. Mit diesem magischen Ansatz sollte die richtige Einstellung geschaffen werden. Der Rahmen ist sehr gehoben, die Unterhaltung abwechslungsreich und inspirierend. Die Einladung zum Expertenforum erfolgt auf der Veranstaltung durch die Astronautin, die auch im Forum mit dabei bleibt. Mit dem Vertrieb zusammen wird ein Einladungspaket erarbeitet.

Das ist der Einstieg in das Fünf-Stufen-Schema:

1. **Vorbereitung:** Einladungspaket persönlich, Facebook-Account mit Hintergründen
2. **Spannungsaufbau:** Astronautin startet Podcast auf Website, Vertrieb verteilt bei Besuchen Botschaften der Astronautin, bei Einverständnis Newsletter, auf Facebook Austausch
3. **Durchführung:** Mit Elektroautos als Shuttle geht es in einen Raum wie ein Orbit, in dem die Rakete mit dem blauen Ton im Innern magisch visualisiert ist. Wie von Zauberhand werden unterschiedliche Sphären angesteuert, alles mit sauberer Energie und bestem Energiemanagement. Partnerin ist die Astronautin: Sie führt das Expertenforum ein, in dem sie sich mit den Teilnehmern austauschen möchte mit immer neuen Nachrichten aus dem Universum, vor allem aber geht es um News für die Energiemanager, Energielösungen der Zukunft. Anschließend sucht sie das Gespräch mit dem Landesminister und dem Geschäftsführer von Pallon E. sowie den Teilnehmern. Danach übernimmt der Entertainer und startet eine magische Show.
4. **Nachbereitung:** Mitschnitte bilden die Grundlage. Kurze Videos sind abrufbar über die Website, den Newsroom, auf YouTube verfügbar, als Datei für den Vertrieb für die Kunden. Das Expertenforum startet, die Teilnehmer haben Zugang zum Partnerportal. Expertenteams verbinden sich in WhatsApp-Gruppen.
5. **Festigung:** Die Astronautin präsentiert immer wieder Überraschungen, einmal aus dem Universum, einmal vom Energiemanagement, womit sie die Diskussionen anregt. Sie spielt Erkenntnisse aus verschiedenen Expertengruppen ein, die im Energiemanagement nützlich sind. Die allgemeinen Werbeunterlagen fokussieren auf magische Energielösungen, dargelegt mit Bildwelten aus der galaktischen Installation.

Idee und Umsetzung überzeugen. Es werden alle gesetzten Ziele erreicht. Von den 72 eingeladenen Managern kommen tatsächlich 49, von denen 41 eine Subskription für das Expertenforum vornehmen. Von diesen beteiligen sich auch nach drei Monaten noch 33 aktiv am Austausch. Die Aktivierung ist gelungen. Die Umbenennung wird im Unternehmen als Erfolg eingestuft.

3.14 Schritt Nr. 8: Institutionalisieren der Corporate Identity

Veränderung ist ein Prozess, der Zeit braucht. Nur ganz allmählich können die neuen Informationen das bisherige Bild im Kopf der Kunden überschreiben. Es braucht Ausdauer und Durchhaltevermögen, um die Neujustierung bei Kunden und Interessenten zu verankern. Die Neuausrichtung ist daher ein permanenter Prozess, der noch lange nicht abgeschlossen ist. Er braucht Moderation, nach innen wie nach außen.

Dieser dynamische Prozess beginnt am besten, indem im Unternehmen die gelungene Markenjustierung gefeiert wird. Es ist schließlich etwas Besonderes erreicht worden: Wir haben die Auseinandersetzung mit unserem Versprechen geführt, wir haben daraus einen Slogan geformt, wir haben dem Ansatz Gestalt und eine Kampagne gegeben. Die Kampagne ist angekommen und hat Wirkung gezeigt. Dieser große Schritt muss deutlich werden; er hat aus psychologischer Sicht höchsten Rang. Er ist die Projektionsfläche für die Unternehmensidentität, die auch Teil der Identität eines jeden Beschäftigten ist. Die Mitarbeiter sollen stolz sein auf die eigene Mitwirkung an diesem Projekt. Das ist die beste Grundlage für intrinsische Motivation und leistet einen wertvollen Beitrag zum internen Branding.

Der Mensch ist so angelegt, dass er gerne das Geschaffte abschließt. Dieser Gefahr gilt es zu begegnen. Dann schwindet nämlich die Bedeutung. Vor allem in Zeiten des digitalen Wandels sollte ein bedeutendes Projekt wie dieses immer wieder ins Bewusstsein der Mitarbeiter gerückt werden.

Die Neujustierung sollte in einen permanenten Prozess übergehen. Das funktioniert am besten mit einer motivierenden Zielsetzung und Mitwirkungsmöglichkeiten.

Daraus formt sich problemlos die Fortsetzung. Die Rückmeldung der Kunden lässt Punkte aufleuchten, für die Entwicklungsbedarf besteht. Diese Punkte können von der Unternehmensleitung angesprochen und wieder zur Bearbeitung von Lösungen auf Abteilungsebene gegeben werden:

Wie können wir erreichen, dass wir einen Beitrag dazu in unserer Abteilung schaffen? Der Mechanismus dahinter lautet also: Wir greifen die wichtigen Punkte aus der Kundenresonanz auf und verdichten sie zur Aufgabe, die in jeder Abteilung behandelt wird. Damit sind die Kundenthemen im Mittelpunkt des Tagesgeschäfts.

Erneut werden die Abteilungsbeiträge zusammengefasst, verdichtet und als Aspekt dem zentralen Versprechen hinzugefügt. Nachdem die Auftaktkampagne den Kern verdeutlicht hat, kann die so verdichtete Thematik mit der durchgängigen Lösung im Unternehmen Grundlage der Kampagnenfortsetzung werden. So ist die nächste Kampagne aus einem internen Prozess entstanden, der nach innen die Bedeutung unterstreicht und nach außen auf überzeugter Grundlage agiert. Damit haben wir ein gemeinsames Verständnis an allen Kontaktpunkten fortgeführt.

Es ist so ein permanenter innerer-äußerer Kreis geschaffen. Da alle Beschäftigten im Austausch mit den Kunden an dem inneren Prozess beteiligt sind, können sie auch im Gespräch mit Kunden nach außen fundiert agieren.

So wird ein soziales System daraus, welches die Mitarbeiter überzeugt und für die Kunden einen klaren Mehrwert bietet. Das ist dann gelebte Authentizität der Unternehmensmarke. Gleichzeitig wird damit die Identifikation gefördert. Beide Perspektiven – Identifikation und Authentizität als Voraussetzung für Vertrauen in die Marke – sind untrennbar miteinander verwoben.

Auch nach außen geht es um eine klare Zielsetzung: Das Unternehmen sollte im Gespräch mit seinen Kunden bleiben. Es ist wie im Privatleben: Beziehung kann auf Dauer nur bestehen, wenn sich die Partner wertschätzen und etwas zu sagen haben. Damit sind zwei klare Bedingungen für unser Handeln formuliert:

- Wertschätzung: Es gilt, sich wertschätzend auseinanderzusetzen mit den Kundenreaktionen, um sich so fundiert weiterzuentwickeln und die Kunden aktiv bei ihren Herausforderungen zu unterstützen.
- Dauerhaft Interesse bei den Kunden wecken: Nur wer dauerhaft wertvolle, exklusive, unterstützende Informationen zu bieten hat, bleibt im Kontakt mit dem Kunden.

3.14.1 Der Inhalt zählt

Es kommt mithin vor allem auf Content, Inhalt an. Er sollte so beschaffen sein, dass er der Zielgruppe einen echten Mehrwert bringt. In der digitalen Welt sehen sich Unternehmen in diesem Kontext mit zwei Gefahren konfrontiert:

- Weil die Social Media permanente Präsenz und daher immer neue Posts erfordern, werden die Inhalte immer banaler. Kaum eine dauerhafte Beziehungsgrundlage!
- Es gibt einen Informationsstrom von innen nach außen, der mit großem Aufwand organisiert wird. Weil damit der Fokus auf die eigene Arbeit gerichtet ist, wird die Reaktion der Kunden völlig außer Acht gelassen. Kaum eine Austauschgrundlage!

Beides darf nicht passieren in einer Welt, in der es Informationen im Überfluss gibt. Viele Unternehmen wählen hier den falschen Weg und handeln nach dem Motto »Auffallen um jeden Preis«. Sie setzen beispielsweise mittels Retargeting aggressive werbliche und verkäuferische Impulse, denen immer mehr Kunden wiederum mit AdBlockern, Browser-Add-ons begegnen, um eingespielte Werbung zu unterdrücken. Dabei ist es tausend Mal wertvoller, auf Augenhöhe mit den Kunden zu kommunizieren, ihnen einen echten Mehrwert zu bieten und ihnen mit Respekt zu begegnen, als ungebremst Kaufimpulse zu setzen.

Klar ist unser finales Ziel Verkauf. Das ist ohne Frage der Zweck des Unternehmens und auch letztlich der Auftrag an das Corporate Identity Management. Im langen Rennen sind jedoch immer die Unternehmen die erfolgreichsten, welche die längste durchschnittliche Kunden-Beziehungszeit aufweisen. Der aktionale Ansatz ist jedoch eine Form des Druckverkaufs, eine meist kurzlebige Form.[264] Langfristig wächst der Unternehmenserfolg jedoch nur, wenn eine interessante Partnerschaft auf Augenhöhe zu den Kern-Kunden etabliert wird. Ein Schlüssel dazu ist Content, der der Zielgruppe einen echten Mehrwert bringt.

Wir haben gesehen, wie unterschiedlich Zielgruppen sind. Content-Management muss sich notwendig an den unterschiedlichen Bedürfnissen der Zielgruppen orientieren. Den Ausgangspunkt erfolgreicher Marken-Neujustierung bildet notwendig die Kern-Zielgruppe mit dem höchsten Deckungsbeitrag. Auch wenn es manchmal Widerstreben gegen diese Ausrichtung gibt, weil sie mögliche weitere Zielgruppen erst einmal außer Acht lässt, ist das aus ökonomischer Sicht geboten, um die Unternehmensgrundlage zu sichern.

Allerdings verlangt das Content Management eine dynamische Sicht. Hier geht es darum, auch zukünftige Zielgruppen mehr und mehr an das Unternehmen zu binden. Oft unterscheiden sich die beiden Gruppen – Kern-Zielgruppe und Zukunfts-Zielgruppe – bereits in der Mediennutzung. Ältere Zielgruppen sind vielleicht noch überwiegend analog, jüngere Zielgruppen über Facebook, noch jüngere Zielgruppen eher über Instagram erreichbar. Es kommt daher auf gutes Zielgruppen-Management an, um die jeweils geeigneten Medien einzusetzen. Mit einer Persona zur jeweiligen Zielgruppe erhalten die Aktivitäten ein klares Vis-á-Vis; sie ist ein wesentlicher Gradmesser für die Content-Ausrichtung.

Content Management wird oft nur bezogen auf Online-Inhalte, da dort die Notwendigkeit der permanenten Bespielung verschiedener Kanäle gegeben ist. Es lohnt sich jedoch, es als inhaltliche Grundlage für alle Marken-Maßnahmen zu verstehen. Da wir

264 Vgl. Goldmann/Raisch (2008), S. 53 ff.

einen integrierten Ansatz verfolgen, geht es erst in zweiter Linie, wenn der Inhalt für die jeweilige Zielgruppe bestimmt ist, um den Einsatz der geeigneten Medien.

Die praktische Arbeit im Zusammenwirken unterschiedlicher Beteiligter benötigt immer Struktur. Sie entsteht durch Inhalt und Organisation. Mit Inhalt ist die gedankliche Klammer gemeint: Wenn es ein gemeinsames Verständnis gibt, hat das die beste koordinierende Wirkung. Auf dieser Erkenntnis fußt auch der gesamte Corporate-Identity-Ansatz: die Verständigung zu einem gemeinsamen Versprechen schafft eine inhaltliche Klammer zur Synchronisation.

Darüber hinaus gilt es, organisatorisch Routinen zu schaffen, die für ein Ineinandergreifen der einzelnen Aktivitäten in verschiedenen Abteilungen zu einem einheitlichen Charakter sorgen. Wie wir dieses auch bereits eingeführt haben mit der Vorbereitung zur Start-Kampagne, werden auch hier die einzelnen Prozessschritte miteinander verbunden:

- Das zentrale Versprechen, ausgedrückt durch den Slogan, bildet die übergeordnete Linie.
- Das Motto für längere Zeiträume stellt die Fahrtroute dar.
- Ein Submotto für die anstehende Zeitstrecke koordiniert die aktuellen Maßnahmen.
- Für die jeweilige Zielgruppe geht es um das Kompetenzfeld, das sie dem Unternehmen zuordnet bzw. zuordnen soll.

Der Ansatz des Content Managements geht über reinen Produktnutzen hinaus; sein Ziel ist die Stärkung der dem Unternehmen zugeordneten Kompetenz.

Greifen wir zur Verdeutlichung dieser Prinzipien das Beispiel Lufthansa noch einmal auf und ordnen wir die Kampagne »Alles für diesen Moment« in das Schema ein.

Für eine Fluggesellschaft gibt es zwei große Zielgruppen: die privat Fliegenden, die sich hauptsächlich im Urlaub auf die Reise machen, und die Business-Traveller.

Entsprechend sind die Bedürfnisse und Interessen der Zielgruppen unterschiedlich:

- B2C-Themenfeld: Urlaubserlebnisse. Motto: besondere Momente im Urlaub. Austausch: Welche Momente haben den Urlaub besonders emotional werden lassen?
- B2B-Themenfeld: Professionell reisen. Motto: besondere Momente des professionellen Reisens. Austausch: Welche Momente haben die Geschäftsreise besonders entspannend werden lassen?

Mit einer Struktur als Gerüst lassen sich die Maßnahmen übergreifend auf der Zeitachse koordinieren:

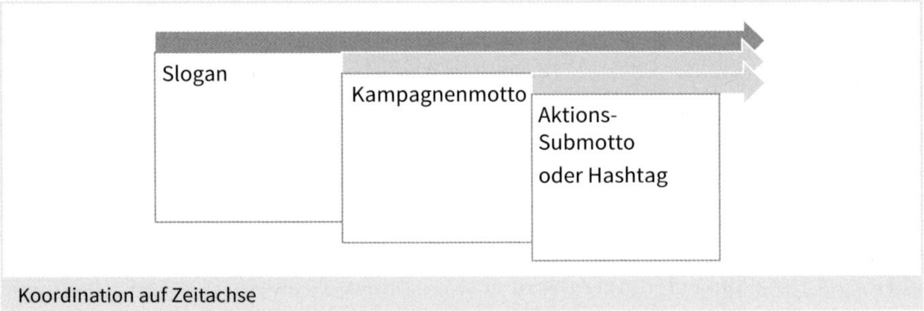

3.14.2 Redaktionsplan

Grundlage für die Koordination aller Content-bezogenen Maßnahmen ist ein Redaktionsplan. Da die Marke für alle Einzelaktivitäten übergeordnet ist, erfolgt die oberste Zusammenfassung im Corporate Identity Management. Im Prinzip funktioniert hier jede Form der gemeinsamen Planung. Das kann ein Whiteboard sein, das zwischen Persona und Archetypus sichtbar für das CI-Team aktuell ausgefüllt wird. Häufiger werden Excel-Tabellen erstellt. Aber auch Templates werden für die Planung genutzt.[265] Das Online Media Tool weist in aller Regel ebenfalls die Funktion auf, einen Redaktionsplan zu führen, mit dem Vorteil, dass die Content-Planung unternehmensweit zentral gesteuert werden kann. Im Falle einer Integration in das CRM-System kann die Aufgabe durch das Kampagnen-Management unterstützt werden.

Bei der Erstellung eines Redaktionsplans sollten folgende Grundsätze beachtet werden:

- Der Rhythmus der Beiträge kann unternehmensindividuell gestaltet werden. Hier lohnt jedoch auch ein Blick über den Tellerrand: Wie agiert der härteste Wettbewerber? In welchem Rhythmus postet er Beiträge? Oft wird die Regel genannt, zwei bis drei Posts pro Woche als Minimum zu veröffentlichen, sicherlich unterschiedlich von Medium zu Medium, von Branche zu Branche.
- Für jeden Beitrag bedarf es der Nennung eines Verantwortlichen, der das Thema aufbereitet und zur rechten Zeit ausspielt. Sind unterschiedliche Personen oder gar Bereiche für die Beiträge verantwortlich, hat der Themen-Manager die Aufgabe, die Umsetzung mit den Medien-Kollegen zu koordinieren.
- Es bedarf einer Übersicht, welche Medien zu welcher Zeit bedient werden, um kontrollieren zu können, wo wir aktiv sind und ob eventuell ein bespieltes Medium etwa zu lange Zeit unberücksichtigt bleibt oder von zu vielen Kollegen favorisiert wird.

265 Vgl. etwa www.sinnwert-marketing.de/downloads.

Je nach Medium und Inhalt ergeben sich unterschiedliche Prioritäten im Content Management. Auch hierfür bedarf es grundsätzlicher Festlegungen:

- Immer morgens sollte als Erstes festgelegt werden, was sofortiger Reaktion bedarf. Jede wichtige Einlassung – negativ wie positiv – bedarf eines schnellen Kommentars seitens des Unternehmens. Haben sich aktuelle Änderungen ergeben, die die Zielgruppen so schnell wie möglich erfahren müssen? Auch solche News sind möglichst rasch zu formulieren und zu veröffentlichen.
- Im Übrigen sollten regelmäßige Termine zur Veröffentlichung der Inhalte vereinbart werden, ebenso in regelmäßigem Abstand Redaktionskonferenzen, in denen neue Inhalte vorgestellt bzw. konzipiert werden.
- Wird der Redaktionsplan mittels eines Online-Tools geführt, bietet sich eine Rubrik »Themen in Vorbereitung« an, in der strukturiert angezeigt wird, wie weit die einzelnen Beiträge gediehen sind.

3.14.3 Immer wieder neue emotionalisierende Inhalte

Ein Content Management dieser Art bindet personelle Ressourcen. Insofern ist zu prüfen, was im Unternehmen selbst geleistet werden kann und wo die Unterstützung durch Externe erforderlich ist. Eine vollständige Delegation an eine Agentur kann nicht die Lösung sein. Damit würde eine Fassade geschaffen. Das merken die User über kurz oder lang. Es kommt auf echte Geschichten aus dem Unternehmen an. Je persönlicher diese sind, desto besser. Nur emotional berührende Geschichten bleiben im Gedächtnis der Kunden haften.

Um der Gefahr zu entgehen, irgendwann keine interessanten Geschichten mehr zu haben, hat sich ein regelmäßiger Perspektiv-Workshop bewährt als besonderes internes Ereignis, das Abwechslung für das Team schafft. Einmal im Quartal nimmt sich dazu das Team einen Tag, Ideen für neue Beiträge zu entwickeln. Die Verantwortung für Organisation und Impulsgebung kann von Teammitglied zu Teammitglied weitergereicht werden. Als Unterstützung zur Ideenfindung können Kreativtechniken herangezogen werden. Jeder ist einmal Ausrichter.

Als eine Technik ist die Bisoziation gut geeignet: Sie besagt, die Märkte nach neuen Lösungen zu untersuchen und jeweils die Frage zu stellen, was übertragbar auf das eigene Unternehmen ist. Wie bei jedem Workshop bedarf es der Vorbereitung. Herausragende Lösungen im Markt werden vom Ausrichter gesichtet und ausgewertet. Der Effie Award etwa, den wir schon herangezogen haben für die Kriterien der Branding-Kampagne, zeichnet jährlich wirksame Lösungen aus.[266] So erfolgt die Ausein-

266 Vgl. www.gwa-effie.de.

andersetzung mit herausragenden Lösungen. Das ist ein möglicher Zugangsweg, um besondere Ansätze zu finden, die als Eingangsimpuls präsentiert werden. Die regelmäßigen Workshops auf Basis der Bisoziation geben für die Moderation der anstehenden Aufgaben wertvolle Impulse.

Auch der Input anderer Einheiten im Unternehmen kann neue Ideen für Content liefern. Es sollten daher auch Formate geschaffen werden, die geeignet sind, Kollegen aus anderen Abteilungen und aus anderen Unternehmenseinheiten zur Mitwirkung einzuladen. Content Management ist eine nach innen offene und auf die Mitarbeiter zugehende Disziplin. Die Einbeziehung anderer Abteilungen ist auch eine Form von Wertschätzung, die Identifikation fördert.

Wer mit offenen Augen im Unternehmen, auf Tagungen, insbesondere Vertriebstagungen, unterwegs ist, entdeckt immer wieder Potenzial für Inhalte. Es gilt sie zu sammeln und ihnen eine Struktur zu geben, indem man sie nach folgenden Kategorien priorisiert:

- Wie interessant ist das Thema (etwa auf einer Skala von 1 bis 5)?
- Für welche Zielgruppe ist es interessant?
- Ist es unterhaltsam? Auch hier bieten sich wieder eine Skalierung und der Zielgruppenblick an.
- Falls es nicht unterhaltsam ist, kann es dazu noch ausgebaut werden?
- Mit welchen Formaten ist es umsetzbar (Bild, Video, Ton etc.)?
- In welchen Kanälen und Medien ist es einsetzbar (Print, Video, Social Media)?
- Unterstützt es unseren Markencharakter?

Antwort wird gegeben aus Kundensicht. Vorsicht ist bei Content zu internen Abläufen geboten. Hier ist stets die Frage zu stellen, ob sie für die Zielgruppe auch wirklich so interessant sind wie für die internen Beteiligten. Oft wird die Bedeutung solcher Informationen für die Zielgruppe überschätzt. Interne Prozesse sind für Kunden meist nur interessant, wenn sie ihnen einen klaren Mehrwert bringen oder zur Beantwortung offener Fragen beitragen. Hier ist es wichtig, die Brille des Kunden aufzusetzen.

Die als kompetent eingestufte Marke des Unternehmens ist dessen Geschäftsgrundlage. Mit ihr verbinden sich alle Assoziationen. Sie ist zu stärken und auszubauen. Der Ausbau wird immer notwendiger aufgrund der Verbreitung der Sozialen Medien. Für viele Kundengruppen ist es selbstverständlich, sich permanent im digitalen Raum zu bewegen. Konsequent muss eine Marke ihren Kunden folgen. Dabei wird sie überall an ihrem Stil erkannt. Mit einer einfachen Ausdehnung ist es allerdings nicht getan. Das Web 2.0 mit seinen Sozialen Medien hat die Art der Kommunikation – Austausch miteinander – und die Erwartung an Marken als Partner – soziale Verantwortung – verändert. Es besteht eine Rückwirkung in alle Vorstellungsbereiche. Die drei Aspekte des Vertrauens in eine Marke – Kompetenz, Stil und Umgang – sind in der veränderten

Medienlandschaft entsprechend angepasst. So hat eine anerkannte Marke ohne Zweifel den Vorteil, dass sie vom Interessenten gesucht wird. Das bleibt nur durch gute Gestaltung der Beziehung dauerhaft bestehen. Ein zeitgemäßer Ansatz von Marken besteht in der Bereitschaft zur Diskussion und einer Offenheit, die natürlich nur funktioniert, wenn es keine versteckten Ungereimtheiten gibt. Eine Marke muss ihr Versprechen erfüllen. Die Verbindung der Kunden untereinander und deren Engagement führen ansonsten zur Entlarvung.

Wir haben uns bewusst mit dem Kundenweg auseinandergesetzt. Kommunikation und Austausch erfolgen nicht um ihrer selbst willen, sondern mit einem Hintergrund, der durch die Customer Journey strukturiert wird. In unserem Anfangsbeispiel, der Suche nach einer neuen Waschmaschine, wurden die Stufen der Customer Journey erkennbar: Welche Waschmaschinen kommen infrage? Welche passt besonders zu mir? Was will ich noch weiter wissen? Wo kaufe ich? Auf jeder Stufe gibt es jeweils einen ganz eigenen Informationsbedarf. Die unterschiedlichen Fragen führen zu jeweils anderen passenden Antworten.

3.14.4 Customer Touchpoint Management

Für unterschiedliche Fragen werden unterschiedliche Kanäle genutzt. Wir haben das in der Journey Card recherchiert und aufgenommen. Es ist nötig, hier genau zu unterscheiden. Diese Strukturierung gelingt nur mit einem professionellen Customer Touchpoint Management. Doch: »Bei 44 Prozent der Unternehmen fehlt es an klaren Rollen und Verantwortlichkeiten. Bei 42 Prozent ist die Führungsverantwortung nicht geregelt, bei 52 Prozent hakt es an einem definierten Customer-Touchpoint-Management-Prozess zwischen den Bereichen, und bei 54 Prozent liegt das Problem in der Abstimmung selbst.«[267]

Wir greifen zur Strukturierung auf unsere Journey-Karte zurück: Sie wurde erstellt pro Zielgruppe, sie beinhaltet die übergeordneten Zielsetzungen, die auf den einzelnen Stufen von der Zielgruppe genutzten Medien. In der Statusleiste hatten wir Messgrößen zusammengetragen und uns die Aufgabe gestellt, pro Stufe maximal drei KPI für die Steuerung zu wählen. Damit bekommen wir Ordnung in unseren Redaktionsplan. Er wird auf diese Weise zielorientiert gestaltet. Wir begründen so eben ein professionelles Customer-Touchpoint-Management.

267 Esch, Franz-Rudolf, Stahl, Mirjam, Adler, Natalie, Schneider, Jana, Nachholbedarf beim Touchpoint-Management, in: absatzwirtschaft Sonderausgabe dmexco 2016, S. 25.

Spielen wir unsere jetzige Aufgabe »Appeal« durch, bei der es um das Erzielen von Sympathie und positiven einmaligen Zuordnungen seitens der Kern-Zielgruppe geht. Wir konzentrieren uns auf die Aufgabe und sehen die Verbindung vorher und nachher:

Aware	Appeal	Ask
Bekanntheit	Sympathie Zuordnungen	Nachfragen
	Unsere zentrale Idee Regie und Content	
Medien für Bekanntheit z. B. Out of Home	Medien für Aufladung z. B. Event	Medien für Nachfragen z. B. Web und Blog
Wichtigste KPI z. B. Reichweite Unique User	Wichtigste KPI z. B. Assoziationen, Senti- ments	Wichtigste KPI z. B. Weiterempfehlungen Häufigste Fragen
Ergebnis	Ergebnis	Ergebnis

Die Maßnahme hat einen klaren Schwerpunkt, der Auswirkungen auf die Vor- und Nachstufe hat, die somit einzubeziehen sind. Kern der Maßnahme ist die dafür gefundene Idee, die in Wechselwirkung steht mit den Medien, die von der Zielgruppe für die jeweilige Stufe genutzt werden. Jetzt kommt es auf die Ideengewinnung im Einzelnen an. Auf der einen Seite gibt es sicher schon interessante Themen, andererseits wird am besten ein Perspektiv-Workshop durchgeführt. Dabei gehen wir systematisch vor: Zusammenfassen der Ideen, Bewerten der Ideen, Verantwortung für die Umsetzung und zeitliche Einordnung im Kalender. Bei allem gilt es, aus der Perspektive der Zielgruppe zu sehen. Trotz der häufig bestehenden Eile aufgrund der Aktualität sollte eine Relevanzprüfung erfolgen. Wer Kontakt zu einzelnen Community-Mitgliedern aufgebaut hat, kann diese als Schnell-Testgruppe nutzen. Wenn eben möglich, prüfen wir genauer – etwa mittels Fokusgruppe –, wie die Zielgruppen-Resonanz ist. Ein Pretesting sollte Pflicht sein, da die eigenen Annahmen doch oft nicht passen.

Dann wird die Maßnahme durchgeführt. Parallel verfolgt das Team, wie alles funktioniert.

Das Ergebnis im Anschluss hat zwei Facetten:

- Die häufigsten Fragen zeigen auf, wo doch noch besondere Verständnisprobleme existierten.
- Die Ergebnisse selbst zeigen, ob die Schwerpunkt-Zielsetzung einer Aufladung der Marke auch gelungen ist.

Die Auseinandersetzung mit den Ergebnissen erhöht das Wissen um die Wirkung in der Zielgruppe. Passte der Ansatz oder sind Konsequenzen für Inhalt oder Medien erforderlich? Das Prinzip des permanenten Lernens ist die Antwort auf die permanente Entwicklung im Zuge der Digitalisierung.

Damit mündet die Auseinandersetzung mit dem erzielten Ergebnis natürlich in die Vorbereitung der nächsten Maßnahme. Die Integration über einen zielorientierten Redaktionsplan führt dazu, dass verschiedene Beteiligte – oft unterschiedlich Zuständige für verschiedene Medien – das Handeln gemeinsam ausrichten. So ist die Grundlage zur Schaffung eines konturierten Charakters erreicht, der den Kunden gegenübertritt.

Kunden wollen heutzutage mitdiskutieren und mitgestalten. Markenvorstellung entsteht nicht nur aus dem Unternehmen heraus, sondern auch durch die Interaktion untereinander.

3.14.5 Moderation der Marke

Allerdings nur etwa 10 % der User engagieren sich mit Beiträgen in den Social Media; ungleich mehr lesen einfach nur mit. Die 10 % bilden eine meinungsbeeinflussende Gruppe. Sie gilt es zu identifizieren und deren Motivation zu ermitteln. Wer sich engagiert, folgt einem inneren Antrieb und kann damit auch andere wesentlich beeinflussen.

Aus Sicht des Corporate Identity Managements, des Moderators der Marke, sind unterschiedliche Ebenen zu sehen:

- Die Frage, ob die Marke in den Social Media mit einer Unternehmenssite präsent sein will, ist eine grundsätzliche Entscheidung. Sie darf nicht leichtfertig getroffen werden, denn Präsenz muss für eine Marke notwendig heißen: aktive Präsenz. Das bedeutet, dass sie der permanenten Pflege und Bespielung bedarf. Dafür sind dauerhaft Ressourcen bereitzustellen. Eine Präsenz im Netz kann nicht auf Schmalspur gefahren werden.
- Die Frage, ob eine Marke mit ihrem Versprechen als glaubwürdig erlebt wird, fängt mit der Identifikation der Mitarbeiter mit dem Unternehmen an. Wenn das Unternehmen intern nicht überzeugend agiert, werden das die Kunden über kurz oder lang merken. Erst ein hohes Maß an Identifikation schafft die interne Voraussetzung, sich mit Überzeugung auch nach außen für das Unternehmen einzusetzen.
- Den Verantwortlichen für die Medien sind die notwendigen Freiheitsräume zu geben, um kompetent mit den Kunden in Austausch zu treten.

Die Moderation der Marke ist mithin eine Aufgabe nach innen und nach außen. Diese Ganzheitlichkeit des Verständnisses ist in Zeiten der digitalen Transformation wichtiger denn je. Ohne die interne Komponente würde das CI-Management ohne Grundlage agieren. Tatsächlich entsteht die Vorstellung des Kunden über die Marke an allen Punkten des Kontakts; Kunden haben feine Antennen dafür, ob es sich um ein stimmiges Gesamterlebnis handelt oder nicht. Insofern ist eine Einheitlichkeit erforderlich, die sich über alle Kanäle, ja, über alle Kontaktpunkte erstrecken muss. Das sind neben den Medien auch etwa die Serviceeinheiten oder im Handel die Berater. Jeder Kontaktpunkt zählt.

Eine gute Teamübung besteht darin, sich einmal alle Kontaktpunkte zu überlegen. »Abhängig von der jeweiligen Branche bestehen tatsächlich rund 300 Kontaktpunkte zwischen einer Marke und ihren Kunden.«[268] Die wichtigsten Kontaktpunkte für die Wirkung der Unternehmensmarke sollten herausdestilliert, einzeln auf Unstimmigkeiten hin untersucht und mit den beteiligten Personen an den jeweiligen Punkten zusammen optimiert werden.

Die Ressourcen, die eingesetzt werden, um die eigene Position zu verbessern, sind Personal und finanzielle Budgets. Ohne unternehmensseitige Steuerung wird es nicht funktionieren, vor allem wenn es um Entscheidungen über zusätzliche Präsenzen geht. Auch externe Leistungspartner, die hinzugezogen werden, wollen geführt werden. Damit ist ein Rahmen abgesteckt. Verantwortliches Management bedeutet, diesen zu kennen und innerhalb des möglichen Bereiches optimal zu handeln.

Die Aufgabe des CI-Managers lässt sich visualisieren:

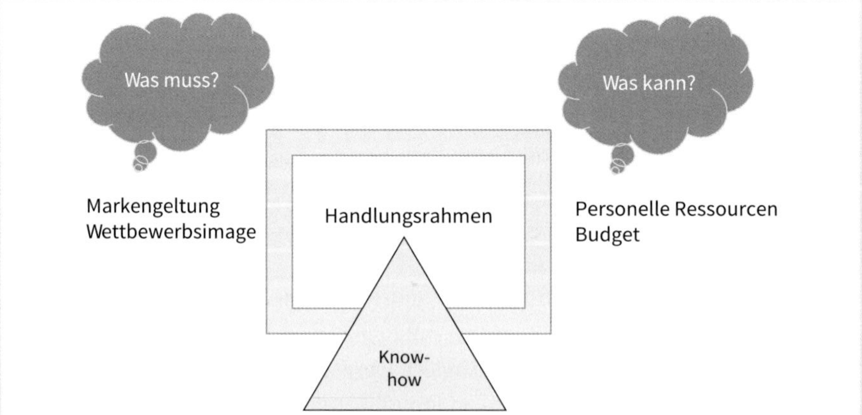

Aufgabe des CI-Managers

268 Esch, Franz-Rudolf, Stahl, Mirjam, Adler, Natalie, Schneider, Jana, Nachholbedarf beim Touchpoint-Management, a. a. O., S. 25.

Ausgangspunkt ist die Abwägung zwischen den Notwendigkeiten, die zur Neupositionierung der Marke erforderlich sind, und den Möglichkeiten, die durch die Endlichkeit der Ressourcen begrenzt sind. Insgesamt ergibt sich dadurch ein Spannungsfeld, dargestellt durch das Rechteck, das gut balanciert bearbeitet werden will. Dafür bedarf es des entsprechenden Know-how, um eine geschickte Moderation der Marke durchzuführen. Dann ist sie für die Kern-Zielgruppe ein geschätzter Partner.

3.14.6 Lernen am Praxisbeispiel

Wie löst die Direktorin Strategische Markenführung von Pallon E. die Aufgabe, einen permanenten Markenprozess zu installieren? Der Event mit der Astronautin fand eine hervorragende Resonanz: Die Kollegen aus dem Vertrieb wurden im Anschluss immer wieder darauf angesprochen; die Teilnehmer bedankten sich noch einmal für die gelungene Veranstaltung.

Die Quote derjenigen, die sich am Experten-Forum beteiligen, ist nach wie vor ausgesprochen hoch: Inzwischen sind es 39 verantwortliche Manager. Jetzt gilt es, das Interesse mit dem richtigen Content und Spannungsbogen zu erhalten. Um diese Aufgabe zu lösen, führt Vera Sturm mit ihrem Team und Vertretern der Werbeagentur einen Workshop durch. Für die Marke geht es um Appeal in der Kern-Zielgruppe: die Magie und die Zukunftsperspektive gilt es auszubauen. Gleichzeitig soll der Bezug zur Kernleistung intensiviert werden: Energielösungen, die Unabhängigkeit geben.

Verschiedene Ideen werden in dem Workshop geboren. Sie werden ausgebaut zu einer Skizze für eine Storyline. Am Ende vergibt die Gruppe Punkte. Die meisten davon erhält das Format: »Die Astronautin nimmt uns mit in die Zukunft …«. Damit sind die Bildwelten klar: möglichst spektakuläre Bilder aus dem Universum, vorherrschende Farbe Lila – passend zum Unternehmen.

Nun gilt es, Themen für diese zentrale Idee zu sammeln. Mittels Gruppenarbeiten wird ein Spannungsbogen erstellt: Der Eventansatz soll fortgesetzt werden, allerdings ohne zentrale Präsenzveranstaltung. Die Astronautin nimmt die Experten mit in die Zukunft: Sie nimmt sie mit in das Kontrollzentrum der Europäische Weltraumorganisation (ESOC) in Darmstadt. Sie zeigt Satellitenbilder und erklärt die Energieversorgung einer Rakete: Selbstversorgung. Es ist das Vorbild für Unternehmen, die durch Kombination von eigener Erzeugung und Speicherung Unabhängigkeit erreichen können, fast wie eine Rakete. Wie im Weltraum muss man sich darauf verlassen können. Mit der ESOC wird eine Vereinbarung über die Verwendung von Bildern abgeschlossen.

Kern dieses Ausflugs bildet ein einstündiger Gang durch das Kontrollzentrum, der per Livestream übertragen wird. Jeder kann also gleich mit dabei sein, kann sich den Film darüber aber auch ansehen, wenn er Zeit hat, und kann die Zugangsdaten auch an interessierte Freunde und Kollegen weitergeben.

Wie sieht nun der Spannungsbogen aus?

- **Vorbereitung:** Einladung per E-Mail; für Newsletter-Abonnenten Hintergrundinformationen: magische Unabhängigkeit in der Energieversorgung; Botschaft der Astronautin via Forum, dort als Podcast; Link zu Facebook-Account: hier gibt es immer wieder neue Impressionen und Botschaften, die zum Austausch anregen.
- **Spannungsaufbau:** Die Vertriebsmannschaft verteilt bei ihren Einsätzen persönliche Einladungen, die mit Bildern eines schwarzen Lochs die offenen Fragen verdeutlichen. Darüber hinaus nutzt die Astronautin die gleichen Motive, um via Forum und via Facebook Fragen zu stellen.
- **Durchführung:** Ankündigung des Events per E-Mail und Facebook, Durchführung entsprechend der erarbeiteten Regie, später Gruß der Astronautin und Dank für die Teilnahme als Podcast im Forum und auf Facebook.
- **Nachbereitung:** Videos über das Eintauchen in schwarze Löcher, in Fragestellungen, die mit klugen Energielösungen enden. Videos werden auf YouTube eingestellt, eine Verlinkung von der Website, vom Forum und vom Facebook-Account eingerichtet. Es ist eine Reihe mit unterschiedlichen Bildeinstiegen, Fragen und Lösungen. Per E-Mail und Newsletter gibt es Informationen dazu.
- **Festigung:** Die Astronautin meldet sich per Podcast über die bespielten Medien (Forum, Facebook), um Ingenieure zu treffen, die sich mit »Raketen-Energieversorgung« beschäftigen; als Raketen-Energieversorgung bezeichnet sie eine unabhängige Energieversorgung. Treffen mit Managern werden vorbereitet und ebenfalls aufgenommen. Der Bogen zur realen Versorgung ist geschlagen mit der impliziten Aufforderung, selbst auch gute Lösungen anzustreben und vorzustellen.

Damit hat eine Folgereihe begonnen, in der die Astronautin verschiedene Manager trifft.

Der Redaktionsplan »Mit der ESOC in die Zukunft«:

Zeit	Vorab	Monat 1	Monat 2	Monat 3	Monat 4	Monat 5
Teilziel		Vorbereitung der Zielgruppe	Spannungsaufbau in der Zielgruppe	Event mit hoher Beteiligung	Nachbereitung des Events	Festigung des Images und Übergang zu Folgemaßnahmen
Maßnahmen	Vorbereitung Einladung, Vorbereitung Newsletter, Vorbereitung Podcast, Sichtung Adressen, interne Vorbereitung auf Fragen, Information und Absprache mit Vertrieb, insbesondere Nennung weitgehend unabhängiger Energieversorgungslösungen	E-Mail-Versand, Newsletter-Versand, persönliche Einladungen an Vertrieb, Hochladen der Podcast-Beiträge, Vorbereiten Filme mit Astronautin, Austausch mit Zielgruppe.	Hochladen zweier Filme pro Woche mit Astronautin, Einstellen der Filme und Fragen bei Facebook, Regie und Training für Live-Event, Austausch mit Zielgruppe.	Zentral: der Tag des Events, bis dahin laufen alle Maßnahmen zum Spannungsaufbau weiter, in der Woche vorher Probelauf für Event, unmittelbar vorher Versand der Ankündigung, drei Stunden später Podcast hochladen, intensiver Austausch mit Zielgruppe, Erstellen der Folgevideos und Fragen, Austausch mit der Zielgruppe.	Hochladen von zwei Videos pro Woche mit Fragen, E-Mail-Versand, Newsletter-Vorbereitung mit Vertrieb der Aktion »Die Astronautin trifft ...«, Erstellen der Podcasts, Austausch mit der Zielgruppe.	Hochladen von Podcasts, Filmen, Optimieren und Hochladen der Filme zu »Die Astronautin trifft ...«, Bildmaterial auch für Unternehmen zur Verfügung stellen, Austausch mit Zielgruppe.
Indikatoren		Anzahl der Einladungen, Registrierungen.	Anzahl der Views, Auswertung des Austauschs	Anzahl der Live-Schaltungen und anschließende Aufrufe, Auswertung Austausch.	Anzahl der Aufrufe, Auswertung des Austauschs.	Anzahl der Beteiligungen, Anzahl der Aufrufe, Auswertung Austausch.

Als Content wird ganz bewusst eine Mischung aus ungewöhnlichen Lösungen in der Raumfahrt, aber auch in der Branche gewählt. Damit wird implizit vermittelt: Wir bewegen uns in einem besonderen Metier. So kann die Beziehung zur Kern-Zielgruppe gut ausgebaut werden. Durch Mund-zu-Mund-Propaganda erhöht sich die Zahl der Forum-Subscriber ständig.

Die in der Reihe entstandenen Bilder werden geprüft:

- Welche sind außergewöhnlich?
- Für welche davon haben wir Veröffentlichungsrechte?

Damit steht Bildmaterial für den breiteren Einsatz zur Verfügung, das anders als bei der Konkurrenz ist und gleichzeitig auch die sphärisch-magische Ausrichtung aufweist. Es bildet die Grundlage einer Kampagne, welche die Maßnahmen gegenüber der Kern-Zielgruppe organisch ergänzt. Sie läuft unter dem Motto »Magische Momente«. Die Motive dafür werden verwendet für grundlegende Informationen, Flyer, Anzeigen in Fachtiteln, für Messeauftritte, für die Website, den XING-Auftritt, für die Gestaltung der Hauptverwaltung. Videozusammenschnitte besonders interessanter Begegnungen werden auf YouTube hochgeladen und mit der Website verlinkt; sie kommen auch auf Veranstaltungen und Messen zum Einsatz. Besonders interessantes Material wird im News-Room zur Verfügung gestellt. Das technische Team erhält Arbeitskleidung im Stil von Astronautenkleidung. Auch die Einsatzfahrzeuge der Service-Mitarbeiter werden mit entsprechenden Motiven versehen.

So wird ein einheitlicher Auftritt etabliert mit klarer Differenzierung zum Wettbewerb – ein emotionaler Auftritt, der auf einem internen Versprechen basiert, an dessen Konzeption alle Mitarbeiter beteiligt waren, der deshalb überzeugt, der auch längerfristig interessant bleibt.

Der Erfolg all dieser Maßnahmen zeigt sich durch die steigende Zahl der Teilnehmer am Experten-Forum. Die Zahl der Vertragsabschlüsse erhöht sich, die Wechselquote sinkt.

Die Unternehmensidentität und resultierend daraus das Image von Pallon E. haben ein neues Niveau erreicht. Da diese beiden Faktoren beste Vorlauf-Indikatoren für den zukünftigen Erfolg sind, kann für Pallon E. eine positive Perspektive vorausgesagt werden.

4 Leitfaden zur Corporate Identity

Die Neujustierung ist gelungen und übergeleitet in einen permanenten Prozess. Neun Schritte, eine gründliche Vorbereitung und acht Durchführungsschritte, haben uns zielgerichtet geführt. Wir haben damit der großen Aufgabe »Entwicklung der Corporate Identity« Rechnung getragen, sind ausgegangen von der internen Aufstellung zur Wirkung nach außen, konsequent in Beziehung zu unseren wichtigsten Kunden und im Austausch mit ihnen. Damit stellen wir uns der erforderlichen Transparenz und Offenheit im digitalen Zeitalter. Die Ehrlichkeit von Marken steht in einer Netzwerkgesellschaft immer auf dem Prüfstand. Wenn etwas nicht stimmt, kann es unmittelbar zum Thema gemacht und verbreitet werden. Kunden agieren selbstständig und selbstbewusst. Umso wichtiger ist die Redlichkeit im Versprechen des Unternehmens; es beginnt mit einem hohen Maß an Identifikation. Deshalb ist ein umfassender Ansatz des Corporate Identity Managements erforderlich – von der Identität zum Image. Ansonsten springen wir zu kurz.

Die Herausforderung durch die Digitalisierung erwächst aus der Erweiterung der Geschäftsmodelle und aus dem explosionsartigen Anstieg der Kommunikationskanäle. Die digitale Transformation führt für die meisten Unternehmen zu einer Überarbeitung und Neujustierung der Corporate Identity. Es ist ein unternehmensweiter Prozess mit großer Tragweite. Deshalb ist nach guter Vorbereitung eine klare Stufenfolge entsprechend der acht Steps zu empfehlen. Am Ende sollte passend zu den digitalen Rahmenbedingungen ein permanenter Prozess eingerichtet sein. Die Führung erfolgt durch eine auch hierarchisch entsprechend eingeordnete Einheit, die als zentrale Know-how-Einheit den Anforderungen in der vor uns liegenden Zukunft gerecht wird.

Die Schwierigkeit der Markenführung erwächst aus den neuen Medien, die den Aktionsraum erweitert haben. Es ist aber nicht nur die Fülle. Vielmehr ist es hauptsächlich die andere Kundenbeziehung: auf Augenhöhe im Austausch. Das ist eine neue Stufe, die mit der Neujustierung zu erreichen ist.

Der Aspekt der Know-how-Einheit ergibt sich durch Anforderung nach Effektivität und Effizienz:

- Wo bewegen sich unsere Kunden, wo führen wir den Austausch mit ihnen?
- Was stellt einen Mehrwert für unsere Kunden dar, welche Erlebnisse vertiefen die Beziehung?

Zur Beherrschung der Komplexität ist immer eine Strukturierung zu empfehlen. Wenn die Struktur obendrein so gestaltet ist, dass ein lernendes System eingerichtet ist, kann die Markenführung ja nur ständig besser werden.

Der Gesamtansatz Corporate Identity lässt sich so veranschaulichen:

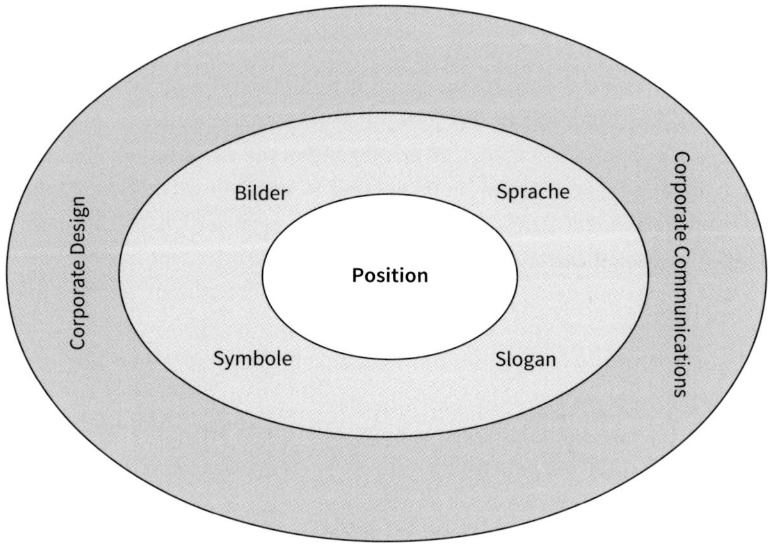

Corporate Identity: Gesamtansatz

Mithilfe des Ablaufplans lässt sich der Veränderungsprozess managen. Er stellt unsere Grundlage zur Führung der CI-Entwicklung dar. Der Prozess umfasst durchgängig vom Anfang bis zum Ende immer zwei Ausrichtungen: Er beginnt mit der internen Ausrichtung, die sich nach außen fortsetzt und sich dann wieder nach innen richtet. Überzeugte Mitarbeiter überzeugen Kunden, die erhalten, was sie sich wünschen und dieses wiederum positiv an die Mitarbeiter zurückspielen.

Der Ablaufplan im Überblick
Step Nr. 1: Initialisieren – Bedeutung mit einem Event unterstreichen
Was wichtig ist, bedarf auch der Hervorhebung. Das erfolgt durch eine entsprechend starke Eröffnungsveranstaltung. Diese hat gleichzeitig die Funktion, deutlich zu machen, was die Beteiligten erwartet. Die größte Gefahr liegt in einem Gefühl der Intransparenz. Wer nicht weiß, was passiert, wird unsicher – und Unsicherheit blockiert. Im Event wird zudem eine Fragestellung an die Organisation formuliert und die beteiligten Abteilungen werden vorgestellt. Zudem werden erforderliche Spezial-Teams benannt und deren Bildungsweise dargelegt.
Ziele: Bedeutung geben und Transparenz schaffen, Signal für Startschuss setzen

Der Ablaufplan im Überblick
Step Nr. 2: Implementieren – Bildung von Arbeitsteams
Jetzt gilt es, den Prozess auf allen Ebenen wie angekündigt zu starten. Die Arbeitsteams werden gebildet, die Startzusammenkunft wird organisiert und moderiert. Im Anschluss daran arbeiten die Teams selbstorganisiert weiter und berichten an das CI-Management. Alle Abteilungsleiter werden zu einem Kick-off zusammengerufen. Hier wird die Beteiligung jeder Abteilung initiiert. Ein Koordinationsgremium wird gebildet. Auf Ebene aller Abteilungen rufen die Leiter ihre Mitarbeiter zusammen und starten den Beteiligungsprozess. Deren Ergebnisse werden an das Koordinationsgremium gegeben.
Ziel: Prozess auf allen Ebenen in Gang setzen
Step Nr. 3: Innovieren – Verdichtung zu einem Leitbild – Überprüfung des Logos
In dieser Phase geht es um die schrittweise Verdichtung zu einem Leitbild und die gemeinsame Herausarbeitung von Führungsgrundsätzen. Abteilungsergebnisse werden in Workshops verdichtet und stufenweise zu einer allgemeinen Leitlinie geführt. Der Charakter des Unternehmens, der damit angestrebt wird, wird beschrieben, um so die Vorlage für sein Namens-Signet, das Logo, zu geben. Bleibt das Logo? Wenn es überarbeitet werden soll, wird die Logogestaltung vorgenommen und entschieden. Die Folgefragen: Haben wir eine Struktur unter der Dachmarke oder ist es angeraten, in dem Prozess der Neujustierung Submarken für unterschiedliche Bereiche zu bilden? Typischerweise wird diese Phase unterstützt durch eine Marken-Spezialagentur.
Ziel: Die gemeinsame Erstellung eines Leitbilds, bestehend aus Versprechen an die Kunden und Führungsgrundsätzen, das visualisiert ist mithilfe eines Logos, der Submarken-Struktur und des Symbols.
Step Nr. 4: Installieren – Stolz auf das gemeinsame Ergebnis und weitere Umsetzung
Die Chance auf Übernahme und Akzeptanz ist am höchsten, wenn alle Beteiligten stolz auf das Ergebnis sind. Deshalb bedarf es der Inszenierung. Leitbild mit Logo – bleibend oder erneuert – werden aus der Taufe gehoben. Jetzt beginnt die alle erfassende Aufgabe der Umsetzung. Dabei geht es um die Fortsetzung der Gestaltungen. Alle Werbemittel sowie der Web- und Unternehmensauftritt werden angepasst. Dazu werden Spezialteams gebildet. Unter Beteiligung der Mitarbeiter wird ein Slogan festgelegt, der das Versprechen griffig zum Ausdruck bringt. Die neue Kommunikationslinie wird entwickelt. Erst einmal wird ein Spezialteam gebildet, um den konzeptionellen Ansatz auszuarbeiten – zunächst unabhängig von Medien, abhängig von Zielgruppen. Die zu erreichenden Kunden in Verbindung mit dem entwickelten Spannungsbogen definieren später die Medienauswahl.
Ziel: Leitbild und Logo finden ihren Ausdruck in der kommunikativen Linie; in die Umsetzung sind wieder alle miteinbezogen.

Der Ablaufplan im Überblick
Step Nr. 5: Infiltrieren – Umsetzungsergebnisse, die schon übernommen werden können, werden in den Auftritt eingespielt
Aus psychologischer Sicht ist es wichtig, möglichst rasch Anwendungen zu erleben. Bei der Vielzahl der Medien dauern die Freigaben an der einen oder anderen Stelle. Das hindert an schneller Übernahme. Andererseits gibt es immer wieder Umsetzungen, die relativ unabhängig voneinander sind. Dann kann das, was fertig ist, auch übernommen werden. Zudem kann bei dieser Komplexität ohnehin nicht ein fixierter Startpunkt gewählt werden. Insofern kann sich das CI-Management hier von der agilen Denkweise leiten lassen. Der Prozess ist transparent und jeder Mitarbeiter kann aufgrund der Mitwirkung auch nach außen Auskunft geben.
Ziel: Sichtbare Umsetzung und damit Erlebnis des Vorankommens.
Step Nr. 6: Internalisieren – durch Resultate den Prozess und die Übernahme stärken
Zur Aufrechterhaltung der Begeisterung ist es erforderlich zu sehen, dass das gemeinsame Werk ankommt. Deshalb wird jetzt auch die Resonanz von Kunden dargelegt und besprochen. Das hat zwei Aspekte: Alle werden informiert gehalten, dass der Prozess weiterläuft, Umsetzungen vorgenommen wurden und jetzt offen die Reaktion darauf kommuniziert wird. Zudem werden mögliche Optimierungen angeregt. Dieser sechste Step beginnt mit der Einführung der ersten Umsetzungen. Er läuft damit versetzt parallel zu dem fünften Schritt, aus dem heraus immer weitere Umsetzungen erfolgen.
Ziel: Reaktion der Kunden aufzeigen, um den Fortgang zu verdeutlichen und eine Auseinandersetzung mit der Kundenmeinung zu ermöglichen.
Step Nr. 7: Inkorporieren – Einführung der ersten großen Kommunikationskampagne im neuen Stil
Die Kommunikation füllt letztendlich die gesamte Identität mit Leben. In vielen Unternehmen hat deshalb zurecht eine Kampagne große Bedeutung. So wird der gesamte Ansatz nach außen visualisiert und durch eine starke Idee hervorgehoben sowie nach innen um prägnante Bilder ergänzt. Deshalb ist diese erste Kampagne ein wichtiges Zwischenziel: Nun verfügt die Corporate Identity über alle Bestandteile, Identität, Design, Kommunikation. Dieses gilt es erneut hervorzuheben.
Ziel: Vorläufigen Abschluss erreichen und damit das gute Gefühl vermitteln, dass alle es gemeinsam geschafft haben.
Step Nr. 8: Institutionalisieren – einen permanenten Prozess schaffen.
Die Entwicklung hört nicht auf. Die Fortsetzung erfolgt als selbstverständliche Weiterentwicklung: Die Unternehmensleitung zeigt die erreichte Umsetzung des Versprechens jährlich auf; in regelmäßigen Beteiligungsrunden können weiterführende Fragen behandelt werden, was die jeweilige Abteilung noch besser, moderner oder spezieller zum Versprechen beitragen kann. Das sind jetzt Vorgehensweisen, die bekannt sind und weiter eingesetzt werden. Das Unternehmen hat eine dynamische Corporate Identity.
Ziel: Versprechen wach, Organisation dynamisch halten

5 Ein Anwendungsfall aus der Praxis

Gibt es einen Beispielfall für das oben geschilderte Vorgehen? Ist ein umfassendes Verständnis von Corporate Identity in der Praxis vorzufinden? Hat das zu erkennbaren Erfolgen geführt? Die Fragen sind berechtigt. Anhand eines ausgewählten Beispielfalls sollen die Perspektiven aus Sicht eines Unternehmensleiters und eines Agenturleiters verdeutlicht werden. Hintergrund ist das typische Vorgehen, wenn sich ein Unternehmensmanagement mit der Notwendigkeit einer Neuausrichtung beschäftigt, wird es zur Umsetzung eine qualifizierte Spezialagentur hinzuziehen.

Damit werden zwei wichtige Punkte unterstrichen:

- Da Corporate Identity ein unternehmensumfassendes Verständnis bedeutet, kann eine Neuausrichtung nur von und mit der Unternehmensleitung vorgenommen werden.
- Es ist wichtig, diese Tragweite zu sehen. Für die Produktivität des Unternehmens ist die gelebte Identität der entscheidende Treibriemen.

Insofern sollte eine Unternehmensleitung auch höchstes Interesse daran haben.

Das führt notwendig zum zweiten Punkt: Für ein Projekt mit derartiger Tragweite sollte eine wirkliche Spezialagentur hinzugezogen werden. Das entscheidende Kriterium bei der Auswahl ist, ob die Agentur eine fundierte Vorgehensweise darlegen kann, der sie im Verlauf des Projektes folgt. Sicher ist jedes Projekt anders. Ein starres Schema ist wenig hilfreich. Es ist aber notwendig, von Anfang an einer Struktur zu folgen, die sich bewährt hat.

Die Überlegung mag aufkommen, dass ein so ausgefeilter Ansatz ausschließlich geeignet ist für große Unternehmen. Das ist keineswegs so. Deshalb soll nach dem fiktiven Beispiel zur Erläuterung der acht Schritte hier das reale Vorgehen eines konkreten mittelständischen Stadtwerks aufgezeigt werden.

Gerade im Energiemarkt kommt es für jedes einzelne Unternehmen darauf an, die eigene Position in einem sich deutlich verschärfenden Wettbewerb zu festigen. Stark sind die Unternehmen mit einer inneren Stärke. Das ist die Grundlage für die Festigung der Position und der Gewinnung von Anteilen in einem gesättigten Markt. Diese Gegebenheiten gelten für die meisten Unternehmen, die ein inneres Zusammenrücken notwendig machen, um im Markt stark aufzutreten und dieses durch eigenen Stil zu verdeutlichen.

Zudem lässt sich in einem mittleren Unternehmen eher darlegen, wie Maßnahmen zusammen mit der Belegschaft greifen. Je größer das Unternehmen und je verzweigter die Aktivitäten auch regional sind, desto mehr Überlegungen sind anzustellen, wie eine Einbeziehung der Mitarbeiter gelingt. Das Modell für Wirksamkeit ist und bleibt die Einbeziehung, wie sie in einem mittleren Unternehmen bespielhaft vorgestellt werden kann. Auch für weit gegliederte Unternehmen ist dieser Ansatz das Prinzip, umgesetzt dann in weiteren Kaskaden: am Standort, in der Landesgesellschaft, in der Hauptverwaltung. Das Vorgehen selbst hat weiterhin den Kerngedanken, eine Perspektive zu geben und deren Ausgestaltung durch Einbeziehung zu verwirklichen; die Umsetzung in der Organisation berücksichtigt notwendig die jeweiligen Bedingungen.

Verständnis lässt sich erzielen, welche Intentionen und welche Herangehensweise die Verantwortlichen für einen Prozess der Markenentwicklung im Kopf haben, wenn wir das Gespräch mit ihnen führen und sie fragen. Um die Hintergründe auszuleuchten, ist hier ein strukturiertes Interview mit den beiden verantwortlichen Leitern, Vorstandssprecher.

Unternehmen und Geschäftsführer Agentur, durchgeführt worden. Ein strukturiertes Interview kann auf den Verlauf des Gesprächs eingehen, folgt andererseits einer zielführenden Struktur. Durch den vergleichbaren Aufbau können unmittelbar die beiden Perspektiven miteinander verglichen werden.

Zur Erkenntnisgewinnung dienten die Stufen Anlass und Ausgangslage (Wie wurden Situation und Zielsetzung gesehen?), die Schritte des Prozesses (Wie ist vorgegangen worden und wer war beteiligt?) sowie das Ergebnis der Entwicklung (Wie ist die Neuausrichtung intern und extern angekommen?) und das weitere Vorgehen (Welche Fortsetzung ist geplant?).

Die Zusammenarbeit von Unternehmen und Agentur erfolgt zur konstruktiven Verbindung von Spezialwissen. Durch die gleiche Gliederung der Interviews können die beiden Blickwinkel – Unternehmensperspektive, Agenturperspektive – im Verlauf gut parallel verfolgt werden. Das soll bewusst erzielt werden durch die Antworten auf die gleichen Sachverhalte; erfolgreiche Prozessgestaltung erfordert eine konstruktive Verbindung.

Zunächst wird das Unternehmen Stadtwerke Achim AG vorgestellt. Dann wird der Ablauf der Markenneuausrichtung skizziert und mit Beispielen verdeutlicht. Nach der Klärung des Hintergrunds und der gewählten Lösung werden in zwei Interviews mit den verantwortlichen Leitern, Vorstandssprecher und Agenturgeschäftsführer, die Intention, die Herangehensweise und die Dynamik des Prozesses ausgeleuchtet:

- Herr Sven Feht ist Vorstandssprecher der Stadtwerke Achim AG und gibt Auskunft zu Anlass, Erfahrung und Ergebnis des Markenentwicklungsverlaufs.
- Herr Dayen Hegemann ist Inhaber und Geschäftsführer der Spezialagentur red pepper, Gesellschaft für neurowissenschaftliche Markenverankerung mbH, die durch ihren Namen verdeutlicht, dass sie neurowissenschaftlich fundiert in der Markenentwicklung vorgeht.

Das strukturierte Vorgehen und das durchdachte, auf die Mitarbeiter konzentrierte Konzept waren für den Vorstand bei der Agenturauswahl entscheidend. Beide Punkte erwiesen sich im Verlauf als Erfolgsfaktoren, die im Interview deutlich werden. So werden insbesondere durch den Vergleich der Antworten aus den zusammenwirkenden Perspektiven die Faktoren für die erfolgreiche Markenentwicklung sichtbar.

5.1 Das Beispiel: Entwicklung Corporate Identity der Stadtwerke Achim AG

Die Stadt Achim liegt südöstlich von Bremen in Niedersachsen im Landkreis Verden. Oft wird zur Kennzeichnung von Achim bei Bremen gesprochen, da es weitere Orte mit gleichem Namen gibt. Südlich wird das Stadtgebiet begrenzt durch die Weser, nördlich grenzt es in einem kleinen Bereich an die Metropole Bremen. Die Stadt Achim hat eine lange Geschichte, die zurückreicht bis in menschliche Siedlungsanfänge. Sie hat heute etwa 30.000 Einwohner. Die Stadtwerke Achim AG versorgen ihre Kunden mit Strom, Erdgas oder Wärme. Sie wurden im Jahre 1910 als Gaswerke Achim gegründet, aufgrund der umfassenderen Versorgung 1967 umbenannt in Stadtwerke Achim. Heute beschäftigt das Unternehmen 90 Mitarbeiter. Seit der Liberalisierung des Energiemarktes vor 20 Jahren haben sich die Marktbedingungen deutlich geändert. Es gilt nunmehr für ein Stadtwerk, sich zu behaupten. Im Jahre 2011 wurde Sven Feht Vorstandssprecher der Stadtwerke Achim AG. Eine Bestandsaufnahme der aktuellen Situation und der Art, wie sich das Unternehmen präsentierte, führte für ihn zu dem Entschluss, nach innen und nach außen eine Neuorientierung zu starten, die gestalterisch Ausdruck in einem zeitgemäßen Markenauftritt finden sollte. Er beauftragte die Agentur red pepper in Bremen, die sich auf Markenentwicklung aus Neuromarketingsicht spezialisiert hat, mit der Aufgabe, die Entwicklung der Corporate Identity zu führen. Wichtig waren Herrn Feht ein fundiertes Vorgehen und die Einbeziehung der Mitarbeiter für den so wichtigen Schritt des Unternehmens.

Die Inhaber und Geschäftsführer der Spezialagentur red pepper, Dayen Hegemann und Jan Weller, sind nach wie vor Partner in dem andauernden Prozess der Markenentwicklung. Sven Feht, Vorstandssprecher der Stadtwerke Achim, und Dayen Hegemann, Inhaber der Agentur red pepper, standen für ein Interview über ihre Erfahrungen zur Verfügung.

Im Folgenden ein kleiner Einblick in den Ablauf des Markenentwicklungsprozesses der Stadtwerke Achim AG.

5.1.1 Start

Die Zusammenarbeit von Unternehmen und Agentur begann konsequent mit einer Analyse der aktuellen Situation. Auf der Grundlage zahlreicher Interviews mit Mitarbeitern aller Hierarchieebenen wurden zunächst die Stärken der Stadtwerke Achim AG herausgearbeitet. Ein Vorteil der Stadtwerke Achim gegenüber größeren Unternehmen sind zum Beispiel leichtere Erreichbarkeit vor Ort, höhere Schnelligkeit und Flexibilität. Weiterhin ist das Unternehmen wirtschaftlich strukturiert, kompetent und leistungsstark, gleichzeitig kundennah und sympathisch. Besonders herauszustellen ist die Konzentration auf das Wesentliche, zumal die Stadtwerke Achim im Gegensatz zu vielen ihrer Wettbewerber keine Angebote außerhalb der Kernleistung eines Stadtwerks, wie etwa Smartphone- oder Handytarife, anbieten. Zusammenfassend stehen die Stadtwerke Achim AG für hohe Leistungsfähigkeit, schlanke Prozesse und einen guten Kundenkontakt – »kein Schnick-Schnack, sondern das, was zählt«.

Die Nutzen-Positionierung ist damit klar: **Das, worauf es ankommt.**

Diese von innen heraus erarbeiteten Mission Statements, Markenwert und der Markenkern der Stadtwerke Achim AG wurden auf einem Markentag vorgestellt und später in Form von »Marken-Supervisions« sowie einer Marken-Roadshow in allen Abteilungen erneut besprochen, vertieft und in Bezug zur eigenen Arbeit gesetzt.

Die Besonderheit am knapp einjährigen Markenentwicklungsprozess war die Involvierung sämtlicher Bereichsleiter und ausgewählter Mitarbeiter aus anderen Hierarchieebenen mit unterschiedlicher Altersstruktur. Die frühzeitige Involvierung förderte die Identifikation mit der neuen Positionierung und mit der unternehmerischen Implementierung. Insofern ist das Konzept der Einbeziehung der Mitarbeiter, was für den Vorstand der Stadtwerke Achim AG von zentraler Wichtigkeit war, absolut aufgegangen.

Das Führungsprinzip von Vision und Beteiligung hat sich im konkreten Fall bewährt.

5.1.2 Design

Die neu formulierte Philosophie der Stadtwerke Achim findet sich im Design wieder. Die Konzentration auf das Wesentliche und eine einfache wie sympathische Sprache waren schnell als Eckpunkte gesetzt. Klare Ordnung und schnörkellose Gestaltung sollten Fokussierung und Wirtschaftlichkeit transportieren, Können und Leistungswillen sollten durch die handwerklich gut umgesetzte Gestaltung vermittelt werden.

Da Sprache oft auch Bildsprache ist, die sehr viel einprägsamer ist, kristallisierte sich in Kreativsitzungen die Verwendung eigener Grafiken als ideale Lösung heraus. Dabei eignen sie sich sehr gut in den verschiedensten Medien, insbesondere wenn sie eine eigene Typik aufweisen. Sie sind auch für den Smartphone-Bildschirm bestens geeignet.

Die Bildsprache sollte eigenständig, sympathisch, unverwechselbar sein, vor allem aber auch einfach und leicht verständlich.

Bei eigens für die Stadtwerke Achim entwickelten Illustrationen wurde bewusst auf eine zu technische Wirkung verzichtet. Die Illustrationen spiegeln durch ihre weiche Formensprache nicht nur auf eine sympathische Weise die Einfachheit der Stadtwerke wider, sie transportieren auch Informationen emotionaler und schneller.

Einige Illustrationen als Beispiel:

Illustrationen (Copyright: Stadtwerke Achim)

Neben Illustrationen wurde für die Stadtwerke Achim auch eine eigene Iconsprache entwickelt, die durch ihre einfache Form und ihre prägnante Farbe der schnellen Informationsübermittlung zwischen den Stadtwerken Achim und den Kunden dient.

Einige Icons als Beispiel:

Icons (Copyright: Stadtwerke Achim)

5.1.3 Umsetzung

Die Einführung geschieht folgerichtig von innen nach außen. Das Führungsprinzip lautet wieder: Beteiligung. Um die Mitarbeiter der Stadtwerke mit der neuen Corporate Identity und dem neuen Corporate Design ihrer Marke vertraut zu machen, wurde ein Markentag konzipiert. Zur Annäherung durften die Mitarbeiter selbst aktiv werden. Anhand von Vorlagen kreierten sie in einem Graffiti-Workshop eigene Bilder, die später an verschiedenen Stellen im Unternehmen ihren Platz fanden.

Wichtig ist auch die inhaltliche Beteiligung: Was bedeutet das Versprechen – das, worauf es ankommt – am jeweiligen Arbeitsplatz? Jeder Mitarbeiter erhielt am Markentag persönlich ein Markenhandbuch ausgehändigt. Es dient gleichzeitig als Notizbuch; es gehört zur eigenen Tätigkeit.

Markenhandbuch (Copyright: Stadtwerke Achim)

Der logische nächste Schritt ist der Einzug der Markenwelt in den gesamten Arbeitsbereich. Die Umgebung ist Teil der täglichen Welt. Jeder, der auf die Stadtwerke zugeht und sie betritt, geht in diese neue Markenwelt. Das heißt, die Hauptverwaltung erhält das neue Design innen und außen.

Blick auf die Hauptverwaltung und in die Arbeitsräume (Copyright: Stadtwerke Achim)

Danach gilt es, alle Kontaktpunkte einzubeziehen, vom Einsatzfahrzeug über den Messeauftritt bis hin zu Foldern.

Der Weg des neuen Auftritts nach draußen zu den Kunden:

Einsatzfahrzeug (Copyright: Stadtwerke Achim)

Messestand (Copyright: Stadtwerke Achim)

Folder (Copyright: Stadtwerke Achim)

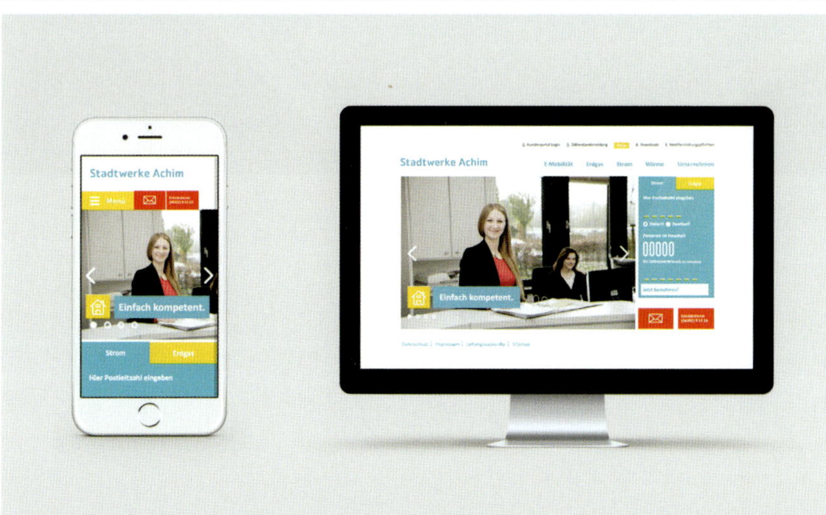

Der neue Auftritt im Web (Copyright: Stadtwerke Achim)

Nach der Umsetzung steht die Frage an, wie überzeugend die bisherigen Maßnahmen sind. Dafür gibt es eben zwei Adressaten: die Mitarbeiter und die Kunden. In internen Workshops zeigte sich ein hohes Engagement, das sich eben durch Beteiligung von Anfang eingestellt hatte. Letzte Feinheiten in den verschiedenen Anwendungen wurden verbessert.

5.1.4 Erste Kommunikationskampagne im neuen Design

Entsprechend der ausgearbeiteten Philosophie wurde eine zielgruppengerechte Kundenkommunikation entwickelt. Im regionalen Bereich mit einer sehr spitzen Zielgruppe werden die entsprechend geeigneten Werbeträger eingesetzt.

Beispiele von Mitteln aus der Kampagne:

Anzeige (Copyright: Stadtwerke Achim)

Out of Home (Copyright: Stadtwerke Achim)

Die Stadtwerke Achim AG haben in Zusammenarbeit mit der Markenagentur red pepper aus Bremen sehr systematisch die Corporate Identity überarbeitet. Dabei wurde von innen nach außen vorgegangen, ein konsequenter Weg, der glaubwürdig ist – für Mitarbeiter und Kunden. Denn der Kern des Kundenerlebnisses ist die konkrete Behandlung durch die Mitarbeiter des Unternehmens.

Die Digitalisierung spielte zunächst intern eine Rolle: Die Prozessbeherrschung führt zu einem Wettbewerbsvorteil, der entsteht aus Schnelligkeit und integriertem Wissen. Sie ist Teil des Geschäftsmodells. Dazu gehört auch die Digitalisierung sämtlicher Kommunikationsmedien.

Die Stadtwerke sehen die elektronische Verarbeitung als Instrument zur Verbesserung des Kundenservices. Sie sind dadurch näher an ihren Kunden und persönlicher für sie da. Das unterscheidet sie im Wettbewerb. Daraus resultiert ihr Erfolg. Dieser Service für den Kunden soll auch weiterhin stetig optimiert werden.

Das Vorgehen für die Kommunikationsmaßnahmen erfolgt wie bei den meisten Unternehmen vom klassischen Bereich hin zu den digitalen Medien. Der Charakter ist in Gestaltung und Auftreten umgesetzt, die Fortsetzung schließt daran an. Die nächsten Schritte betreffen die weitere Verbesserung des Austausches mit den Kunden. Dazu prüfen die Stadtwerke Achim AG den Einsatz von Sozialen Medien. Ziel ist es, für Kunden nah und jederzeit ansprechbar zu sein.

5.2 Die Interviews

Das Verständnis für den Ablauf eines Markenentwicklungsprozesses wird vertieft durch Hintergründe aus zwei Perspektiven: aus der Perspektive des beauftragenden Unternehmens sowie der Perspektive der betreuenden Spezialagentur.

5.2.1 Sven Feht, Vorstandssprecher der Stadtwerke Achim AG, im Interview

Zuerst steht der Vorstandssprecher der Stadtwerke Achim AG zum Interview zur Verfügung, in dem es um die Hintergründe, das Vorgehen und das Ergebnis geht. Die Antworten geben Einblick in die interne Erwartung, Beteiligung und Vorstellung des Auftraggebers.

Das strukturierte Interview folgt dem Schema

1. Hintergrund Unternehmen
2. Vorstand und Mitarbeiter
3. Auswahl Agentur

Anschließend geht es parallel zum Interview mit dem Agenturinhaber um den Prozessverlauf:

4. Von der Analyse zur Positionierung
5. Von der Positionierung zu den Kern-Markenelementen
6. Umsetzung
7. Erfolgskontrolle
8. Weiteres Vorgehen

5.2.1.1 Hintergrund Unternehmen

Lothar Keite (LK): Das Geschäftsmodell der Stadtwerke hat sich in den letzten Jahren auch durch die Digitalisierung stark verändert. Wie hat sich das in Ihrem Unternehmen ausgewirkt?

Sven Feht (SF): Eine noch konsequentere Ausrichtung auf die Kunden ist für Energieversorger in den letzten Jahren immer wichtiger geworden. Der Markt ist durch die Digitalisierung für Kunden deutlich transparenter geworden. Umso wichtiger wurde es, Produkte den Markterfordernissen und Kundenbedürfnissen anzupassen, die Kundenkontakte zu intensivieren und auch interne Prozesse anzupassen, um langfristig eine Existenzberechtigung im Markt zu haben.

LK: Was bedeutete die Veränderung für die Mitarbeiter?

SF: Seit der Liberalisierung des Energiemarktes befinden wir uns in einer dauerhaften Veränderung. Unseren Mitarbeitern ist deutlich geworden, dass sich Kundenerwartungen verändert haben und sich damit die Anzahl der Prozesse enorm erhöht hat, ohne dass die Kosten signifikant steigen können. Umso wichtiger ist es, für diese Veränderungen klare Strukturen zu schaffen, die Aufgaben, Zuständigkeiten und Rollen transparent zu machen und das tägliche Handeln zu erleichtern.

LK: Wie sind die Mitarbeiter damit umgegangen?

SF: Durch die Einbeziehung der Mitarbeiter in den Prozess von Beginn an haben wir frühzeitig Akzeptanz aufgebaut. Beispielsweise wurden Veränderungen im Team geplant und umgesetzt. Gleichzeitig gab und gibt es aber auch viele Themen, für die es eine Unterstützung durch externe Experten braucht, die uns bei der Umsetzung geholfen haben.

5.2.1.2 Vorstand und Mitarbeiter

LK: Wer war Initiator, wer hat den Prozess geleitet?

SF: Markenarbeit ist Vorstands-Thema. Deswegen war der Gesamtvorstand von Beginn an eng in das Projekt eingebunden und hat versucht, durch die Einbindung aller Führungskräfte und Mitarbeiter frühzeitig eine breite Akzeptanz für das Projekt aufzubauen. Beispielsweise gab es eine intensive und abteilungsübergreifende Mitarbeiterbefragung zum Projektstart und eine enge Einbeziehung des Vorstands und der obersten Leitungsebene.

LK: Was waren die Beweggründe für die Überarbeitung der Corporate Identity?

SF: Der Markt hat sich gewandelt und mit ihm die Anforderungen unserer Kunden – sowie unsere eigenen. Das heißt, es braucht nicht nur einen zeitgemäßen Markenauftritt, sondern vor allen Dingen eine kundenorientierte Ansprache. Wir als Unternehmen waren uns stets bewusst, dass wir gute Arbeit leisten und Achim, Oyten,

Ottersberg und Langwedel sicher und zuverlässig mit Energie versorgen. Die Frage, die sich mir stellte, lautete: Wie stellen wir dies stärker als bisher nach außen dar? Darüber hinaus war auch bei den Mitarbeitern der Wunsch nach einer klaren Orientierung für das Handeln und nach etwas Neuem spürbar – einem frischen, aktualisierten Auftritt, der repräsentiert, was wir heute sind und künftig sein werden: ein moderner Energieversorger am Puls der Zeit.

LK: Wie war die Beteiligung des Vorstands und insbesondere des Vorstandssprechers?

SF: Der Vorstand war natürlich treibende Kraft und Initiator des Projektes. Aber auch die Abstimmung mit den Aufsichtsratsgremien lag bei mir. Mir war wichtig, die Führungskräfte von Beginn am gesamten Entwicklungsprozess zu beteiligen.

LK: Wie organisieren Sie das Thema Marke in Ihrem Unternehmen?

SF: Ein ganzheitliches Markenprojekt, das keine Oberflächenkosmetik sein soll, muss interdisziplinär aufgesetzt sein. Das heißt, dass neben Vertrieb und Marketing die Personalabteilung und alle Abteilungen einbezogen sein sollten. Das schließt natürlich die Techniker und Monteure mit ein, die unsere Kunden zu Hause besuchen und täglich wichtige Markenbotschafter des Unternehmens sind. Wir organisierten regelmäßige Sitzungen mit den Führungskräften zum Thema Marke und erarbeiteten mit ihnen eine konsequente Übersetzung der Markeninhalte in alle Bereiche des Unternehmens.

LK: Was war die Zielsetzung und wie wollten Sie den Prozess gestalten?

SF: Das Ziel war klar: Eine Marke Stadtwerke Achim samt Philosophie zu entwickeln, mit der wir unsere Kunden und solche, die es werden wollen, von unserer professionellen Arbeit überzeugen. Wichtig war mir dabei, dass unser neuer Markenauftritt von innen heraus entwickelt wird. Genau das haben wir mit unserem Projektteam sichergestellt: Insgesamt 12 Personen aller Hierarchieebenen haben an dem Ergebnis mitgearbeitet, das heute zu sehen ist.

LK: Hat sich seit Erarbeitung der Marke etwas verändert?

SF: Die regelmäßige Beschäftigung mit der Marke ist elementar für nachhaltige Veränderungen. In Workshops versuchen wir, die Markengrundlagen für einzelne Abteilungen und Tätigkeiten zu übersetzen. Zukünftig wollen wir gemeinsam mit den Mitarbeitern an der Umsetzung auf Abteilungsebene arbeiten.

LK: Gibt es eine Lehre aus dieser Entwicklung, die aus Ihrer Sicht als Punkt von Anfang an berücksichtigt werden sollte?

SF: Wenn man nicht nur das Logo und die Website verändern, sondern an der Identität des Unternehmens arbeiten möchte, braucht es eine realistische Zielsetzung und Planung der zeitlichen, personellen und finanziellen Ressourcen. Darüber hinaus sollten Mitarbeiter von Beginn an in den Prozess involviert werden. Das bindet Mitarbeiterressourcen, ist aber eine sehr gute Investition.

5.2.1.3 Auswahl Agentur

LK: Welche Kriterien waren für die Wahl der Agentur ausschlaggebend?

SF: Im Rahmen einer Ausschreibung für das Projekt »Markenüberarbeitung« hat red pepper schließlich ein Konzept vorgelegt, das uns am meisten überzeugt hat. Insbesondere die interdisziplinäre Arbeitsweise der Agentur, die Einbindung der Führungskräfte und Mitarbeiter sowie das strategische und konzeptionelle Vorgehen überzeugten uns.

LK: Welche Rolle hat die Medienkompetenz, hat auch die Kreation für Sie gespielt?

SF: Natürlich suchten wir nicht nur Strategieberater, sondern auch eine Agentur, die in der Lage ist, das Ergebnis visuell und kreativ umzusetzen. Auch das konnte die Agentur anhand von Beispielen verdeutlichen.

LK: Was hat sich als besonders wichtig in der Zusammenarbeit gezeigt?

SF: Die Agentur red pepper hat uns sehr gut darauf vorbereitet, was die Arbeit an einem neuen Markenauftritt und der Unternehmensphilosophie bedeutet. Insbesondere die intensive Diskussion darüber, welche Schwerpunkte für uns als Stadtwerke wichtig sind, wofür wir stehen und was wir dem Kunden bieten wollen, hat viele neue wertvolle Denkprozesse in Gang gesetzt. Ein Beispiel: Verschiedene Abteilungen haben sich auf eine »Kundenreise« begeben, um uns noch besser aufzustellen und – unserer Philosophie gemäß – unseren Kunden genau das zu bieten, worauf es ankommt.

LK: Hat die Agentur Ihnen eine Fahrtroute für die Entwicklung geben können?

SF: Ja, das hat sie. Eine gute und vorausschauende Prozessplanung ist für mich das entscheidendste für einen erfolgreichen Markenprozess ohne Überraschungen im Prozessverlauf.

LK: Am Ende des Prozesses: Haben Sie einen Ratschlag für Kollegen, den diese beachten sollten?

SF: Der Prozess ist ja noch nicht abgeschlossen. Wir haben den Weg der Veränderung beschritten und werden ihn weitergehen. Meinen Kollegen rate ich: »Macht euch Gedanken über die Zielsetzung und versucht, den Prozess so konsequent und ganzheitlich wie möglich zu gestalten.« Alles andere ist Oberflächengestaltung ohne Tiefgang und Chance auf nachhaltigen Erfolg. Darüber hinaus braucht es aus meiner Sicht einen ständigen Revisionsprozess zur Weiterentwicklung der Marke.

5.2.1.4 Von der Analyse zur Positionierung

LK: Wie waren die Stadtwerke vorher ausgerichtet?

SF: Der Markt hat sich gewandelt und mit ihm die Anforderungen unserer Kunden – und unsere eigenen. Unser gesamter Auftritt war nicht mehr zeitgemäß, angefangen von unserer damaligen Bildmarke mit dem Bereich Wasser, den wir im Jahr 1995 abgegeben haben. Zum anderen fehlte eine klar herausgestellte Differenzierung zu anderen Energieanbietern. Auch seitens der Mitarbeiter war der Wunsch nach einem frischen, aktualisierten Auftritt spürbar, der repräsentiert, was wir heute sind und künftig sein werden: ein moderner Energieversorger am Puls der Zeit.

LK: Das bedeutet, im Laufe des Prozesses hat sich die innere Haltung auch entwickelt?

SF: Auf jeden Fall. Und das ist für mich auch ganz wichtig. Durch das Vorgehen der Einbeziehung gibt es eine Reflexion des bisher Gemachten und eine Identifikation mit dem Erarbeiteten. Das ist der entscheidende und für die Verfassung des Unternehmens so wichtige Punkt.

LK: Heute heißt es: »Das, worauf es ankommt«. Was wollen Sie damit ausdrücken?

SF: Wir konzentrieren uns auf das Wesentliche und verzichten dabei auf das Überflüssige. Es einfach zu machen, ist nicht immer leicht. Daher fokussieren wir uns auf das, was wirklich zählt: Wirtschaftlichkeit, Kundennähe, Nutzenorientierung und Einfachheit. Diese klaren Prinzipien sind Leitfaden für unser Handeln, unsere Produkte und die Kommunikation. Alles, was wir tun, nützt unseren Kunden und dem Ziel, ihnen zuverlässig Energie zum besten Preis-Leistungs-Verhältnis zu liefern. Nur so entsteht größte Einfachheit – für unsere Kunden und für uns.

5.2.1.8 Weiteres Vorgehen

LK: Sie haben jetzt ein Instrumentarium entwickeln lassen, haben dieses an die Hand bekommen. Sind die Mitarbeiter in der Lage, in Zukunft selbstständig damit weiter zu agieren?

SF: Wir arbeiten weiterhin daran, unsere Philosophie noch stärker intern zu verankern. Zum einen gab es dazu eine sogenannte Marken-Roadshow durch alle Abteilungen, zum anderen bauen wir auch die visuelle Markenimplementierung in unseren Gebäuden etwa durch Banner und Bilder aus. Auch ein weiterer Markentag ist in Planung. Damit geht einher, dass wir unseren Mitarbeitern wichtige Informationen und Unterlagen zu unserer Marke an die Hand geben. Ein Beispiel: Alle Designvorlagen sind als Datei hinterlegt. Jeder Mitarbeiter kann darauf zurückgreifen und ich beobachte, dass das auch mehr und mehr geschieht. Insofern sind wir in der Lage, zukünftig in eigener Regie damit umzugehen.

LK: Essentiell für ein Unternehmen ist die Kundenbeziehung. Hat sie sich verändert und was ist zu erwarten: Wird sie sich weiter ändern? Was wird besonders wichtig?

SF: Im Markenentwicklungsprozess wurden Maßnahmen erarbeitet, wie unsere Kundengruppen angesprochen werden und was diese von uns erwarten. Auf dieser Grundlage haben wir mit Erfolg für Bestandskunden einen auf das Wesentliche reduzierten Kundennewsletter entwickelt, der zwischenzeitlich zwei bis drei Mal im Jahr verschickt wird. Darüber hinaus haben wir das Kundenzentrum komplett umgebaut, sodass die Markenphilosophie auch hier erlebbar wird. Ein drittes Beispiel war die deutliche Verstärkung unserer Präsenz im Versorgungsgebiet, etwa durch Sponsoringaktionen, Werbemaßnahmen, Messepräsenzen und unserem neuen Außenbüro in Oyten.

LK: Wie kann gerade in der Region eine Kundenbindung in Zukunft hergestellt werden?

SF: Durch die Darstellung der Investition und Maßnahmen in der Region. Hierfür entwickeln wir als kommunales Unternehmen ein Sponsorenkonzept, das unser Engagement steuert und transparent macht. Aber auch die Präsenz auf örtlichen Veranstaltungen haben wir erhöht.

LK: Das Schlagwort »Digitalisierung« betrifft Kommunikation, Vertrieb, Leistungserstellung – welche Aufgaben kommen auf Ihr Unternehmen zu?

SF: Die Digitalisierung hilft uns beständig, neue Kommunikationswege mit dem Kunden zu eröffnen. So können Kunden in unserem Online-Portal zum Beispiel Zählerstände aufgeben oder ihre Jahresabrechnung einsehen. Weiterhin haben sie die

Möglichkeit, über unsere Website schnell und aktuell Informationen zu Störungen in unserem Strom-, Gas- und Wärmenetz zu erfahren, selbst Störungen bei der Straßenbeleuchtung aufzugeben sowie notwendige Dokumente etwa zu Hausanschlüssen herunterzuladen – und das an 24 Stunden 7 Tage die Woche. Künftig werden wir die Möglichkeiten, die sich uns durch die Digitalisierung bieten, weiter prüfen und im Sinne einer Serviceverbesserung für unsere Kunden ausbauen.

LK: Herr Feht, ich danke Ihnen für die Möglichkeit, die strategischen Überlegungen mit der Marke kennenzulernen. Zentrum der Überlegungen ist der Kunde. Ein wichtiger Schlusspunkt.

5.2.2 Dayen Hegemann, Inhaber der Agentur red pepper, im Interview

Die andere, die kooperierende Seite im Prozess der Markenentwicklung bildet typischerweise der beauftragte Spezialist. Das Verständnis für den Ablauf eines Markenentwicklungsprozesses von diesem Blickwinkel aus wird vertieft durch ein Interview mit dem Inhaber der beauftragten Agentur, in dem es um die Hintergründe, das Vorgehen und das Ergebnis geht.

Die Markenentwicklung der Stadtwerke Achim AG wurde von der Agentur red pepper, Gesellschaft für neurowissenschaftliche Verankerung mbH, in Bremen durchgeführt. Die Zusammenhänge zeigen sich im Interview mit dem Agenturinhaber Dayen Hegemann.

Das strukturierte Interview folgt dem Schema:

1. Hintergrund Agentur
2. Nachfragegründe von Unternehmen generell
3. Auslöser Beispiel-Unternehmen speziell

Anschließend geht es um den Prozessverlauf:

4. Von der Analyse zur Positionierung
5. Von der Positionierung zu den Kern-Markenelementen
6. Einsatz im Markt
7. Erfolgskontrolle
8. Weiteres Vorgehen

5.2.2.1 Hintergrund Agentur

Lothar Keite (LK): Ihre Agentur heißt red pepper, Gesellschaft für neurowissenschaftliche Markenverankerung. Warum neurowissenschaftliche Markenverankerung?

Dayen Hegemann (DH): Nach vielen Jahren der Agenturarbeit haben wir, im Zuge einer Neupositionierung, mit dem neurowissenschaftlichen Erklärungsansatz ein gut geeignetes Modell gefunden, Marken- und Marketingarbeit besser umsetzen zu können: nicht nur vergangenheitsorientiert, sondern bereits frühzeitig durch die Rezipienten gerechte Umsetzung von Botschaften, Signalen und Nutzenversprechen. Damit öffnen wir die Blackbox in der Kommunikation und arbeiten analytischer, fokussierter und letztendlich budgeteffizienter. Gute Marken- und Kommunikationsarbeit darf kein Zufall sein.

LK: Was heißt das konkret für Ihren Kunden?

DH: Wir integrieren die besonderen Erkenntnisse des Neuromarketings in unsere Arbeit. Neuromarketing ist ein interdisziplinärer Marken- beziehungsweise Marketingansatz. Mit ihm verknüpfen wir neurowissenschaftliche Erkenntnisse mit Erkenntnissen aus der Psychologie, der Neuroökonomie, der Soziologie, der Philosophie und den Kulturwissenschaften. Dieses Wissen wenden wir in allen Bausteinen unserer Leistungskette an – in Markenanalyse und -strategie, in Markendesign, Markenkommunikation und Markenimplementierung mit dem Ziel, Marken nachhaltig in den Köpfen der Rezipienten zu verankern.

LK: Ihr Vorgehen lässt sich als fundiert bezeichnen?

DH: Neuromarketing schafft die Grundlagen für ein äußerst fundiertes Menschen- beziehungsweise Zielgruppenverständnis: Es setzt den Menschen als Entscheider konsequent in den Fokus aller Betrachtungen. Und Marken richten sich an Menschen. Studien belegen, dass Entscheidungen für oder gegen eine Marke zum Beispiel in hohem Maße unbewusst getroffen werden. So werden emotionslose Botschaften von den Zielgruppen herausgefiltert und bleiben unbeachtet.

LK: Ist schon der Name »red pepper« angewandte Neurowissenschaft?

DH: Unser Gehirn liebt Geschichten. Auch ohne die Entstehungsgeschichte von red pepper zu kennen, lässt der Agenturname Bilder im Kopf entstehen und verknüpft diese mit eigenen Erlebnissen, denn jeder, der schon einmal in eine Pfefferschote gebissen hat, weiß um die anschließende Reaktion und die langanhaltende Wirkung.

LK: Wie lässt sich Ihr Leistungsspektrum beschreiben?

DH: Wir sind eine inhabergeführte Markenagentur und haben uns an unseren Standorten in Bremen und der Region Karlsruhe auf neuroökonomisch fundierte Markenentwicklung und -führung spezialisiert. Dafür lassen sich unsere Leistungen in fünf Bereiche aufteilen:

1. Markenanalyse – das starke Fundament: Wo steht die Marke heute und wo liegen ihre Potenziale für die Zukunft? Wodurch kann die Marke Kaufbereitschaft erzeugen und Vertrauen wie Bindung aufbauen? Wir beleuchten Marken innerhalb des Analyseprozesses ganzheitlich und wissenschaftlich fundiert: Positionierung, Design, Kommunikation, Wettbewerbsumfeld und Zielgruppen, Leistungsspektrum, Corporate Culture und vieles mehr. Mit unseren bewährten Methoden und Instrumenten schaffen wir für Marken die notwendige analytische Basis für eine erfolgreiche Zukunft.

2. Markenstrategie – ein klarer Standpunkt: Wofür steht die Marke? Wie können mit der Marke Emotionen geweckt werden? Wie wird aus der Marke eine echte Persönlichkeit, die Menschen cross-medial an allen analogen und digitalen Touchpoints begeistert? Das sind Fragen, die wir mit der Markenstrategie beantworten. Klar und bildhaft formuliert. Als belastbare Basis für die weitere Entwicklung der Marke.

3. Markenerlebnisse – Emotionen an allen Kontaktpunkten: Gut geplante und ausgesteuerte Markenerlebnisse an allen Kontaktpunkten sind der entscheidende Erfolgsfaktor für Marken. Denn sie prägen das Markenbild im Kopf der Zielgruppe. Wir entwickeln Lösungen für alle Kontaktpunkte: ob analog oder digital, ob medial oder persönlich.

4. Markenimplementierung – die Verankerung Ihrer Marke: Erfolg hat, wer andere für seine Ideen gewinnt. Mitarbeiter können nur dann wirklich erfolgreich für ihre Marke einstehen, wenn sie diese verstehen, sich mit ihr identifizieren und sich von ihr inspirieren lassen. Gezielte Mitarbeiterintegration ist eine der wichtigsten Aufgaben entlang des gesamten Markenentwicklungsprozesses. Information, Involvierung und Qualifikation lauten die Zauberwörter dieser guten Investition. Denn gute Markenbotschafter aus dem eigenen Unternehmen sind nicht nur am glaubwürdigsten, sondern auch ein wichtiger Wirtschaftsfaktor. Wir unterstützen unsere Kunden mit der Expertise, um Veränderungsprozesse im Sinne der Marke zu moderieren, zu finalisieren und begleitend zu kommunizieren.

5. Markenmanagement – richtig in die Zukunft steuern: Damit eine Marke zukunftsfähig bleibt, muss sie gezielt gesteuert werden. Dazu gehören eindeutige Ziele, die richtigen Kennzahlen, eine gute Organisation des Brand-Managements, zweckmäßige Tools, eine regelmäßige Supervision und Reflexion aller Markenerlebnisse. Eine Marke ist ein lebendiges System. Wir unterstützen unsere Kunden dabei, dass sich diese im Sinne der Strategie weiterentwickeln kann.

LK: Erfordert die Informationsflut durch die Zunahme der Medien mehr Planung?

DH: Eindeutig ja. Schon immer galt: Nur wer den Kunden gut kennt, kann ihn passend und gezielt ansprechen. Das verlangt tiefe Kundenkenntnis. Unser interdisziplinäres

Team setzt sich aus Wirtschaftswissenschaftlern, Soziologen, Neurobiologen und Designern zusammen. Über unser wachsendes Netzwerk haben wir wertvolle Partner integriert, mit denen wir Speziallösungen wie beispielsweise Inbound Marketing auch technologisch realisieren können.

LK: Wie ist Ihre Position im Markt der Agenturen?

DH: Wir befinden uns irgendwo zwischen kreativem Beratungsunternehmen und beratungsstarker Kreativagentur.

5.2.2.2 Nachfragegründe von Unternehmen

LK: Was bewegt Unternehmen, Sie um Hilfe bei dem Reset ihrer Corporate Identity zu bitten?

DH: Die Beweggründe sind vielfältig. Sie reichen vom Generationenwechsel bei inhabergeführten Unternehmen bis hin zur Ausgründung einzelner Geschäftsbereiche. Was bei allen jedoch gleich ist, ist das Momentum der Veränderung oder auch der Transformation von Märkten, Geschäftsmodellen und/oder den Kunden selbst. Dabei merken Unternehmen sehr direkt, dass sie kaum noch wirkungsvoll kommunizieren können.

LK: Heute kommt das Stichwort Digitalisierung hinzu. Welche Wirkung beobachten Sie?

DH: Die Digitalisierung schafft zunehmend Transparenz und reißt Handelsschranken nieder. Unternehmen mit immer konformeren sowie uniformeren Produkten unterscheiden sich, außer über den Preis, oftmals kaum. Wichtige differenzierende Unternehmenseigenschaften und Werte diffundieren im Sog eines immer aggressiveren Marktes. Eine Preisstrategie kann nicht der Weg sein. Vielmehr gilt es, anderweitig Präferenzen zu schaffen. Und die gute Nachricht lautet: Viele deutsche Mittelständler berücksichtigen dies bereits, nur kommunizieren sie es häufig nicht. Und genau an diesem Punkt setzt unsere Arbeit an, Alleinstellungsmerkmale sichtbar zu machen und einen emotionalen Mehrwert von Unternehmens- und Produktmarken herauszuarbeiten.

LK: Gibt es häufige Ausgangskonstellationen?

DH: Hier entsteht oftmals eine Ambivalenz zwischen dem kommunizierten Grund, wie beispielsweise dem Re-Design einer Website, und der eigentlich erforderlichen Umsetzung eines ganzheitlichen Markenprozesses. Spannend ist zu beobachten, mit welchen vermeintlichen Konstellationen Kunden mit uns ins erste Gespräch starten.

Die Ursächlichkeit liegt allzu oft dann doch im gesamten Rahmen. Bis dahin wird aber erst einmal eine einzelne Unstimmigkeit bemerkt und zum Anlass genommen, das Gespräch aufzunehmen.

LK: Das bedeutet, oft muss erst noch die Tragweite gemeinsam erarbeitet werden?

DH: Ob schnelle Oberflächenmakulatur oder der Wunsch nach Begleitung des Veränderungsprozesses und konsequenter Neuausrichtung des Unternehmens – es kann beides geben. Wenn erkennbar ist, dass nur Symptome behandelt werden sollen, bedarf es auch eines Partners in der Analyse, um die wahren Gründe für die Notwendigkeit einer Neuausrichtung herauszuarbeiten und anzugehen. Wir verstehen uns hier als externer Impulsgeber und legen auch mal den Finger in die Wunde, um Bewegung zu erzeugen.

LK: Die Unternehmensleitung sollte den Prozess tragen?

DH: Wir glauben fest daran, dass es für erfolgreiche Markenveränderungen nicht nur ein Commitment der obersten Führungsebene braucht, sondern dass vor allen Dingen der explizite Wunsch, etwas zu verändern, vorhanden sein muss. Wir sind davon überzeugt, dass ein Markenprozess ohne Commitment der Führungskräfte zum Scheitern verurteilt ist.

LK: Oft wird ja auch der Umfang der notwendigen Veränderung unterschätzt.

DH: Zu Beginn eines jeden Prozesses verstehen wir uns als Übersetzer der komplexen Materie in verständliche und vor allen Dingen nachvollziehbare notwendige Schritte und Szenarien. Vor Beginn eines Prozesses braucht es vor allen Dingen ein gemeinsames Verständnis über Zielsetzung, Ressourcen und Inhalte. Auch die Kommunikation innerhalb des Unternehmens unterschätzen viele Unternehmer und Führungskräfte. Wir empfehlen, auch die Mitarbeiter frühzeitig und proaktiv in den Prozess einzubeziehen und sie über die Notwendigkeiten, Ziele und Meilensteine zu informieren.

LK: Wie starten Sie mit dem Kunden?

DH: Jeder Veränderungs- oder, wie wir es nennen, Markenentwicklungsprozess ist individuell. Für uns gilt es, vor jedem Prozess zu verstehen. Verstehen, in welcher Situation sich das Unternehmen befindet, welche Marktgegebenheiten vorliegen und welche Ziele bereits formuliert wurden. Dabei greifen wir keinesfalls auf ein dogmatisches Vorgehen zurück, sondern entwickeln zusammen mit unseren Kunden ein ideales und auf das Unternehmen zugeschnittenes Projekt-Setup.

LK: Leiten Sie dann Ziele mit dem Kunden ab?

DH: Formulierte Ziele und ein Big Picture sind essentiell, damit Projektschritte und Ressourcen anhand der Ziele ausgerichtet werden können. Auch für eine spätere Messbarkeit braucht es klare Rahmenbedingungen.

5.2.2.3 Auslöser Beispiel-Unternehmen speziell

LK: Um den Prozess einer Markenentwicklung noch besser zu verstehen, sind Sie und Ihr Kunde, die Stadtwerke Achim, einverstanden, dass wir Ihnen bei der Arbeit zusehen. Wenn Sie den Prozess vom Anfang bis heute betrachten, hat sich die Perspektive in der Zusammenarbeit verändert?

DH: Was wir bereits oftmals in laufenden Projekten beobachten konnten, ist die steigende Relevanz von Branding- und Marketingfragestellungen. Bedingt durch eine beteiligungsorientierte Herangehensweise, beispielsweise durch Workshops und Interviews, haben wir bereits frühzeitig Möglichkeiten, die jeweilige Relevanz und auch den Nutzen für jede Abteilung herauszuarbeiten. Im Verlauf des Prozesses erkennen auch vorherige Skeptiker, dass Branding als zentraler Hebel funktioniert.

LK: Die Einbeziehung der Mitarbeiter ist Ihnen wichtig?

DH: Zentraler Stellhebel für ein späteres Commitment seitens der Mitarbeiter ist eine frühzeitige Involvierung von Führungskräften und Mitarbeitern mit einer gezielten Information zu den Hintergründen, Notwendigkeiten und Zielen des gesamten Prozesses.

LK: Was steht am Anfang des gemeinsamen Prozesses?

DH: Frühere Agenturzeiten mit standardisierten Lösungen und dem Denken in Maßnahmen funktionieren unserer Meinung nach nicht mehr. So müssen wir in der Regel erst einmal verstehen, wo die wahren Beweggründe, Schmerzpunkte und die Priorisierung der Handlungen liegen. Eine gemeinsame Projektplanung und eine gezielte Einarbeitung in das Unternehmen und den Markt sind konkrete Startpunkte eines jeden Markenentwicklungsprozesses.

LK: Wie lief es im konkreten Beispiel ab?

DH: Wir starteten in den Prozess mit einem gemeinsamen Kick-off-Workshop mit allen Bereichsleitern und dem Vorstand. Ziele des Workshops waren die Vorstellung des Markenentwicklungsprozesses und der internen und externen Herausforderungen der Stadtwerke Achim sowie die Definition von klaren Zielen für das Projekt der Markenentwicklung. Zudem wurden die Modelle direkt auf die eigene Marke angewendet und der aktuelle Unternehmensauftritt auf den Prüfstand gestellt.

LK: Die Übergabe an eine Agentur wird typischerweise mit einem Briefing vorgenommen. Was sollte ein Briefing beinhalten, damit Sie gezielt vorgehen können?

DH: Für uns sind Auslöser, Zielsetzung und die konkreten Rahmenbedingungen des Projektes die wichtigsten Eckpunkte des Briefings.

5.2.2.4 Von der Analyse zur Positionierung

LK: Was gehört zur Informationsgrundlage?

DH: Eine echte, authentische und somit glaubwürdige Positionierung liegt in keiner Schublade, sondern versteht sich als Resultat einer umfassenden Analyse. Zuvorderst fängt unser Team mit der Sichtung und Bewertung des Status-quo an. Unsere Klienten erhalten in der Regel nach dem ersten Gespräch eine Liste, um gezielt prozessrelevante Informationen zusammenzustellen.

LK: Wie war es im konkreten Fall? Wie gehen Sie vor, um von der Analyse zur Positionierung zu gelangen?

DH: Neben der Betrachtung des Wettbewerb- und Marktumfelds führten wir mit Führungskräften und einzelnen Mitarbeitern Experteninterviews durch. Innerhalb der Interviews nutzten wir spezielle Fragetechniken, um unbewusste Handlungstreiber sichtbar zu machen.

Die regionale Nähe zu ihren Kunden ist für Stadtwerke ein wichtiges Alleinstellungsmerkmal. Um die Sprache der Kunden zu sprechen und ein Gefühl für die Region zu bekommen, führten wir eine Regionalanalyse durch, die Aufschluss über Geschichte, soziodemografische Faktoren und sonstige Besonderheiten der Region gab.

LK: Wesentliche Orientierung liefern also Kundenverständnis und Unternehmensverständnis? Dazu kommen die Gewohnheiten in der Branche?

DH: Genau so ist es.

Für Markenprozesse gilt: Zukunft braucht Herkunft. Um Unternehmen nichts überzustülpen, müssen wir die vorhandene Identität und den Charakter des Unternehmens verstehen. Gleichwohl ist es aber auch essentiell, die Ansprüche, Bedürfnisse und Motive der Kunden zu verstehen. Beides gilt es dann, in der Positionierung in Einklang zu bringen.

LK: Sie sprechen Emotionen an. Emotionalisierung ist ein Schlüssel zur Wirksamkeit. Gibt es ein Instrument für die Emotionalisierung?

DH: Emotionalisierung von Marken ist seit Jahren ein geflügeltes Wort. Doch in der Umsetzung setzen Werbetreibende sie häufig mit lächelnden Gesichtern, niedlichen Tieren oder viel nackter Haut gleich. Es ist nachvollziehbar, dass das Emotionen weckt. Aber welche Art von Emotionen? Passen sie auch zur Marke, dem Produkt und zu den Motiven der Zielgruppe? Auch die emotionalste Werbung geht im Grundrauschen unseres Alltags unter, wenn sie keine relevanten Bedürfnisse anspricht. Emotionen sind der Schlüssel für eine nachhaltige Kundenbindung. Aber wichtig ist zu verstehen, was Emotionen auslöst, wie sie funktionieren, welche Rolle sie für Entscheidungen der Kunden spielen und welche Konsequenzen sich daraus für die Markenführung ergeben. Genau diese Mechanismen werden im Neuromarketing ausführlich untersucht. Emotionen weckt alles, was in und um uns herum passiert. In unserem Gehirn laufen keine Prozesse ab, die nicht emotional geprägt sind. Positiv oder negativ, Emotionen sind allgegenwärtig. Für eine erfolgreiche Markenführung müssen wir uns also zwei Aspekte genauer ansehen: Was geht in unseren Kunden vor? Was passiert in ihrem Umfeld, das ihre Wahrnehmung und Entscheidung beeinflusst?

Über unsere Motiv Map können relevante Motive und Bedürfnisse der Kunden und Wertestrukturen von Unternehmen abgebildet und in Relation zueinander gebracht werden. Auf dieser Grundlage positionieren wir Marken, die im späteren Verlauf in unbewusst – implizit – wirksame Kommunikationscodes übersetzt werden. Implizite Codes, um den Begriff zu nehmen, den Scheier in seinem Buch »Codes« benutzt[269], definieren markenprägende Signale wie Symbole, Story, Sensorik und Sprache und ergeben in der Kombination das Markenmuster. Dabei müssen alle Codes dieselben definierten Motive ansprechen und ein einheitliches Bild erzeugen. Je konsistenter dieses ist, umso stärker aktiviert die Marke die angesprochenen Emotionen und desto tiefer wird sie verankert. Die Wirkung der Marke kann durch den stimmigen Einsatz von Typografie, Farben, Bildwelten, Symbolen oder haptischer Wirkung noch gestärkt werden. So trägt sie multisensorisch zum Markenerlebnis bei und weckt Assoziationen.

269 Scheier et al., Codes: Die geheime Sprache der Produkte, Freiburg 2013.

5.2.2.5 Von der Positionierung zu den Kern-Markenelementen

LK: Wie haben Sie die Mitarbeiter in das Thema Positionierung einbezogen?

DH: Mitarbeiter wurden in Form von Interviews rund um die Stärken der Stadtwerke Achim frühzeitig in den Prozess eingebunden. Die Arbeitsergebnisse wurden aufbereitet und in einem Markenbuch zusammengefasst. Dieses wurde am Markentag verteilt, an dem den Mitarbeitern der Stadtwerke die Marke und das neue Corporate Design vorgestellt wurden. Neben Vorträgen zum Thema Marke, dem Ist-Zustand, einem Blick in die Zukunft und dem neuen Auftritt durften die Mitarbeiter in einem Graffiti-Workshop selbst aktiv werden und erste Berührungspunkte mit der Marke erleben. Anhand von Vorlagen kreierten sie in einem Graffiti-Workshop eigene Bilder, die später an verschiedenen Stellen im Unternehmen einen würdigen Platz fanden.

Im Anschluss an den Markentag haben wir in Workshops mit Führungskräften erarbeitet, wie die neue Markenstrategie in die einzelnen Abteilungen und in die tägliche Arbeit übersetzt werden kann.

LK: Wurde ein Leitbild entwickelt?

DH: In einem Markenleitbild wurden das Selbstverständnis, die Werte und die Mission Statements zusammengefasst, verdichtet und auf das Wesentliche reduziert. Eben »Das, worauf es ankommt«. Der neue Claim der Stadtwerke Achim AG.

LK: Wie erfolgte der weitere Weg der Umsetzung in Gestaltung?

DH: Das neue Selbstverständnis der Stadtwerke ist Grundlage für die Design-Ausarbeitung. Ziel war es, die Themen »Können und Leistungsbereitschaft«, »Wirtschaftlichkeit und Fokussierung auf das Wesentliche« sowie »Offenheit und Fairness« deutlich sichtbar zu machen. Das Corporate Design soll es dem Kunden durch klare Führung und einfache Informationsvermittlung einfach machen, sich zurechtzufinden.

LK: Die Visitenkarte des Unternehmens beginnt mit dem Logo. Welche Vorschläge haben Sie abgeleitet?

DH: Wir haben uns entschieden, auch das Logo auf das Wesentliche zu reduzieren und keine Bildmarke für die Stadtwerke zu konzipieren. Vielmehr entwickelten wir eine starke Illustrationssprache, die für sich steht und charakterstark ist. Dieser Stil ist charakteristisch für den Markenauftritt.

LK: Die wichtigste Umsetzung erfolgt eben mit Bildern. Vorteilhaft ist eine eigene Bildsprache. Wie sieht die aus und warum passt sie so am besten?

DH: Die neue Illustrationssprache der Stadtwerke Achim ist sympathisch, einprägsam und einfach. Zusammen mit den Farben bildet sie das wichtigste Element des Markenmusters.

LK: Gibt es ein Design-Handbuch oder Design-Vorlagen im Intranet?

DH: Um das Corporate Design zu steuern, bedarf es angemessener Guidelines. Die Richtlinien rund um die Marke Stadtwerke Achim sind in einem »Styleguide« zusammengefasst und für alle Mitarbeiter erreichbar archiviert worden. Zusätzlich steht ihnen die Marketingabteilung für Fragen dazu zur Seite.

LK: Wie werden die Design-Richtlinien für unterschiedliche Medien umgesetzt?

DH: Wir als Agentur haben die wichtigsten Grundelemente und deren Verwendung beschrieben. Darüber hinaus wurden für die relevantesten Medien sogenannte Templates entwickelt. Mit diesen InDesign-Vorlagen können nun eigenständig Adaptionen angefertigt werden, durch die wir einen einheitlichen Qualitätsstandard gewährleisten können.

LK: Was sind aus Ihrer Sicht die wichtigsten Punkte der CI-Entwicklung?

DH: Zunächst ist eine Begriffsklärung notwendig: Wir verstehen CI-Entwicklung als Entwicklung einer ganzheitlichen Markenidentität. Corporate Design ist ein Bestandteil daraus, die auf einer visuellen Ebene die Identität zum Ausdruck bringt. Darüber hinaus gibt es aber auch weitere Ebenen, in denen die Positionierung zum Ausdruck gebracht werden sollte. Erst im Zusammenspiel mit einer konsistenten internen und externen Kommunikation, einer zur Marke passenden Unternehmenskultur, Marktbearbeitung sowie einem Produkt- und Serviceangebot erreicht die Markenpositionierung ihre vollständige Schlagkraft.

5.2.2.6 Einsatz im Markt

LK: Wenn alle Elemente definiert sind und die Mitarbeiter informiert sind, dann kann der Rollout in die Kundschaft angegangen werden. Welche Zielgruppe wählen Sie für den ersten Rollout?

DH: Als Grundlage für die Kunden-Kommunikation entwickelten wir gemeinsam mit den Stadtwerken Achim eine Customer Journey, Content Strategy und ein Messaging

Board. Ausgehend von vorhandenen Zielgruppensegmenten erarbeiteten wir die Beschreibungen von prototypischen Privat-Kunden in Form von Personas, die wichtigsten Markenberührungspunkte, also Touchpoints und Kanäle, sowie relevante Themenfelder. Ergänzend dazu arbeiteten wir Kernbotschaften heraus, die ebenfalls Grundlage für eine konsequente und konsistente Kommunikation sind.

LK: Die Digitalisierung hat die Medienlandschaft und die Geschäftsmodelle verändert. Wie haben sich die veränderten Anforderungen in dem Fall ausgewirkt?

DH: Die Welt wird immer vernetzter. Produkte und Services werden digitalisiert, ebenso Kundenprozesse und die Kommunikation. Kommunikationslösungen müssen es trotz vieler Absender mit vielen gleichen Botschaften in vielen Medien und Kanälen schaffen, Aufmerksamkeit und Relevanz zu erzeugen.

Für Energieversorger hat dieses Thema natürlich ebenfalls eine hohe Relevanz: Das Nutzerverhalten hat sich auch hier in den vergangenen Jahren massiv verändert. Umso wichtiger ist es, dass regionale Energieversorger mit einer starken Marke und ihrem Regionalbezug dem etwas entgegensetzen. Natürlich ist nicht nur die Präsenz vor Ort wichtig und relevant, sondern auch die Interaktion mit bestehenden und potenziellen Kunden im Internet in sozialen Kanälen und auf der eigenen Website.

Im Fall der Stadtwerke Achim bedeutet zunehmende Digitalisierung ein deutliches Plus an Service für die Kunden – etwa, dass Informationen für Kunden schnell, unkompliziert und rund um die Uhr verfügbar auf der Website sind. Ein Beispiel dafür ist das Kundenportal, in dem Kunden zum Beispiel Zählerstände aufgeben oder ihre Daten verwalten können. Zudem finden sie im Download-Portal wichtige Anträge zum Herunterladen und auf dem Arbeitgeberportal Karrieremöglichkeiten bei den Stadtwerken Achim. Ebenfalls im Blick haben die Stadtwerke Achim die Social-Media-Landschaft.

LK: Was sind aus Ihrer Sicht die Punkte, die besonders beachtet werden sollten?

DH: Eine gute und realistische Ressourcenplanung ist das A und O. In der Vergangenheit hörte ich des Öfteren: »Wir brauchen einen Facebook-Auftritt.« Mit der Erstellung eines Profils ist es natürlich nicht getan. Vielmehr ist es die Formulierung der Zielsetzung und Strategie sowie eine Einbettung in eigene »Digital-Ecosphere« – also die Interaktion mit anderen Kanälen.

LK: Was sind die kritischsten Faktoren für eine erfolgreiche Neuausrichtung?

DH: Eine Involvierung der Mitarbeiter, wie etwa im vorliegenden Falle der Stadtwerke Achim AG, eine realistische Ressourcenplanung sowie Konsequenz innerhalb des Veränderungsprozesses.

5.2.2.7 Erfolgskontrolle

LK: Welche Indikatoren empfehlen Sie zur Nachhaltung offline und online?

DH: Die einzelnen Determinanten von Marken und ihrer Wahrnehmung sollten regelmäßig durch einen Brand Audit überprüft werden. Dazu empfiehlt es sich, Kennzahlen, so genannte KPI, zu formulieren, an denen der Markenerfolg gemessen werden kann. Darüber hinaus sind Workshops und die Einbindung in bestehende Meetings wie Bereichs-Meetings, Personalgespräche, Einstellungsgespräche etc. sinnvoll. Wichtige Information liefern die Zuordnungen, die jeweils vorgenommen werden.

LK: Wie ist die Wirksamkeitserfassung in den Unternehmen ausgeprägt?

DH: Obgleich viele Entscheider wissen, dass ohne Kontrolle keine Planung und vice versa möglich ist, unterbleibt leider oftmals eine nachhaltige, konsistente und ernstgemeinte Auswertung des Erfolgs von Kampagnen. Ebenso sollten die konsequente Umsetzung der Markenstrategie und die Passung der Marke regelmäßig überprüft werden, da sich Märkte immer agiler und dynamischer verhalten.

5.2.2.8 Weiteres Vorgehen

LK: Wie kann der Kunde das Ergebnis weiterverwenden? In Eigenregie?

DH: Da wir bereits frühzeitig in der initialen Projektphase auf eine umfassende Integration von verschiedensten Beteiligten achten, gelingt in der Regel eine Sensibilisierung und Relevanzsteigerung in punkto Marke recht gut. Vereinfacht gesagt sind bei vielen Beteiligten im Unternehmen bereits die Sensoren in Richtung Marke ausgerichtet. Idealerweise haben wir gemeinsam erste Markenbotschafter im Unternehmen aufgebaut, die aktiv an der Marke arbeiten, sie ebenso aktiv kommunizieren und als zentrales Handlungsparadigma im Unternehmen verankern. Zudem hält die Marketingabteilung aktiv die Verankerung der Marke im Unternehmen nach und ist stetiger Treiber einer fortgesetzten Markenimplementierung.

LK: Herr Hegemann, vielen Dank für die Einblicke. Sie haben die Tür geöffnet, einen Blick in die Arbeit einer und mit einer Spezialagentur für Markenentwicklung zu bekommen.

5.3 Resümee

Der Unternehmens- und der Agenturleiter geben tiefe Einblicke in das Corporate Identity Management und wichtige Hinweise für den Erfolg. Ein Entscheider sollte bereit sein, sich auf einen längeren Prozess einzulassen, der alle Beteiligten im Unternehmen einbezieht. Er bekommt eine stärkere Identifikation und eine Klarheit im Auftritt, die das Unternehmen im Markt stärker machen. Die entscheidenden Punkte, um dieses Ziel zu erreichen, sind:

- Ausgehen von der aktuellen Situation: Wer sind wir?
- Eine Ausrichtung für die Zukunft zu schaffen, die aus der Sicht der Kunden eine vielversprechende organische Weiterentwicklung bildet.
- Einen interessanten zielgerichteten Prozess der Entwicklung unter Einbeziehung der Mitarbeiter zu gestalten, die für alle eine interessante Erfahrung darstellt und sie zusammenschweißt.
- Ein konsequentes Vorgehen zu wählen, damit ein klarer Charakter hinter allen Maßnahmen sichtbar wird.
- Eine Zielorientierung zu verfolgen, deren Erreichung mithilfe der Resonanz bei Mitarbeitern und Kunden nachgehalten wird.

Der Beispielfall zeigt, wie auf diesem Weg in konstruktiver Zusammenarbeit ein Neuaufbruch zu erreichen ist. Die Bewertung des Unternehmenslenkers zeigt zudem die entscheidende Bedeutung für die Stärke im Markt mit Blick nach vorn.

Stichwortverzeichnis

Literaturverzeichnis

Ariely, Dan, The Upside of Irrationality, New York 2010.

Bischof, Norbert, Psychologie, 3. Aufl., Stuttgart 2004.

Bosch, Ulf, Hentschel, Stefan, Kramer, Steffen, Digital Offroad, Freiburg 2018.

Briesemeister, Benny B. (Hrsg.), Die Neuro-Perspektive, Freiburg 2016.

Brodbeck, Felix, Internationale Führung, Berlin 2015.

Bucci, Wilma, Psychoanalyses and Cognitive Science: A multiple code theory, New York 1997

Burmann, Christoph, Halaszovich, Tilo, Schade, Michael, Hemmann, Frank, Identitätsbasierte Markenführung, Berlin 2018.

Csikszentmihalyi, Mihaly, Das Flow-Erlebnis, Stuttgart 1987.

Damasio, Antonio, Descartes' Irrtum, München 1994.

Damasio, Antonio, Selbst ist der Mensch, München 2013.

Dänzler, Stefanie, Heun, Thomas (Hrsg.), Marke und digitale Medien, Wiesbaden 2014.

Domizlaff, Hans, Die Gewinnung des öffentlichen Vertrauens, Hamburg 1992.

Esch, Franz-Rudolf, Moderne Markenführung, 4. Aufl., Wiesbaden 2005.

Esch, Franz-Rudolf, Tomczak, Torsten, Kernstock, Joachim, Langner, Tobias, Redler, Jörn (Hrsg.), Corporate Brand Management, 3. Aufl., Wiesbaden 2014.

Gaspar, Claudia, Neus, Andreas, Buder, Fabian, Von Mauern und Windmühlen: Warum sich die Marktforschung neu erfinden muss, Berlin 2016.

Gladwell, Malcolm, The Tipping Point, New York 2001.

Goldmann, Heinz M., Raisch, Anne-Rose, Wie man Kunden gewinnt, 15. Aufl., Berlin 2008.

Grabs, Anne, Bannour, Karim-Patrick, Vogl, Elisabeth, Follow me, 5. Aufl., Bonn 2018.

Gutjahr, Gert, Markenpsychologie, 4. Aufl., Wiesbaden 2019.

Häusel, Hans-Georg, Emotional Boosting, 2. Aufl., Freiburg 2012.

Häusel, Hans-Georg, Henzler, Harald, Buyer Personas, Freiburg 2018.

Heckert, Uwe, Informations- und Kommunikationstechnologie beim Wissensmanagement, Wiesbaden 2013.

Hensel, Daniela, Understanding Branding, Grünwald b. München 2015.

Herbst, Dieter, Corporate Identity, 4. Aufl., Berlin 2009.

Jacobi, Jolande, Die Psychologie von C. G. Jung, Köln 2012.

Jung, C. G., Archetypen, 10. Aufl., München 2003.

Kahneman, Daniel, Thinking, fast and slow, London 2012.

Kanitz, Christopher, Gestaltung komplexer Markenarchitekturen, Wiesbaden 2013.

Kapferer, Jean-Noel, The New Strategic Brand Management, fifth edition, London 2012, reprinted 2015.

Keller, Bernhard, Klein, Hans-Werner, Tuschl, Stefan (Hrsg.), Marktforschung der Zukunft – Mensch oder Maschine?, Wiesbaden 2016.

Kratzer, Thomas, Ferdinand, Hans-Michael, Kramer, Irene, Pätzmann, Jens U., Markenpositionierung durch Archetypen, Berlin 2016.

Kreutzer, Ralf T., Land, Karl-Heinz, Digitale Markenführung, Wiesbaden 2017.

Kroeber-Riel, Werner, Gröppel-Klein, Andrea, Konsumentenverhalten, 10. Aufl., München 2013.

Künzler, A., Böttcher, C., Hartmann, R., Nussbaum, M.-H. (Hrsg.), Körperzentrierte Psychotherapie im Dialog, Heidelberg 2010, S. 161 ff.

Lange, Paul A. M. van, Kruglanski, Arie W., Higgins, E. Tory (Hrsg.), Handbook of Theories of Social Psychology, Los Angeles 2011.

Luhmann, Niklas, Organisation und Entscheidung, Frankfurt 2000.

Luther, Michael, Das große Handbuch der Kreativitätsmethoden, Bonn 2013.

Mark, Margaret, Pearson, Carol S., The Hero and The Outlaw, New York 2001.

Meffert, Jürgen, Meffert, Heribert, Eins oder null, Berlin 2017.

Möllering, Guido, Trust: Reason, Routine, Reflexitivity, Oxford 2006.

Nöllke, Matthias, Kreativitätstechniken, 7. Aufl., Freiburg 2015.

Perchthold, Gordon, Sutton, Jenny, Extract Value from Consultants, Austin/TX 2010.

Quantitative Marketingforschung in Deutschland – Festschrift für Klaus Peter Kaas zum 65. Geburtstag, Berlin 2005.

Raab, Andrea E., Poost, Andreas, Eichhorn, Simone, Marketingforschung, Stuttgart 2009.

Roberts, Kevin, Lovemarks, second edition, New York 2005.

Roth, Gerhard, Persönlichkeit, Entscheidung und Verhalten, 8. Aufl., Stuttgart 2013.

Rupp, Miriam, Storytelling für Unternehmen, Frechen 2016.

Simon, Fritz B., Einführung in die systemische Organisationstheorie, 5. Aufl., Heidelberg 2015

Simon, Hermann, Hidden Champions, Frankfurt am Main 2012.

Solomon, Michael R., Konsumentenverhalten, 11. Aufl., Hallbergmoos 2016.

Steiger, Thomas, Lippmann, Eric (Hrsg.), Handbuch Angewandte Psychologie für Führungskräfte, Band I, 4. Aufl., Berlin 2018; S. 35 ff.

Thaler, Richard H., Misbehaving, New York 2015.

Zeit-Akademie: Digitale Revolution, Kapitel 10 »Geschäftsmodelle«, Begleitheft, S. 101 ff.

Inklusive **Arbeitshilfen** online

Exklusiv für Buchkäufer!

Ihre Arbeitshilfen zum Download:

- **http://mybook.haufe.de/**
- **Buchcode:** OIU-0301
